房 屋 建 筑 学

杨志华 编著

中国建筑工业出版社

图书在版编目（CIP）数据

房屋建筑学 / 杨志华编著. —北京：中国建筑工业出版社，2010.11（2020.12重印）
ISBN 978-7-112-12356-8

Ⅰ．①房… Ⅱ．①杨… Ⅲ．①房屋建筑学-高等学校-教材 Ⅳ．①TU22

中国版本图书馆CIP数据核字（2010）第158490号

责任编辑：徐 冉
责任设计：李志立
责任校对：王 颖 关 健

房 屋 建 筑 学
杨志华 编著
*
中国建筑工业出版社出版、发行（北京西郊百万庄）
各地新华书店、建筑书店经销
北京嘉泰利德公司制版
北京建筑工业印刷厂印刷
*
开本：787×1092毫米 1/16 印张：15¾ 字数：394千字
2010年11月第一版 2020年12月第十五次印刷
定价：**46.00**元
ISBN 978-7-112-12356-8
　　（32458）

前　言

　　房屋建筑学是土建类专业学生的必修课程，是一门研究房屋建筑从设计到施工做法的全面知识的综合性课程，它涉及建筑材料、建筑结构、建筑设备及建筑功能与艺术等各方面的知识，强调的是对上述知识的综合应用，因此，在学习本课程时必须与建筑制图、建筑材料、建筑结构、建筑物理、建筑设备、建筑施工等方面的知识内容相联系，相互配合，注重培养综合分析问题和解决问题的能力。房屋建筑学也是一门实践性很强的课程，因此，只有通过细心的观察、深刻的体验、不断的钻研和反复的设计实践才能真正理解和掌握房屋建筑设计的基本原理和创作方法，提高对建筑形象的观察能力和对建筑空间的感受能力。

　　通过本课程的学习，使学生们能比较系统地了解房屋建筑空间环境的组合设计和构成设计的基本原理，了解建筑设计的基本内容和方法步骤，了解建筑设计中的功能问题、结构问题、经济问题和美观问题，了解建筑物的功能和艺术之间的相互关系。

　　通过房屋建筑学课程的学习，使同学们对建筑物的设计、施工及工程管理方面的问题有一个比较全面的认识，完整地了解建筑结构、施工与建筑之间的密切关系，为同学们在今后的实际工作中能从多个专业的角度来思考和处理建筑问题、为土建类各专业之间的相互交流和沟通提供必要的知识基础。

　　通过房屋建筑学课程的学习，提高对建筑发展规律的认识，对建筑功能，建筑的物质、技术条件和建筑形象这些建筑的基本要素有一个辩证的认识；提高理论水平和艺术修养，确保在房屋建筑的设计与施工、管理工作中正确地贯彻、执行党的建设方针、政策和相关的技术标准、规范。

　　根据学时安排，本书主要介绍了民用建筑的设计原理和民用建筑构造。为了保证同学们对本书教学内容的理解和掌握，要求同学们完成随课程进度安排的设计大作业。

苏州科技学院　建筑与城规学院

杨志华

2010 年 4 月 18 日

目　录

第一章　房屋建筑学概论

第一节　民用建筑的分类

一、按使用性质分类

建筑构造与建筑的类型有着密切关系，不同的建筑类型常有不同的构造处理方法。按使用性质的不同，建筑可分为居住建筑、公共建筑、工业建筑、农业建筑四类。

1. 居住建筑包括：住宅、公寓、宿舍。

2. 公共建筑包括：文教建筑、医疗建筑、商业建筑、观演建筑、体育建筑、旅馆建筑、行政办公建筑等。

二、按建筑规模大小分类

可分为大量性建筑和大型性建筑。

1. 大量性建筑

指量大面广，与人们生活密切相关的那些建筑，如住宅、学校、商店、医院等。这些建筑在大、中、小城市和农村都是不可少的，修建的数量很大，故称为大量性建筑。

2. 大型性建筑

指规模宏大的建筑，如大型办公楼、大型体育馆、大型剧院、大型火车站和航空港、大型博览馆等。这些建筑规模巨大，耗资很大，与大量性建筑比起来，修建量是有限的。这些建筑在一个国家或一个地区具有代表性，对城市的面貌影响较大。

三、按建筑层数分类

1. 住宅建筑

住宅建筑按层数划分：1~3 层为低层，4~6 层为多层，7~9 层为中高层，10 层以上为高层。

2. 公共建筑及综合性建筑

建筑高度不大于 24m 者为单层和多层建筑，大于 24m 者为高层建筑（但不包括高度超过 24m 的单层建筑）。

3. 超高层建筑

建筑物高度大于 100m 的民用建筑为超高层建筑。

四、按承重结构的材料分类

按房屋承重结构的材料可分为以下五类：

1. 木结构建筑

指以木材作房屋承重骨架的建筑。木结构具有自重轻、构造简单、施工方便等优点，我国古代建筑大多采用木结构。但木材易腐、不防火，再加之我国森林资源较少，所以木结构建筑已很少采用。

2. 砖（或石）结构建筑

指以砖或石材作为承重墙柱和楼板（砖拱或石拱）的建筑。这种结构在就地取材的情况下能节约钢材水泥和降低造价，但它的抗灾害性能差，自重大，不宜用于抗震设防地区和地基软弱的地方。

3. 钢筋混凝土结构建筑

指以钢筋混凝土作承重结构的建筑。由于它具有坚固耐久、防火和可塑性强等优点，在当今建筑领域中应用很广泛，而且发展前途最大。

4. 钢结构建筑

指以型钢作房屋承重骨架的建筑。钢结构力学性能好，便于制作和安装，结构自重轻，应用在超高层和大跨度建筑中特别适宜。由于我国钢产量有限，这种结构过去只局限于在少数工业建筑和大跨度公共建筑中采用。近年来，随着高层建筑的兴起，在超高层建筑中采用钢结构的趋势正在增长。

5. 混合结构建筑

指用两种或两种以上材料作承重结构的建筑，如砖墙木楼板的砖木结构建筑，砖墙钢筋混凝土楼板的砖混结构建筑，钢屋架和混凝土墙（或柱的）及钢框架和钢筋混凝土楼板组成的钢混结构建筑。其中砖混结构在大量性建筑中应用最为广泛，钢混结构多用于大跨度建筑，砖木结构由于木材资源的短缺而极少采用。

五、按建筑的耐火等级分类

在建筑构造设计中，应该对建筑的防火与安全给予足够的重视，特别是在选择结构材料和构造做法上，应根据其性质分别对待。现行《建筑设计防火规范》把建筑物的耐火等级划分成四级（表1-1），一级的耐火性能最好，四级最差。性质重要的或规模宏大的或具有代表性的建筑，通常按一、二级耐火等级进行设计；大量性的或一般的建筑按二、三级耐火等级设计，很次要的或临时建筑按四级耐火等级设计。

建筑物的耐火等级   表1-1

构件名称		一级	二级	三级	四级
墙	防火墙	非燃烧体4.00	非燃烧体4.00	非燃烧体4.00	非燃烧体4.00
	承重墙、楼梯间、电梯井的墙	非燃烧体3.00	非燃烧体2.50	非燃烧体2.50	难燃烧体0.50
墙	非承重外墙、疏散走道两侧的隔墙	非燃烧体1.00	非燃烧体1.00	非燃烧体0.50	难燃烧体0.25
	房间隔墙	非燃烧体0.75	非燃烧体0.50	难燃烧体0.50	难燃烧体0.25

续表

构件名称		一级	二级	三级	四级
柱	支承多层的柱	非燃烧体3.00	非燃烧体2.50	非燃烧体2.50	难燃烧体0.50
	支承单层的柱	非燃烧体2.50	非燃烧体2.00	非燃烧体2.00	燃烧体
梁		非燃烧体2.00	非燃烧体1.50	非燃烧体1.00	难燃烧体0.50
楼板		非燃烧体1.50	非燃烧体1.00	非燃烧体0.50	燃烧体0.25
屋顶承重构件		非燃烧体1.50	非燃烧体0.50	燃烧体	燃烧体
疏散楼梯		非燃烧体1.50	非燃烧体1.00	燃烧体1.00	燃烧体
吊顶（包括吊顶搁栅）		非燃烧体0.25	非燃烧体0.25	非燃烧体0.15	燃烧体

表1-1中的数字是建筑构件的耐火极限，关于建筑物的耐火等级是按组成房屋构件的耐火极限和燃烧性能这两个因素来确定的。解释如下：

1. 构件的耐火极限

建筑构件的耐火极限，是指按建筑构件的时间—温度标准曲线进行耐火试验，从受到火的作用时起，到失去支持能力或完整性被破坏或失去隔火作用时止的这段时间，用小时表示。具体判定条件如下：

（1）失去支持能力——非承重构件失去支持能力的表现为自身解体或垮塌，梁、板等受弯承重构件，挠曲率发生突变，当简支钢筋混凝土梁、楼板和预应力钢筋混凝土楼板跨度总挠度值分别达到试件计算长度的2%、3.5%和5%时，则表明试件失去支持能力。

（2）完整性——楼板、隔墙等具有分隔作用的构件，在试验中，当出现穿透裂缝或穿火的孔隙时，表明试件的完整性被破坏。

（3）隔火作用——具有防火分隔作用的构件，试验中背火面测点测得的平均温度升到140℃（不包括背火面的起始温度），或背火面测温点任一测点的温度到达220℃时，则表明试件失去隔火作用。

2. 构件的燃烧性能

构件的燃烧性能分为三类：

（1）非燃烧体：用非燃烧材料做成的建筑构件，如天然石材、人工石材、金属材料等。

（2）燃烧体：用燃烧的材料做成的建筑构件，如木材等。

（3）难燃烧体：用难燃烧的材料做成的建筑构件，或用燃烧材料做成而用非燃烧材料做保护层的建筑构件，例如沥青混凝土构件、木板条抹灰的构件均属难燃烧体。

六、按建筑的设计使用年限分类

民用建筑的设计使用年限分为四类：

1类：设计使用年限5年，主要是临时性的建筑。

2 类：设计使用年限 25 年，易于替换结构构件的建筑。

3 类：设计使用年限 50 年，普通建筑和构筑物。

4 类：设计使用年限 100 年，纪念性建筑和特别重要的建筑。

第二节 房屋设计的内容和过程

一、房屋设计的内容

1. 建筑设计：建筑设计是在总体规划的前提下，根据建设任务要求和工程技术条件进行全面设想，并具体确定建筑物的空间组合形式与详细尺寸，明确房屋各组成部分的材料做法，最后编制完整的建筑设计文件（包括图纸与说明）。进行建筑设计时，要与其他专业工作密切配合，按照党的建筑方针，创造适用、经济、美观的建筑物。建筑设计一般是由建筑师来完成的。

2. 结构设计：结构设计的主要任务是配合建筑设计选择经济合理的结构方案，进行结构构件的计算和设计，最后编制完整的设计文件。结构设计一般是由结构工程师来完成的。

3. 设备设计：设备设计是指建筑物中采暖、通风、给水排水和电气照明方面的设计，分别编制采暖、通风、给水排水及电气照明方面的设计文件。设备设计一般是由有关专业的工程师配合建筑设计完成。

二、建筑设计的过程和阶段

房屋的设计，一般包括建筑设计、结构设计和设备设计等几部分，它们之间既有分工，又相互密切配合。由于建筑设计是建筑功能、工程技术和建筑艺术的综合，因此，它必须综合考虑建筑、结构、设备等工种的要求以及这些工种的相互联系和制约。设计人员必须贯彻执行建筑方针和政策，正确掌握建筑标准，重视调查研究和群众路线的工作方法。建筑设计还和城市建设、建筑施工、材料供应以及环境保护等部门的关系极为密切。

建筑设计的依据文件有：

主管部门有关建设任务使用要求、建筑面积、单方造价和总投资的批文以及国家有关部、委或各省、市、地区规定的有关设计定额和指标。

工程设计任务书：由建设单位根据使用要求，提出各个房间的用途、面积大小以及其他的要求，工程设计的具体内容、面积、建筑标准等都需要和主管部门的批文相符合。

城建部门同意设计的批文，内容包括用地范围（常用红线划定），以及有关规划、环境等城镇建设对拟建房屋的要求。

委托设计工程项目表，建设单位根据有关批文向设计单位正式办理委托设计的手续。规模较大的工程还常采用投标方式，委托得标单位进行设计。

设计人员根据上述设计的有关文件，通过调查研究，收集必要的原始数据和勘测设计资料，综合考虑总体规划、基地环境、功能要求、结构施工、材料设备、建筑经济以及建筑艺术等多方面的问题，进行设计并绘制成建筑图纸，编写主要设计意图的说明书，其他工种也相应设计并绘制各类图纸，编制各工种的计算书、说明书以及概算和预算书。上述整套设计图纸和文件便成为房屋施工的依据。

在具体着手建筑平、立、剖面的设计前，需要有一个准备过程，以做好熟悉任务书、调查研究等一系列必要的准备工作。

建筑设计一般分为初步设计和施工图设计两个阶段，对于大型的、比较复杂的工程，也有采用三个设计阶段的，即在两个设计阶段之间，还有一个技术设计阶段，用来深入解决各工种之间的协调等技术问题。

由于建造房屋是一个较为复杂的物质生产过程，影响房屋设计和建造的因素又很多，因此必须在施工前有一个完整的设计方案，综合考虑多种因素，编制出一整套设计施工图纸和文件。实践证明，遵循必要的设计程序，充分做好设计前的准备工作，划分必要的设计阶段，对提高建筑物的质量，多快好省地设计和建造房屋是极为重要的。

整个设计过程也就是学习和贯彻方针政策，不断进行调查研究，合理地解决建筑物的功能、技术、经济和美观问题的过程。

设计过程和各个设计阶段具体分述如下：

1. 设计前的准备工作

（1）熟悉设计任务书

具体着手设计前，首先需要熟悉设计任务书，以明确建设项目的设计要求。设计任务书的内容有：

1）建设项目总的要求和建造目的的说明。

2）建筑物的具体使用要求、建筑面积以及各类用途房间之间的面积分配。

3）建设项目的总投资和单方造价，并说明土建费用、房屋设备费用以及道路等室外设施费用情况。

4）建设基地范围、大小，周围原有建筑、道路、地段环境的描述，并附有地形测量图。

5）供电、供水和采暖、空调等设备方面的要求，并附有水源、电源接用许可文件。

6）设计期限和项目的建设进程要求。

设计人员应对照有关定额指标，校核任务书中单方造价、房间使用面积等内容，在设计过程中必须严格掌握建筑标准、用地范围、面积指标等有关限额。同时，设计人员在深入调查和分析设计任务以后，从合理解决使用功能、满足技术要求、节约投资等方面考虑，或从建设基地的具体条件出发，也可对任务书中一些内容提出补充或修改，但须征得建设单位的同意。涉及用地、造价、使用面积的，还须经城建部门或主管部门批准。

（2）收集必要的设计原始数据

通常，建设单位提出的设计任务主要是从使用要求、建设规模、造价和建设进度方面考虑的，房屋的设计和建造还需要收集下列有关原始数据和设计资料：

1）气象资料：所在地区的温度、湿度、日照、雨雪、风向和风速以及冻土深度等。

2）基地地形及地质水文资料：基地地形标高，土壤种类及承载力，地下水位以及地震烈度等。

3）水电等设备管线资料：基地地下的给水、排水、电缆等管线布置以及基地上的架空线等供电线路情况。

4）设计项目的有关定额指标：国家或所在省市地区有关设计项目的定额指标，例如住宅的每户面积或每人面积定额，学校教室的面积定额以及建筑用地、用材等指标。

（3）设计前的调查研究

设计前调查研究的主要内容有：

1）建筑物的使用要求：深入访问使用单位中有实践经验的人员，认真调查同类已建房屋的实际使用情况，通过分析和总结，对所设计房屋的使用要求做到"胸中有数"。以食堂设计为例，首先需要了解主副食品加工的作业流线，炊事员操作时对建筑布置的要求，明确餐厅的使用要求以及有无兼用功能，掌握使用单位每餐实际用膳人数，主食米、面的比例以及燃料种类等情况，以确定家具、炊具和设备布置等要求，为具体着手设计做好准备。

2）建筑材料供应和结构施工等技术条件：了解设计房屋所在地区建筑材料供应的品种、规格、价格等情况，预制混凝土制品以及门窗的种类和规格，新型建筑材料的性能、价格以及采用的可能性。结合房屋使用要求和建筑空间组合的特点，了解并分析不同结构方案的选型，当地施工技术和起重、运输等设备条件。

3）基地踏勘：根据城建部门所划定的设计房屋基地的图纸，进行现场踏勘，深入了解基地和周围环境的现状及历史沿革，核对已有资料与基地现状是否符合，如有出入，给予补充或修正。从基地的地形、方位、面积和形状等条件以及基地周围原有建筑、道路、绿化等多方面的因素，考虑拟建建筑物的位置和总平面布局的可能性。

4）当地传统建筑经验和生活习惯：传统建筑中有许多结合当地地理、气候条件的设计布局和创作经验，根据拟建建筑物的具体情况，可以"取其精华"，以资借鉴。同时，在建筑设计中，也要考虑到当地的生活习惯以及人们喜闻乐见的建筑形象。

（4）学习有关方针政策以及同类型设计的文字、图纸资料

在设计的准备过程以及各个阶段中，设计人员都需要认真学习并贯彻有关建设方针和政策，同时也需要学习并分析有关设计项目的国内外图纸文字资料等。

2. 初步设计阶段

初步设计是建筑设计的第一阶段，它的主要任务是提出设计方案，即在已定的基地范围内，按照设计任务书所拟的房屋使用要求，综合考虑技术经济条件和建筑艺术方面的要求，提出设计方案。

初步设计的内容包括确定建筑物的组合方式，选定所用建筑材料和结构方案，确定建筑物在基地的位置，说明设计意图，分析设计方案在技术上、经济上的合理性，并提出概算书。

初步设计的图纸和设计文件有：

（1）建筑总平面图，比例 1∶500~1∶2000（建筑物在基地上的位置、标高、道路、绿化以及基地上设施的布置和说明）。

（2）各层平面及主要剖面、立面图，比例 1∶100~1∶200（标出房屋的主要尺寸，房间的面积、高度以及门窗位置，部分室内家具和设备的布置）。

（3）说明书（设计方案的主要意图，主要结构方案及构造特点以及主要技术经济指标等）。

（4）建筑概算书

（5）根据设计任务的需要，可能辅以建筑透视图或建筑模型。

建筑初步设计有时可有几个方案进行比较，送审经有关部门协议并确定的方案批准下达后，这一方案便是二阶段设计时的施工准备、材料设备订货、施工图编制以及基建拨款等的依据文件。

3. 技术设计阶段

技术设计是三阶段建筑设计时的中间阶段。它的主要任务是在初步设计的基础上，进一步确定房屋和工种之间的技术问题。

技术设计的内容为各工种相互提供资料、提出要求，并共同研究和协调编制拟建工程各工种的图纸和说明书，为各工种编制施工图打下基础。在三阶段设计中，经过送审并批准的技术设计图纸和说明书等，是施工图编制、主要材料设备订货以及基建拨款的依据文件。

技术设计的图纸和设计文件，要求建筑工程的图纸标明与技术工种有关的详细尺寸，并编制建筑部分的技术说明书，结构工种应有房屋结构布置方案图，并附初步计算说明，设备工种也提供相应的设备图纸及说明书。

对于不太复杂的工程，技术设计阶段可以省略，把这个阶段的一部分工作纳入初步设计阶段，称为扩大初步设计，另一部分工作则留待施工图设计阶段进行。

4. 施工图设计阶段

施工图设计是建筑设计的最后阶段。它的主要任务是满足施工要求，即在初步设计或技术设计的基础上，综合建筑、结构、设备各工种，相互交底、核实核对，深入了解材料供应、施工技术、设备等条件，把满足工程施工的各项具体要求反映在图纸中，做到整套图纸齐全统一，明确无误。

施工图设计的内容包括：确定全部工程尺寸和用料，绘制建筑、结构、设备等全部施工图纸，编制工程说明书、结构计算书和预算书。

施工图设计的图纸及设计文件有：

（1）建筑总平面图，比例 1∶500（建筑基地范围较大时，也可用 1∶1000、1∶2000，应详细标明基地上建筑物、道路、设施等所在位置的尺寸、标高，并附说明）。

（2）各层建筑平面、各个立面及必要的剖面图，比例尺 1：100~1：200。

（3）建筑构造节点详图，根据需要可采用 1：1、1：5、1：10、1：20 等比例尺（主要为檐口、墙身和各构件的连接点、楼梯、门窗以及各部分的装饰大样等）。

（4）各工种相应配套的施工图

基础平面图和基础详图、楼板及屋顶平面图和详图，结构构造节点详图等结构施工图。给水排水、电器照明以及供暖或空气调节等设备施工图。

（5）建筑、结构及设备等的说明书。

（6）结构及设备的计算书。

（7）工程预算书。

第三节　建筑设计的要求和依据

一、建筑设计的要求

1. 满足建筑功能要求

满足建筑物的功能要求，为人们的生产和生活活动创造良好的环境，是建筑设计的首要任务。例如设计学校，首先要考虑满足教学活动的需要，教室设置应分班合理，采光通风良好，同时还要合理安排教师备课、办公、贮藏和厕所等行政管理和辅助用房，并配置良好的体育场和室外活动场地等。

2. 采用合理的技术措施

正确选用建筑材料，根据建筑空间组合的特点，选择合理的结构、施工方案，使房屋坚固耐久、建造方便。例如近年来，我国设计建造的一些覆盖面积较大的体育馆，由于屋顶采用钢网架空间结构和整体提升的施工方法，既节省了建筑物的用钢量，也缩短了施工期限。

3. 具有良好的经济效果

建造房屋是一个复杂的物质生产过程，需要大量人力、物力和资金，在房屋的设计和建造中，要因地制宜、就地取材，尽量做到节省劳动力，节约建筑材料和资金。设计和建造房屋要有周密的计划和核算，重视经济领域的客观规律，讲究经济效果。房屋设计的使用要求和技术措施，要和相应的造价、建筑标准统一起来。

4. 考虑建筑美观要求

建筑物是社会的物质和文化财富，它在满足使用要求的同时，还需要考虑人们对建筑物在美观方面的要求，考虑建筑物所赋予人们的精神上的感受。建筑设计要努力创造具有我国时代精神的建筑空间组合与建筑形象。历史上创造的具有时代印记和特色的各种建筑形象，往往是一个国家、一个民族文化传统宝库中的重要组成部分（图 1-1、图 1-2）。

5. 符合总体规划要求

单体建筑是总体规划中的组成部分，单体建筑应符合总体规划提出的要求。建筑物的设计，还要充分考虑和周围环境的关系，例如原有建筑的状况、道路的走向、

图1-1　丽江民居　　　　　　　　图1-2　韩国民居

基地面积大小以及绿化等方面和拟建建筑物的关系。新设计的单体建筑，应使所在基地形成协调的室外空间组合、良好的室外环境（图1-1）。

二、建筑设计的依据

1. 人体尺度和人体活动所需的空间尺度

建筑物中家具、设备的尺寸，踏步、窗台、栏杆的高度，门洞、走廊、楼梯的宽度和高度，以至各类房间的高度和面积大小，都和人体尺度以及人体活动所需的空间尺度直接相关。

2. 家具、设备的尺寸和使用它们时的必要空间

家具、设备的尺寸以及人们在使用家具和设备时，在它们近旁必要的活动空间，是考虑房间内部使用面积的重要依据。民用建筑中常用的家具尺寸如图1-3所示。

3. 温度、湿度、日照、雨雪、风向、风速等气候条件

气候条件对建筑物的设计有较大影响。例如湿热地区，房屋设计要考虑隔热、

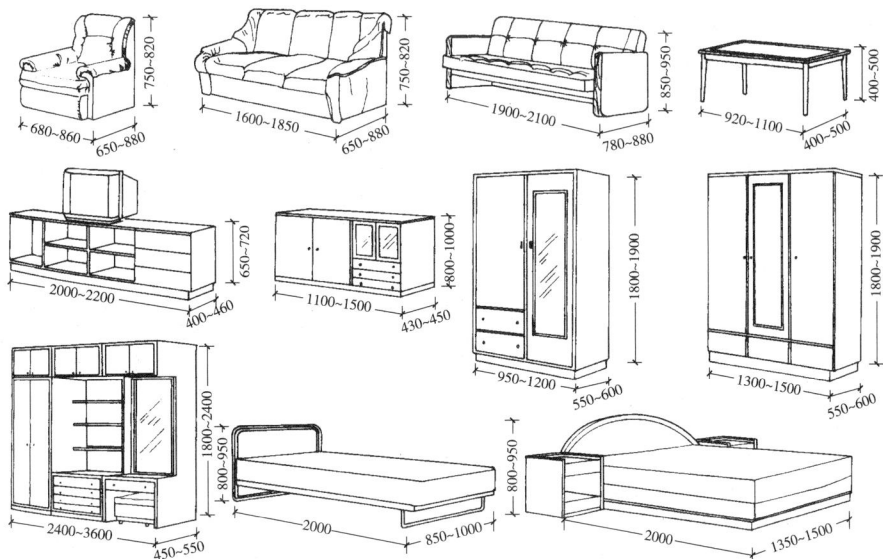

图1-3　住宅建筑常用家具的尺寸

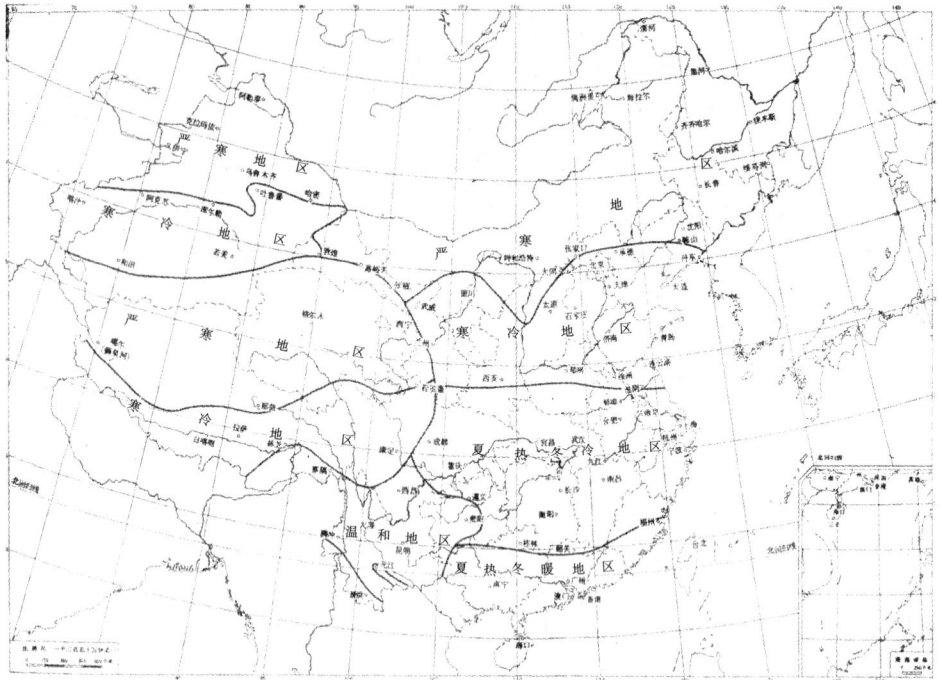

图1-4 我国的建筑热工分区图

通风和遮阳等问题；干冷地区，通常又希望把房屋的体形尽可能设计得紧凑一些，以减少外围护面的散热，有利于室内采暖、保温。图1-4是我国的建筑热工设计分区图，表1-2是各气候区的温度状况及建筑设计要求。风向频率玫瑰图，即风玫瑰图，是根据某一地区多年平均统计的各个方向吹风次数的百分数值，并按一定比例绘制，一般多用八个或十六个罗盘方位表示。玫瑰图上所表示的风的吹向，是指从外面吹向地区中心，见图1-5。

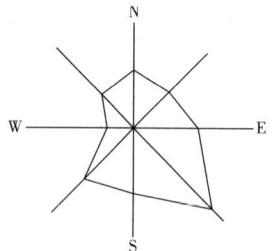

图1-5 风玫瑰图

各气候区的温度状况及建筑设计要求

表1-2

气 候分 区	主要指标		辅助指标		热工设计要求
	最冷月平均温度（℃）	最热月平均温度（℃）	日平均气温≤5℃的天数（天）	日平均气温≥25℃的天数（天）	
严寒地区	≤-10		≥145		必须充分满足冬季保温要求，一般不考虑夏季防热
寒冷地区	-10~0		90~145		应满足冬季保温要求，部分地区兼顾夏季防热
夏热冬冷地区	0~10	25~30	0~90	40~110	必须充分满足夏季防热要求，适当兼顾冬季保温
夏热冬暖地区	>10	25~29		100~200	必须满足夏季防热要求，一般不考虑冬季保温

气 候分 区	主要指标		辅助指标		热工设计要求
	最冷月平均温度（℃）	最热月平均温度（℃）	日平均气温≤5℃的天数（天）	日平均气温≥25℃的天数（天）	
温和地区	0~13	18~25			部分地区应注意冬季保温，一般不考虑夏季防热

4.地形、地质条件和地震烈度

基地地形的平缓或起伏，基地的地质构成、土壤特性和地耐力的大小，对建筑物的平面组合、结构布置和建筑体形都有明显的影响。坡度较陡的地形，常使房屋结合地形错层建造，复杂的地质条件，要求房屋的构成和基础的设置采取相应的结构构造措施。

地震烈度表示地面及房屋建筑遭受地震破坏的程度。在烈度6度及6度以下地区，地震对建筑物的损坏影响较小。9度以上的地区，由于地震过于强烈，从经济因素及耗用材料考虑，除特殊情况外，一般应尽可能避免在这些地区建设。房屋抗震设防的重点，是对7、8、9度地震烈度的地区。

地震区的房屋设计，主要应考虑：

（1）选择对抗震有利的场地和地基，例如应选择地势平坦、开阔的场地，避免在陡坡、深沟、峡谷地带以及处于断层上下的地段建造房屋。

（2）房屋设计的体形，应尽可能规整、简洁，避免在建筑平面及体形上的凹凸。例如住宅设计中，地震区应避免采用突出的楼梯间和凹阳台等。

（3）采取必要的加强房屋整体性的构造措施，不做或少做地震时容易倒塌或脱落的建筑附属物，如女儿墙、附加的花饰等须作加固处理。

（4）从材料选用和构造做法上尽可能减轻建筑物的自重，特别需要减轻屋顶和围护墙的重量。

5.建筑模数和模数制

（1）实行建筑模数制的目的：为协调设计、生产、施工方面的尺寸，提高建筑工业化水平，提高质量和速度，降低造价。

（2）建筑模数制的组成：建筑模数制由基本模数、分模数和扩大模数三部分组成。

1）基本模数：以100mm为统一与协调建筑尺度的基本单位，称为基本模数，用M表示。

2）分模数：M/10、M/5、M/2等。

3）扩大模数：3M、6M、12M等。

建筑模数是选定的标准尺度单位，作为建筑物、建筑构配件、建筑制品以及有关设备尺寸相互间协调的基础。

第二章　建筑平面设计

一个建筑物的平、立、剖面图，是这个建筑物在不同方向的外形及剖切面的投影，这几个面之间是有机联系着的，平、立、剖面综合在一起，表达一个三度空间的建筑整体。

建筑平面表示的是建筑物在水平方向房屋各部分的组合关系。由于建筑平面通常较为集中地反映建筑功能方面的问题，一些剖面关系比较简单的民用建筑的平面布置基本上能够反映空间组合的主要内容，因此，从学习和叙述的先后考虑，我们首先从建筑平面设计的分析入手。但是，在平面设计中，始终需要从建筑整体空间组合的效果来考虑，紧密联系建筑剖面和立面，分析剖面、立面的可能性和合理性，不断调整修改平面，反复深入。也就是说，虽然我们从平面设计入手，但要着眼于建筑空间的组合。

各种类型的民用建筑，从组成平面的各部分面积的使用性质来分析，主要可以归纳为使用部分和交通联系部分两类：

（1）使用部分是指主要使用活动和辅助使用活动的面积，即各类建筑物中的使用房间和辅助房间。

使用房间：住宅中的起居室、卧室；学校中的教室、实验室；商店中的营业厅；剧院中的观众厅等。

辅助房间：住宅中的厨房、浴室、厕所；一些建筑物中的贮藏室、厕所以及各种电气、水暖等设备用房。

（2）交通联系部分是建筑物中各个房间之间、楼层之间和房间内外之间联系通行的部分，即各类建筑物中的走廊、门厅、过厅、楼梯、坡道以及电梯和自动扶梯等。

建筑物的平面面积，除了以上两部分外，还有房屋构件所占的面积，即构成房屋承重系统、分隔平面各组成部分的墙、柱、墙墩以及隔断等构件所占的面积，如图2-1。

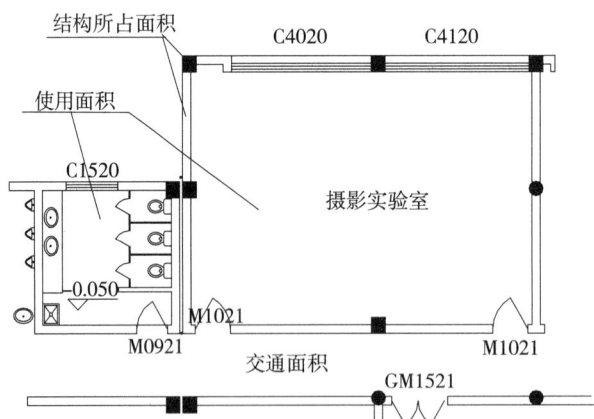

图2-1　建筑面积的组成

第一节 使用部分的平面设计

建筑平面中各个使用房间和辅助房间是建筑平面组合的基本单元。

本节先简要叙述使用房间的分类和设计要求，然后着重从房间本身的使用要求出发，分析房间面积大小、形状、尺寸、门窗在房间平面的位置等，考虑单个房间平面布置的几种可能性，作为下一步进行建筑平面和空间组合的基本依据之一。

一、使用房间的分类和设计要求

从使用房间的功能要求来分类，主要有：生活用房间，即住宅的起居室、卧室，宿舍和招待所的卧室等；工作、学习用的房间，即各类建筑中的办公室、值班室，学校中的教室、公共活动房间等；商场的营业厅，剧院、电影院的观众厅、休息厅等；实验室等。

一般说来，生活、工作和学习用的房间要求安静、少干扰，由于人们在其中停留的时间相对较长，因此希望能有较好的朝向；公共活动房间的主要特点是人流比较集中，通常进出频繁，因此，室内人们活动和通行面积的组织比较重要，特别是人流的疏散问题较为突出。使用房间的分类，有助于平面组合中对不同房间进行分组和功能分区。

对使用房间平面设计的要求主要有：

（1）房间的面积、形状和尺寸要满足室内使用活动和家具、设备合理布置的要求。

（2）门窗的大小和位置，应考虑房间的出入方便、疏散安全、采光通风。

（3）房间的构成应使结构合理、施工方便，也要有利于房间之间的组合，所用材料要符合相应的建筑标准。

（4）室内空间以及顶棚、地面、各个墙面和构件细部，要考虑人们的使用和审美要求。

二、使用房间的面积、形状和尺寸

1. 房间的面积

使用房间面积的大小，主要是由房间内部活动特点、使用人数的多少、家具设备的多少等因素决定的。例如住宅的起居室、卧室面积相对较小，剧院、电影院的观众厅，除了人多、座椅多外，还要考虑人流迅速疏散的要求，所需的面积大，又如室内游泳池和健身房，由于使用活动的特点，要求有较大的面积。

为了深入分析房间内部的使用要求，我们把一个房间内部的面积，根据它们的使用特点分为以下几个部分：

（1）家具或设备所占面积。

（2）人们在室内的使用活动面积（包括使用家具及设备时，近旁所需的面积）。

（3）房间内部的交通面积。

图 2-2 是学校中一个教室的室内使用面积分析示意。从图中可以看出，房间使用面积的大小与室内家具、设备的数量和尺寸有关，还与室内活动和交通面积的大小有关，而这些面积的确定又都和人体活动的基本尺度相关。例如，在教室中学生就坐、起立时桌椅近旁必要的使用活动面积，入座、离座时通行的最小宽度以及教师讲课时黑板前的活动面积等。

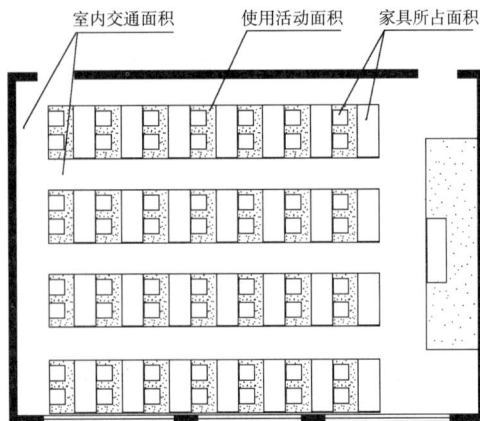

图2-2　教室的室内使用面积分析

有的建筑物，房间使用面积大小的确定，不像教室的面积分配那样明显，例如商店营业厅中柜台外顾客的活动面积，剧院、电影院休息厅中观众活动区域的面积等，因这些房间中活动的人数并不固定，所以不能直接从房间内家具的数量来确定使用面积的大小，通常需要通过对已建的同类型房间进行调查，掌握人们实际使用活动的一些规律，然后根据调查所得的数据资料，结合房间的使用要求和相应的经济条件，确定比较合理的室内使用面积。一般把调查所得数据折算成和使用房间的规模有关的面积数据，例如商店营业厅中每个营业员可设多少营业面积，剧院休息厅以及观众厅中每个座位需要多少休息面积等。

在实际设计工作中，国家或所在地区的设计的主管部门，对住宅、学校、商店、医院、剧院等各种类型的建筑物，通过大量调查研究和设计资料的积累，结合我国经济条件和各地具体情况，编制出了一系列面积定额指标，用以控制各类建筑中的使用面积，并作为确定房间使用面积的依据。表 2-1 是学校建筑各类用房的面积指标。

学校建筑各类用房的面积指标　　　　　　　　表2-1

房间名称	按使用人数计算每人的面积（m²）			
	小学	普通中学	中等师范	幼儿师范
普通教室	1.10	1.12	1.37	1.37
实验室	—	1.80	2.00	2.00
自然教室	1.57	—	—	—
音乐教室	1.57	1.50	1.94	1.94
舞蹈教室	—	—	—	6.00
语言教室	—	—	2.00	2.00
计算机教室	1.57	1.80	2.00	2.00

具体进行设计时，在已有面积定额的基础上，仍然需要分析各类房间中的家具布置、人们的活动和通行情况，深入分析房间内部的使用要求，方能确定各类房间合理的平面形状和尺寸，或对同类使用性质的房间进行合理的分间。

2. 房间平面形状和尺寸

初步确定了使用房间的面积以后，还需要进一步确定房间平面的形状和具体尺寸。

房间平面的形状和尺寸主要是由室内使用活动的特点，家具布置方式以及采光、通风、音响等要求所决定的。在满足使用要求的同时，构成房间的技术经济条件以及人们对室内空间的观感，也是确定房间平面形状和尺寸的重要因素。

以中小学普通教室为例，面积相同的教室可能有很多种平面形状和尺寸，仅以 50 座矩形平面的教室为例，就有多种可能的尺寸组合，根据普通教室以听课为主的使用特点来分析，首先要保证学生上课时视、听方面的质量，即座位的排列不能太远太偏、教师讲课时黑板前要有必要的活动余地等。通过具体调查实测，或借鉴已有的设计数据资料，相应地确定了允许排列的座位离黑板最远的距离不大于 8.5m，边座和黑板面远端夹角不小于 30°，第一排座位离黑板的最小距离为 2m 左右。在上述范围内，结合桌椅的尺寸和排列方式，根据人体活动尺度，确定排距和桌子间通道的宽度，基本上可以满足普通教室中视、听活动和通行等方面的要求。

再以住宅中的卧室为例，一间简单的双人卧室，可设置如下尺寸的家具：双人床 1500mm×2000mm，床头柜 500mm×500mm，衣柜 1800mm×600mm，电视柜 1200mm×520mm。因此，其开间不应小于 3.3m，进深不应小于 4m，如图 2-3，使室内的家具布置合理，使用方便。

对于大量性的民用建筑，如果使用房间的面积不大，且要求多个房间上下、左右相互组合时，房间的平面以矩形居多，这是因为，矩形平面通常便于家具和设备的安排，房间的开间或进深易于调整统一，结构布置和预制构件的选用问题较易解决，例如住宅、宿舍、学校、办公楼等建筑类型，大多采用矩形平面的房间。

如果建筑物中单个使用房间的面积很大，使用要求的特点比较明显，覆盖和围护房间的技术要求也较复杂，这时间的平面可能采用多种形状。

房间平面形状和尺寸的确定，主要是从房间内部的使用要求和技术经济条件来考虑的，同时，室内空间处理等美观要求，建筑物周围环境和基地大小等总体要求，也是影响房间平面形状的重要因素。住宅卧室、学校建筑中的教师办公室常采用沿外墙短向布置的矩形平面，而对学校建筑中的教室，因考虑到采光通风的要求，则往往采用沿外墙长向布置的矩形平面，如图 2-2、图 2-3 所示。

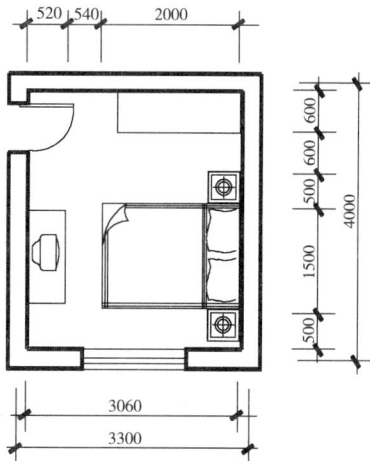

图2-3 卧室的尺寸分析

三、门窗在房间平面中的布置

房间平面设计中，门窗的大小和数量是否恰当，它们的位置和开启方式是否合适，对房间的使用效果也有很大影响。同时，窗的形式和组合方式又和建筑立面设计的关系极为密切。

门窗的宽度在平面中表示，它们的高度在剖面中确定，而窗和外门的组合形式只能在立面中看到全貌。因此，在平、立、剖面的设计过程中，门窗的布置需要多方面综合考虑，反复推敲。下面先从门窗的布置和单个房间平面设计的关系进行分析。

1.门的宽度、数量和开启方式

房间平面中门的最小宽度是由通过人流的多少和搬进房间的家具、设备的大小决定的，例如住宅中卧室、起居室等生活用房间，门的宽度常为900mm左右，这样的宽度可使一个携带东西的人方便地通过，也能搬进床、柜等尺寸较大的家具。住宅中厕所、浴室、阳台的门的宽度为700mm，这些较小的门扇在开启时可以少占室内的使用面积，这对平面紧凑的住宅建筑，尤其显得重要。住宅建筑的公用外门为1200mm。

室内面积较大、活动人数较多的房间，应该相应增加门的宽度或门的数量。当门宽大于1000mm时，为了开启方便和少占使用面积，通常采用双扇门，双扇门宽可为1200~1800mm左右；当房间内人数多于50人，或房间面积大于60m^{2}时，按照防火要求，至少需要两个门，分设在房间两端，以保证安全疏散。

对人流大量集中的公共活动房间，如会场、观众厅等，应考虑疏散要求，门的总宽度按每100人0.6m宽计算，而且应设置双扇的外开门。

房间平面中门的开启方式，主要根据房间内部的使用特点来考虑，例如医院病房常采用1200mm的不等宽双扇门，平时出入可只开较宽的单扇门，当有病人的手推车通过或担架出入时，可以两扇门同时开启。在寒冷地区，对进出人流量较大的房间，如商店的营业厅等，门扇宜采用双扇弹簧门，防止冬季冷风的侵袭。

2.房间平面中门的位置

房间平面中门的位置应考虑室内交通路线的简捷和安全疏散的要求，门的位置还与室内使用面积能否充分利用、家具布置是否方便以及组织室内穿堂风等关系很大。

对于面积大、人流活动多的房间，门的位置主要考虑通行简捷和疏散安全，例如剧院观众厅一些门的位置通常较均匀地分设，使观众能尽快到达室外（图2-4）。

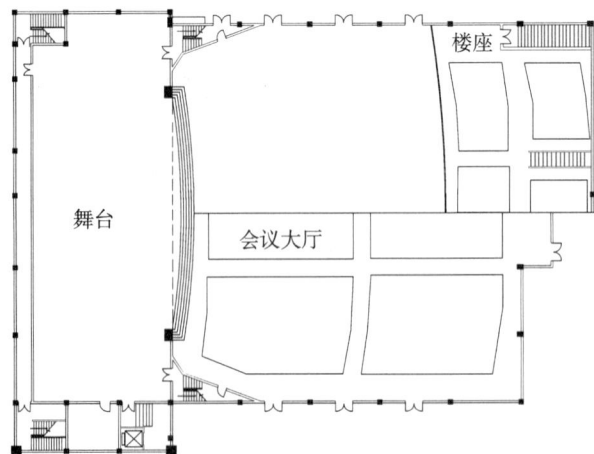

图2-4 观众厅门的位置

对于面积小、人数少，只需设一扇门的房间，门的位置首先需要考虑家具的合理布置。门的数量不止一个时，门的位置应考虑缩短室内交通路线，保留较为完整的活动面积，并尽可能留有便于靠墙布置家具的墙面。

在平面组合时，房间平面中门的位置，从整幢房屋的使用要求考虑也可能需要改变。例如有的房间需要尽可能缩短通往房屋出入口或楼梯口的距离，有些房间之间联系或分隔的要求比较严格，都可能重新调整房间门的位置。

3.窗的大小和位置

房间中窗的大小和位置，主要根据室内采光、通风要求来确定。采光方面，窗的大小直接影响到室内照度是否足够，窗的位置关系到室内照度是否均匀。各类房间照度的要求是由室内使用上的精确细密的程度来确定的。影响室内照度强弱的因素主要是窗户面积的大小，因此，通常以窗口透光部分的面积和房间地面面积的比（即采光面积比）来初步确定或校验窗面积的大小。表 2-2 是根据民用建筑中房间的使用性质确定的采光等级和窗地面积比。在南方地区，有时为了取得良好的通风效果，往往加大开窗面积。窗的平面位置，主要会影响到房间沿开间方向的照度是否均匀，有无暗角和眩光。如果房间的进深较大，同样面积的矩形窗户竖向设置，可使房间进深方向的照度比较均匀。中小学教室在一侧采光的条件下，窗户应位于学生左侧，窗间墙的宽度应考虑照度的均匀性，在满足结构要求的情况下不宜过大。

民用建筑房间天然采光等级 表2-2

等级	采光要求	房间类别	窗地面积比
I	很高	绘图室、制图室、打字室、手术室、展览室	1/4
II	较高	阅览室、健身室、游泳馆、实验室、托儿所、幼儿园	1/5
III	一般	礼堂、教室、办公室、餐厅、营业厅、候车室	1/7
IV	较低	书库、居室、浴室、厕所、洗衣间	1/9
V	很低	楼梯间、走道、仓库、储藏间	1/11

建筑物室内的自然通风，除了和建筑朝向、间距、平面布局等因素有关外，房间中窗的位置，对室内通风效果的影响也很关键，通常利用房间两侧相对应的门窗组织穿堂风，门窗的相对位置采用对面通直的布置时，室内气流通畅（图 2-5），同时也要尽可能使穿堂风通过室内活动部分的空间。图 2-6 所示教室平面中，常在靠走廊一侧开设高窗，以改善教室内通风条件。

四、辅助房间的平面设计

1.公共建筑的卫生间

公共建筑中辅助房间的平面设计与上述使用房间的设计分析方法基本相同。对

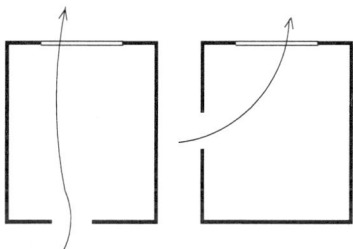

图2-5　门窗的位置相对形成穿堂风　　图2-6　教室走廊一侧开设高窗有利室内通风

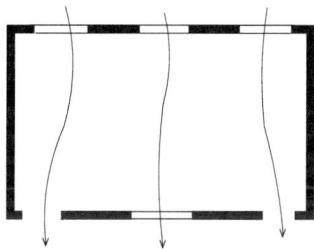

于厕所、盥洗室等辅助房间，通常根据各种建筑物的使用特点和使用人数的多少，先确定所需设备的个数，见表2-3。根据计算所得的设备数量，考虑在整幢建筑物中厕所、盥洗室的分间情况，最后在建筑平面组合中，根据整幢房屋的使用要求适当调整并确定辅助房间的面积、平面形式和尺寸。

部分建筑类型厕所设备个数参考指标

表2-3

建筑类别	男小便器（人/个）	男大便器（人/个）	女大便器（人/个）	洗手盆或龙头（人/个）	男女比例	备注
幼 托		5~10	5~10	2~5	1：1	
中小学	40	40	25	100	1：1	小学数量应稍多
宿 舍	20	20	15	15	1：1	男女比例按实际使用情况
门诊所	50	100	50	150	1：1	总人数按全日门诊人数计算
火车站	80	80	50	150	2：1	男旅客按旅客人数2/3
剧 院	35	75	50	140	3：1	计算

建筑物中公共服务的厕所应设置前室，这样使厕所较隐蔽，又有利于改善通向厕所的走廊或过厅处的卫生条件（图2-7）。公共建筑卫生设备的尺寸见图2-8。有盥洗室的公共服务厕所，为了节省交通面积并使管道集中，通常采用套间布置，以节省前室所需的面积。

2. 住宅建筑的厨卫设计

住宅卫生间的设备布置与住宅的标准等级、生活水平及生活习惯有关。标准不高的住宅，在卫生间内只设置大便器，淋浴可采用移动式浴盆，洗漱可利用厨房进行。标准

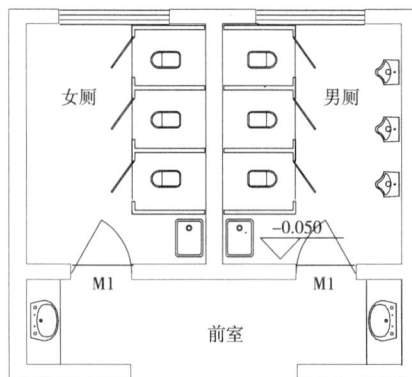

图2-7 公共建筑的卫生间

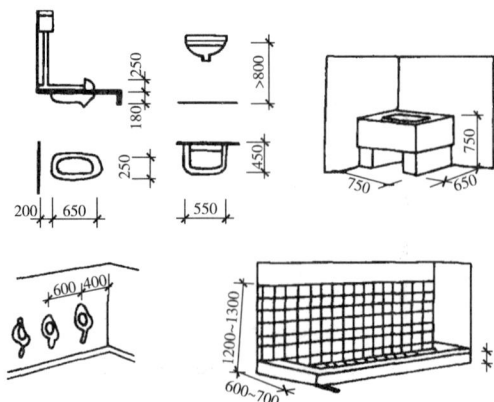

图2-8 公共建筑卫生设备尺寸

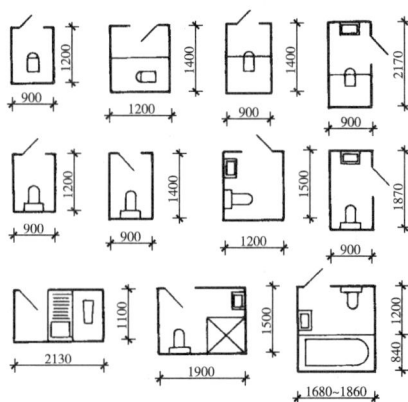

图2-9 住宅卫生设备尺寸

较高的住宅可在卫生间内设置大便器、浴盆、脸盆三大件。

卫生间的设备布置宜紧凑，以便节约面积，有条件的可将便溺、淋浴与洗漱适当分隔。平面设计时要考虑给水、排水管道的位置。卫生间、厕所的面积不应小于下列规定：外开门的卫生间为 $1.8m^2$，内开门的卫生间为 $2.0m^2$。图 2-9 是住宅卫生设备布置及净空尺寸要求。

第二节　交通联系部分的平面设计

一幢建筑物除了有满足使用要求的各种房间外，还需要有交通联系部分把各个房间以及室内外之间联系起来，建筑物内部的交通联系部分可以分为：

（1）水平交通联系的走廊、过道等。

（2）垂直交通联系的楼梯、坡道、电梯、自动扶梯等。

（3）交通联系枢纽的门厅、过厅等。

交通联系部分的面积，在一些常见的建筑类型如宿舍、教学楼、医院或办公楼中，约占建筑面积的 1/4 左右。这部分面积设计得是否合理，除了直接关系到建筑物中各部分的联系通行是否方便外，它也对房屋造价、建筑用地、平面组合方式等许多方面有很大影响。

交通联系部分设计的主要要求有：

（1）交通路线简捷明确，联系通行方便。

（2）人流通畅，紧急疏散时迅速安全。

（3）满足一定的采光通风要求。

（4）力求节省交通面积，同时考虑空间处理等造型问题。

进行交通联系部分的平面设计，首先需要具体确定走廊、楼梯等满足通行疏散要求的宽度，具体确定门厅、过厅等人们停留和通行所必需的面积，然后结合平面布局考虑交通联系部分在建筑平面中的位置以及空间组合等设计问题。

以下分述各种交通联系部分的平面设计：

一、过道（走廊）

过道（走廊）连接各个房间、楼梯和门厅等各部分，以解决房屋中水平联系和疏散问题。

过道的宽度应符合人流通畅和建筑防火要求，通常单股人流的通行宽度约为550~600mm。在通行人数少的住宅过道中，考虑到两人相对通过和搬运家具的需要，过道的最小宽度也不宜小于 1100~1200mm。在通行人数较多的公共建筑中，按各类建筑的使用特点、建筑平面组合要求、通过人流的多少及根据调查分析或参考设计资料确定过道宽度。公共建筑门扇开向过道时，过道宽度通常不小于1500mm。例如中小学教学楼，根据过道连接教室的多少，外廊教学楼常采用 1800mm 宽过道，内廊教学楼过道为2400mm宽。过道的宽度，还应考虑建筑物的耐火等级、层数和过道中通行人数的多少，进行防火要求最小宽度的校核，见表2-4。

楼梯门和走道的宽度 表2-4

宽度 （m/100人）		房屋耐火等级		
		一、二级	三级	四级
层数	一、二层	0.65	0.75	1.00
	三层	0.75	1.00	—
	>三层	1.00	1.25	—

过道从房间门到楼梯间或外门的最大距离以及袋形过道的长度，从安全疏散方面考虑也有一定的限制，见表2-5和图2-10。

根据不同建筑类型的使用特点，过道除了交通联系外，也可以兼有其他的使用功能，例如学校教学楼中的过道，兼有供学生课间休息活动的功能，医院门诊部分的过道，兼有供病人候诊的功能等（图2-11），这时过道的宽度和面积相应增加。

房间门至外部出口或楼梯间的最大距离（m） 表2-5

建筑类型	位于两个外部出口或楼梯间之间的房间L_1			位于袋形过道两侧或尽端的房间L_2		
	耐火等级			耐火等级		
	一、二级	三级	四级	一、二级	三级	四级
托幼建筑	25	20	—	20	15	—
医院、疗养院	35	30	—	20	15	—
学校	35	30	—	22	20	—
其他民用建筑	40	35	25	22	20	15

二、楼梯和坡道

楼梯是各楼层间的垂直交通联系部分，是楼层人流疏散必经的通路。楼梯设计主要根据使用要求和人流通行情况确定梯段和休息平台的宽度，选择适当的楼梯形式，考虑整幢建筑的楼梯数量以及楼梯间的平面位置和空间组合。有关楼梯的各个组成部分和构造要求，将在本书"民用建筑构造"中叙述。

楼梯的宽度，也是根据通行人数的多少和建筑防火要求决定的。梯段的宽度也要考虑两人相对通过的情况，通常不小于1100~1200mm。一些辅助楼梯，从节省建筑面积出发，把梯段的宽度设计得小一些，考虑到同时有人上下时能有侧身避让的余地，梯段的宽度也不应小于850~900mm（图2-12）。所有梯段宽度的尺寸也都需要以满足防火要求的最小宽度进行校核，具体尺寸和对过道的要求相同（表2-4）。楼梯平台的宽度，除了考虑人流通行外，还需要考虑搬运家具的方便，平台的宽度不应小于梯段的宽度。

楼梯形式的选择主要以房屋的使用要求为依据。两跑楼梯由于面积紧凑、使用

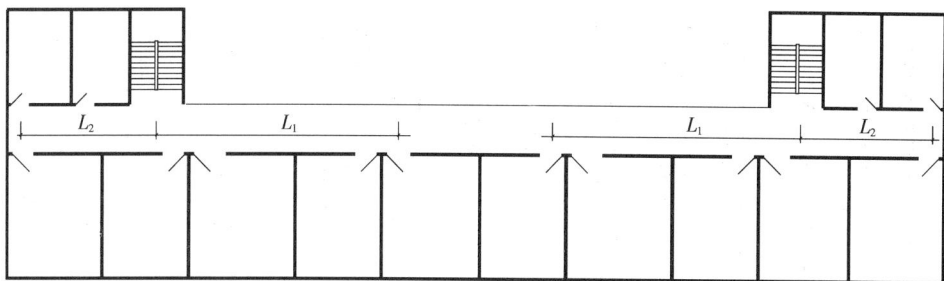

图2-10 房间门至外部出口或楼梯间的最大距离

图2-11 兼有其他功能的过道

方便，成为了一般民用建筑中最常采用的形式。当建筑物的层高较高，或利用楼梯间顶部天窗采光时，可采用三跑楼梯。一些旅馆、会场、剧院等公共建筑，经常把楼梯的设置和门厅、休息厅等结合起来，这时，楼梯可以根据室内空间组合的要求，采用多样的楼梯形式，如直跑楼梯、开敞式楼梯及圆弧形楼梯等。

楼梯在建筑平面中的数量和位置关系到建筑物中人流交通的组织是否通畅安全、建筑面积的利用是否经济合理等方面的问题。

楼梯的数量主要根据楼层人数多少和建筑防火要求来确定。当建筑物中楼梯和远端房间的距离超过防火要求的距离（表2-5），二至三层的公共建筑楼层面积超过200m²，或者二层及二层以上的三级耐火房屋所在楼层人数超过50人时，都需要布置两个或两个以上的楼梯。

对于公共建筑，通常在主要出入口处设置一个位置明显的主要楼梯，在次要出入口处或者房屋的转折和交接处设置次要楼梯供疏散及服务使用。楼梯间可以布置在房屋朝向较差的一面，但应有自然采光和通风。

三、门厅、过厅和出入口

门厅是建筑物主要出入口处的内外过渡、人流集散的交通枢纽。公共建筑的门厅除了交通联系外，常兼有适应建筑类型特点的其他使用功能，如在旅馆建筑的门

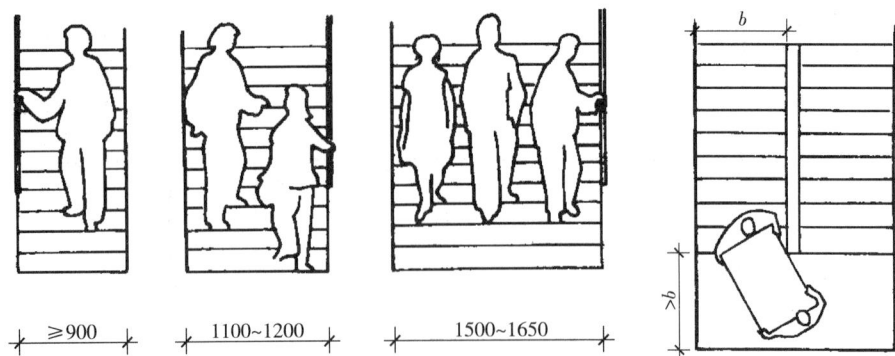

图2-12 梯段的宽度

厅中设服务台、问讯处或小卖部，在医院建筑的门厅设挂号、取药、收费等房间，有的门厅还兼有展览、陈列等功能，旅馆建筑的门厅兼有会客、休息功能。

1.门厅的面积

疏散安全也是门厅设计的一个重要内容，门厅对外出入口的总宽度应不小于通向该门厅的过道、楼梯宽度的总和，人流比较集中的公共建筑物，其门厅对外出入口的宽度一般按每100人0.6m计算。外门的开启方式应向外开启或采用弹簧门扇。

门厅的面积大小，主要根据建筑物的使用性质和规模确定，在调查研究、积累设计经验的基础上，根据相应的建筑标准，不同的建筑类型都有一些面积定额可以参考，例如中小学的门厅面积为每人0.06~0.08m²，电影院的门厅面积按每一名观众不小于0.13m²计算，一些兼有其他功能的门厅面积，还应根据实际使用要求相应地增加。

门厅设计要导向性明确，避免交通路线过多交叉和干扰的问题。所谓导向明确，即要求人们进入门厅后，能够比较容易地找到各过道口和楼梯口，有利于人们迅速、安全地疏散。

2.门厅的布置方式

门厅的布局通常有对称和不对称两种。

（1）对称的门厅：有明显的轴线，起主要交通联系作用的过道或主要楼梯沿轴线布置，主导方向较为明确（图2-13）。

（2）不对称的门厅：由于门厅中没有明显的轴线，往往需要通过对走廊口门洞的大小、墙面的透空和装饰处理以及楼梯踏步的引导等的设计，使人们易于辨别交通联系的主导方向。

门厅中还应组织好各个方向的交通路线，尽可能减少来往人流的交叉和干扰。特别是对一些兼有其他使用功能的门厅，要分析门厅中人们的活动特点，留有必要的活动面积。

门厅是人们进入建筑物后首先到达之处，也是人们容易停留的地方。门厅的设计，除要合理地解决好交通枢纽等功能要求外，门厅内部的空间组合和室内装饰是

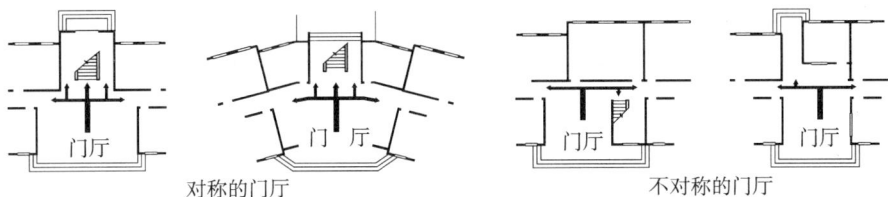

图2-13　门厅的布置方式

公共建筑设计的重要内容。

第三节　建筑平面的组合设计

在建筑平面的设计过程中，需要在熟悉了组成建筑平面的各个房间及交通联系部分的基础上，进一步从建筑整体的使用功能、技术经济和建筑艺术等方面，分析对平面组合的要求。此外，还必须考虑总体规划、基地环境对建筑单体平面组合的要求，即建筑平面组合设计要满足建筑使用功能等方面的要求，也要考虑到总体环境对建筑平面设计的影响。建筑平面组合是建筑空间在水平方向的组合问题，它决定了建筑物在水平方向的内外空间关系和平面形状。在进行平面组合设计时，可以从三维空间的立体构图考虑，及时勾画建筑物形体的立体草图，遵循从建筑平面组合设计入手，逐步深化建筑空间设计的方法。

建筑平面组合设计的主要任务是：

（1）根据建筑物的使用和卫生等要求，合理安排建筑各组成部分的位置，并确定它们的相互关系。

（2）组织好建筑物内部以及内外之间方便和安全的交通联系。

（3）考虑到结构布置、施工方法和所用材料的合理性，掌握建筑标准，注意美观要求。

（4）符合总体规划的要求，密切结合基地环境等平面组合的外在条件，注意节约用地和环境保护等问题。

本节着重叙述建筑平面组合的功能分析、平面组合和结构布置的关系以及基地环境对平面组合的影响等方面的内容，对于平面组合中要考虑的建筑艺术问题，将在第四章中介绍。

在建筑平面的功能分析和组合设计中应处理下列几个方面的问题：

1. 房间的主次关系和内外关系

在一幢建筑物中，根据它的功能特点，各个房间相对而言具有一定的主次关系。例如在学校教学楼中，满足教学要求的教室、实验室等房间是主要的使用房间，其余的管理、办公、贮藏、厕所等房间是次要房间；住宅建筑中，生活用的起居室、卧室是主要的房间，厨房、浴厕、贮藏室等是次要房间；在商业建筑中，营业厅是主要房间；在体育建筑中，比赛大厅是主要房间。进行平面组合设计时，要根据各个房间使用要求的主次关系，合理安排它们在平面中的位置，例如把教学、生活用的主要房间设置在朝向好、比较安静的位置，取得较好的日照、采光、通风条件。在图 2-14 的幼儿园平面组合设计中，把幼儿的卧室、活动室布置在日照、采光好的南向，并形成了南北通透的通风条件，把盥洗室等辅助房间布置在北向。

在建筑物的使用过程中，有的房间与外来人员联系比较密切、频繁，例如商店的营业厅，门诊所的挂号、问讯等房间，它们需要布置在靠近人流来往的地方或出入口处。有的房间主要是供内部活动或使用，例如商店的行政办公、生活用房，门诊所的药库、化验室等，这些房间主要考虑内部使用时与有关房间的联系。图 2-15 为商店和餐饮建筑平面组合中的内外关系及各房间的平面布置情况，把直接对外服务使用的营业厅和餐厅布置在靠外的位置。

在建筑平面组合中，要分清各个房间在使用上的主次和内外关系，并根据主次和内外关系确定各个房间在平面中的具体位置。

2. 功能分区及各功能区的联系和分隔

当建筑物中房间较多且使用功能比较复杂时，平面组合设计可按照各房间的使用性质以及联系的紧密程度进行分组分区。建筑物的功能分区是把使用性质相同或联系紧密的房间组合在一起，形成一个相对独立的功能区。进行平面组合设计时，从几个功能区之间的关系上来考虑，分析各功能区之间的联系与分隔要求，确定平面组合中各个房间的合适位置。例如学校建筑，可以分为教学活动、行政办公以及生活后勤等几个功能区。教学活动和行政办公部分既要分区明确，避免干扰，又要考虑分属两个功能区的教室和办公室之间的联系，它们的平面位置应适当靠近一些；对于使用性质同样属于教学活动部分的普通教室和音乐教室，由于音乐教室上

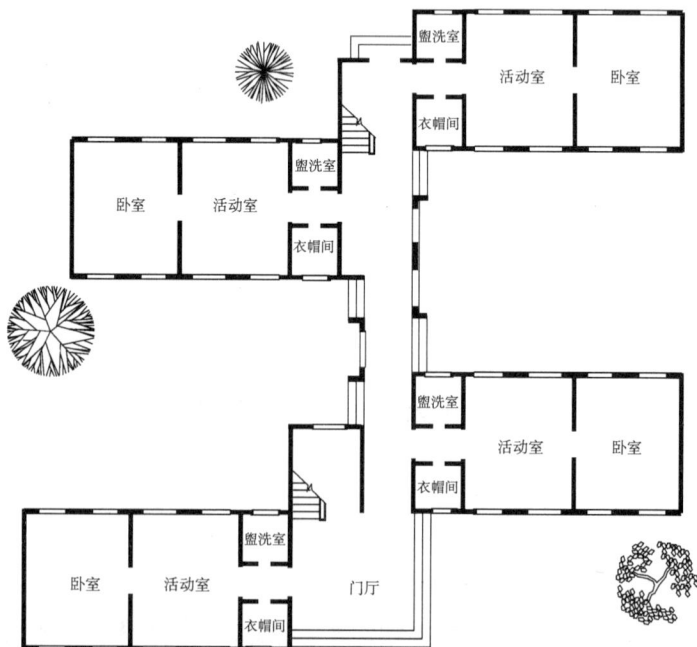

图2-14 幼儿园建筑的组合

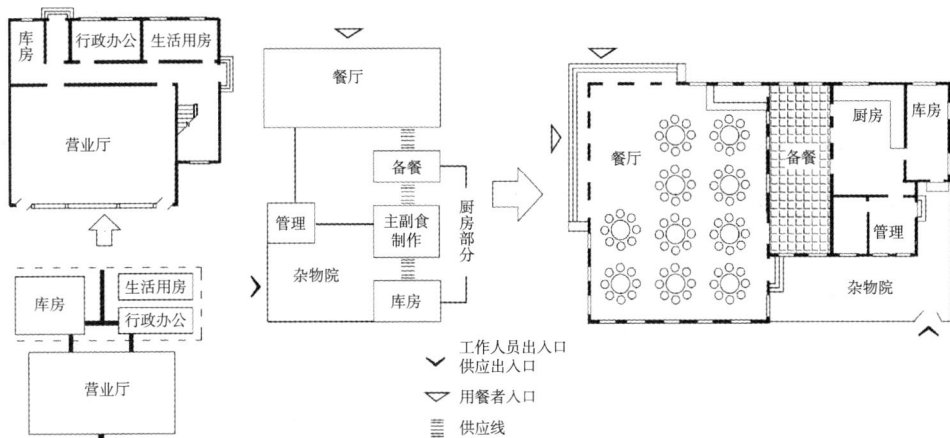

图2-15 平面组合中的内外关系

课时对普通教室有一定的噪声干扰，所以它们虽属同一个功能区中，但是在平面组合中却又要求有一定的分隔。图 2-16 是学校建筑的功能分析与房间的平面布置图。在进行平面组合设计时，借助于功能分析图，能够比较形象地表示建筑物的各个功能分区部分之间的联系或分隔要求以及房间的使用顺序。

3. 房间的使用顺序和交通路线组织

有的建筑物在使用过程中通常有一定的先后顺序，例如门诊部中从挂号、候诊、诊疗、记账或收费到取药的各个房间，车站建筑中的问讯、售票、候车、检票、进入站上车以及出站时由站台经过检票出站等，平面组合时要充分地考虑到这种使

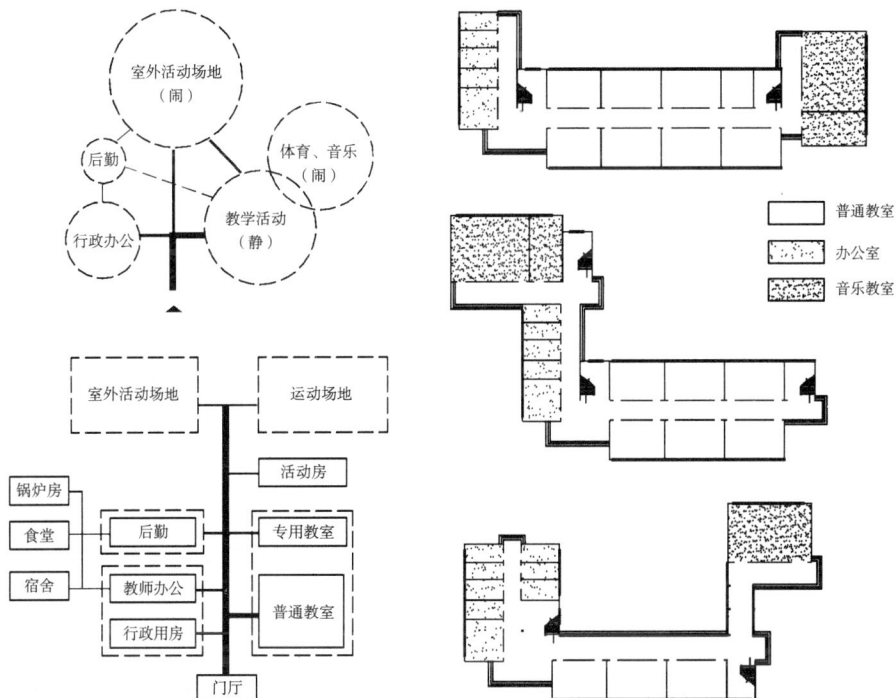

图2-16 学校建筑的功能分析

用方面的前后顺序。有些建筑物对房间的使用顺序没有严格的要求，但也要注意合理地组织好室内的人流线路，留有足够的通行面积，尽量避免不必要的往返交叉或相互干扰。图2-17为医院建筑的使用顺序关系和相应的平面布置图。

房间的使用顺序和它们的联系和分隔要求，主要通过房间位置的安排以及组织一定方式的交通路线来实现。平面组合中要考虑交通路线的分工、连接或隔离。通常联系主要出入口和主要房间的是主要交通路线，人流较少的部分（如工作人员内部使用、辅助供应等）可用次要交通路线联系，门厅或过厅是交通路线连接的枢纽。

4.建筑平面组合的几种方式

建筑物的平面组合是综合考虑房屋设计中内外多方面因素，反复推敲所得的结果。建筑功能分析和交通路线的组织是形成各种平面组合方式的内在的主要根据，通过功能分析初步形成的平面组合方式，大致可以归纳为以下几种：

（1）走廊式组合

这是在走廊的一侧或两侧布置房间的组合方式，房间的相互联系和房屋的内外联系要通过走廊实现。走廊式组合的优点是使用过程中各个房间不被相互穿越，房间之间的相互干扰小，使各个房间能够被独立地使用。这种组合方式常见于单个房间面积不大、同类房间多次重复的平面组合，例如办公、学校、旅馆、宿舍等建筑类型。图2-18是走廊式组合的几种平面形式。

1）内廊式组合

内廊式组合是在走廊的两侧布置房间的组合形式，这种组合形式平面紧凑，走

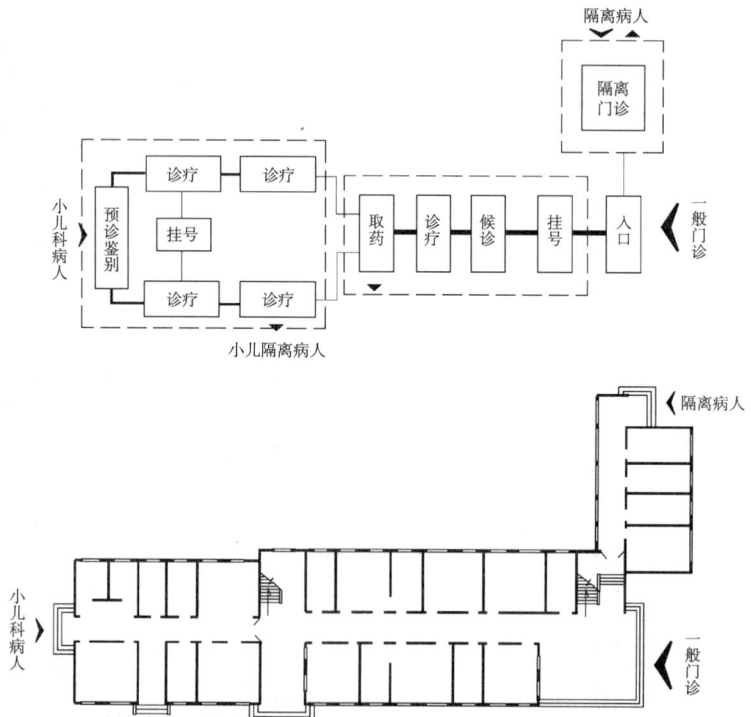

图2-17　按使用顺序组合建筑平面

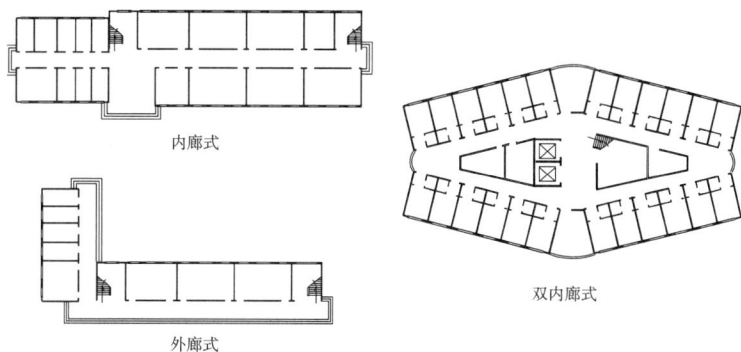

内廊式

外廊式

双内廊式

图2-18　走廊式组合

廊所占面积较小，房屋进深大，节省用地，但是有一侧的房间朝向差，走廊较长时，采光、通风条件较差，需要开设高窗或设置过厅以改善采光、通风条件。

2）外廊式组合

外廊式组合是仅在走廊一侧布置房间的组合形式，这种组合形式的优点和缺点与内廊式组合正好相反。外廊分为开敞式和封闭式，开敞式外廊适合于气候温和及炎热地区，封闭式外廊适合于寒冷地区的建筑物。

外廊是设置在北向还是设置在南向，应根据建筑物的使用要求和地区气候条件来确定。北向外廊主要房间的日照条件好，多用于居住。但在寒冷地区，北向外廊易受寒风侵袭，对于房间内使用人数较多且门的开关较频繁的建筑，如学校、旅馆等，不宜采用。南向外廊兼起遮阳的作用，但房间内日照条件差，适于南方地区的学校、办公楼和宿舍等建筑。

3）双内廊式组合

双内廊组合是用两条内廊进行平面组合的形式，适合于高层旅馆建筑。

（2）套间式（穿套式）组合

套间式组合是将各房间直接衔接在一起，相互串通，把使用面积与交通面积结合起来融为一体的组合方式。这种组合方式的优点是房间之间的相互联系简捷，面积利用率高。套间式组合适合在展览馆、商店等建筑中使用。为适应不同的人流活动特点，套间式组合可采用以下几种形式：

1）串联式

各房间按照一定的顺序，一个接一个地相互串通的形式称串联式，如图 2-19。串联式组合的特点是各房间的功能联系密切，具有明显的使用顺序和连续性，人流方向单一、简捷明确、不逆行、不交叉，但活动路线不够灵活。

2）放射式

放射式是以一个枢纽空间作为联系中心，向两个或两个以上方向延伸、衔接布置房间的形式（图 2-20）。这个联系中心，可以是专供人流集散的交通大厅，或者是联系其他空间的主要房间。这种组合方式布局紧凑、联系方便、使用灵活，各空间可单独使用，但路线不明确，人流易产生交叉迂回、相互干扰。

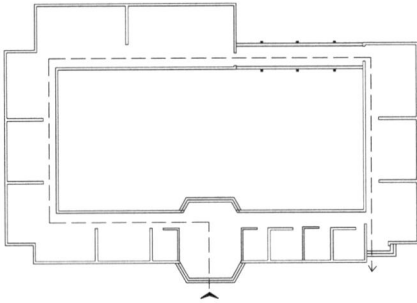

图2-19　串联式组合

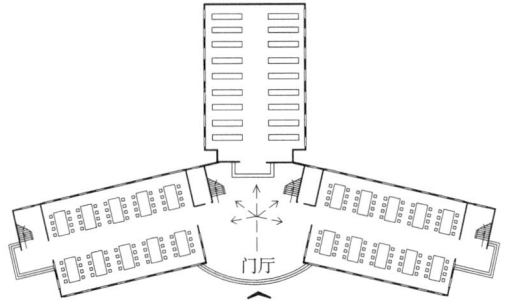

图2-20　放射式组合

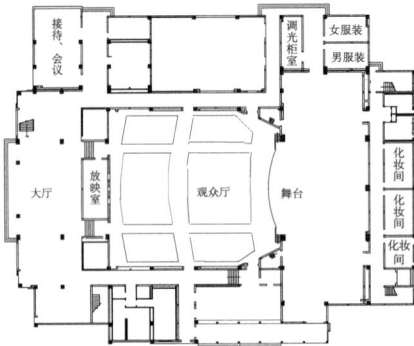

图2-21　大厅式组合

（3）大厅式组合

以体量巨大的主体空间为中心，其他附属或辅助房间环绕在它的周围布置的平面组合（图2-21）。这种组合形式的特点是主体空间突出、主从关系明确、房间之间相互联系紧密，适用于电影院、剧院、体育馆等建筑。此外，一些购物中心、商场、铁路客站等，也常用这种组合方式。

（4）单元式组合

单元式是以楼梯间或电梯间等垂直交通联系空间来联系各个房间而构成的一个独立的单元；或者是在建筑平面中，联系密切的使用房间成组出现，并形成各自独立的单元。根据建筑规模不同，一幢建筑物可由一个或几个相同的或不相同的单元组成。这种组合形式的特点是平面集中、紧凑，单元之间互不干扰，易于保持安静，因此适用于住宅和幼儿园等建筑类型。图 2-22 是单元式住宅的一户住宅平面。

（5）庭院式

庭院式房间沿周边布置，中间形成庭院（图 2-23）。庭院面积大小不等，可作

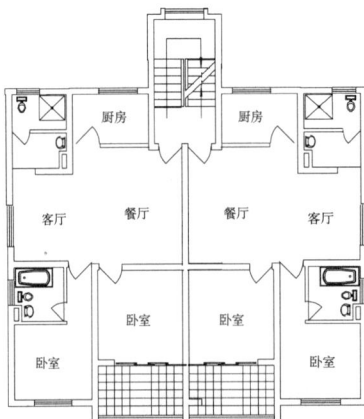

图2-22　单元住宅的平面

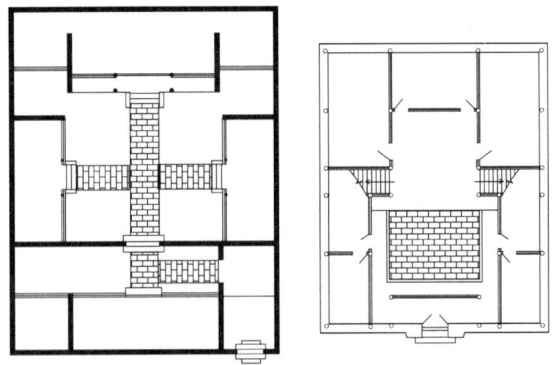

（a）北京四合院　　（b）云南昆明的"一颗印"

图2-23　庭院式组合

为绿化用地、活动用地，或各房间相互联系的交通场地。这种组合方式在使用上较优雅、安静，冬季还可起防风、防沙的作用，平面形式有三合院（即三边布置房间）、四合院（即四边布置房间）。根据总体布置和使用要求，可以设一个院，也可以设两个或两个以上的院。如果用透明材料覆盖在庭院上部，此时的庭院就成为了室内空间的一部分，具有通风、采光、防寒、遮雨的作用。庭院式组合，在国内的居住建筑中采用较多，一些文化馆、纪念馆、商场、地方医院、机关办公楼以及旅馆等公共建筑中，也有不少建筑采用这种组合形式。

我们从建筑功能要求及相应的交通联系等方面概述了几种基本的建筑平面组合方式，但由于建筑的多样性和复杂性，往往在一幢建筑中可采用多种基本组合方式而成为综合式平面组合。

第三章　建筑的剖面设计

　　建筑物的剖面主要表达建筑物在垂直方向各部分的组合关系及建筑物的空间尺度关系。建筑剖面设计主要分析建筑物各部分应有的高度、建筑层数，建筑竖向空间的处理、组合和利用以及建筑剖面中的结构、构造关系等。建筑剖面设计是在平面设计的基础上进行的，但建筑的剖面关系也会反过来影响到建筑的平面设计。本章主要介绍建筑剖面设计。

第一节　建筑的剖面形状与高度

一、建筑层数与高度

　　1.影响建筑层数与高度的因素

　　影响确定房屋层数与高度的因素很多，主要有房屋本身的使用要求、城市规划（包括节约用地）的要求、选用的结构类型以及建筑防火等。

　　2.建筑层数与高度的确定原则

　　（1）建筑物的使用性质

　　建筑物的使用性质对房屋的层数有一定要求。使用人数多而集中的建筑物，如住宅、办公楼、旅馆等多采用高层建筑；专供儿童使用的托儿所、幼儿园等建筑，为了使用安全和便于儿童与室外活动场地的联系，往往采用低层建筑；老人公寓及方便病人就医的门诊部大楼，层数不宜超过三层；影剧院、体育馆等公共建筑，因建筑面积较大和高度较高，且人流集中，为便于进行迅速、安全的疏散，也宜建成低层。

　　（2）建筑基地环境与城市规划的要求

　　城市总体规划从改善城市面貌及节约用地方面考虑，常对城市中某个地段的沿街部分或城市广场的新建房屋的层数有明确规定。城市航空港附近的一部分地区，从飞行安全方面考虑，也对新建房屋的层数和总高度有一定的限制。

　　建筑的层数与所在地段的大小、高低起伏变化有关。如在相同的建筑面积条件下，基地范围小，底层占地面积小，建筑的层数就会多一些；如地形起伏变化大，从减少土石方量和灵活布置方面考虑，建筑物的长度、进深不宜过大，建筑层数会相应增加。为节约用地，应充分利用城市空间，宜建多层或高层建筑。位于城市街道两侧、广场周围道路交叉口的建筑，对城市面貌影响很大，应在满足城市规划要求的同时，做到与周围建筑物、道路、绿化等环境协调一致。

　　（3）建筑防火要求

　　按照《建筑设计防火规范》等的规定，建筑物的层数应根据不同建筑的耐火等级来决定。如耐火等级为一、二级的民用建筑物，原则上其层数不受限制；耐火等级为三级的允许层数为 1~5 层；耐火等级为四级时，只允许建 2 层。

（4）建筑结构、材料及施工的要求

房屋建造时所用材料、结构体系、施工条件等因素对建筑的层数有直接的影响。例如，砖墙承重的建筑结构宜建多层，一般情况下，层数不超过 6 层；框架结构宜建多层或高层。建筑的层数也对土地的节约使用和建设的成本有着巨大的影响。对于节约利用土地而言，六幢单层的房屋与一幢 6 层楼的房屋相比较，在都满足日照要求的前提下，前者的用地面积要增加两倍。从建设成本上考虑，将用地位置、征地、搬迁、小区建设及市政设施等费用综合计算比较，多层和高层建筑不仅可以节约用地，而且可以降低市政工程费等建设成本。

二、房间高度与剖面形式

1. 净高与层高

房间的净高 H_1 是指从室内的地面到顶棚或其他构件如大梁底面之间的距离（图 3-1）。从建筑规范规定及使用要求方面考虑，地下室、储藏室、局部夹层、走道和房间的最低处的净高不应小于 2m，楼梯平台上部及下部过道处的净高不小于 2m，梯段净高不应小于 2.2m。层高 H_2 是指从房间楼地面的结构层表面到一层楼地面结构层表面之间的垂直距离。

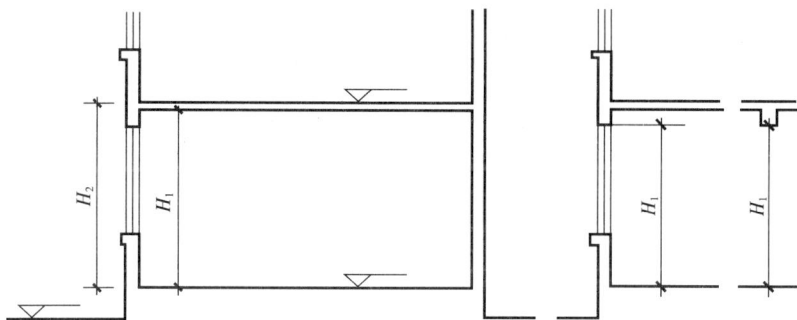

图3-1 房间的净高与层高

2. 房间的净高和剖面形状的确定

确定房间的净高和剖面形状主要应考虑以下几方面的要求：

（1）室内使用性质和活动特点的要求

使用人数少的生活用房，如住宅的起居室、卧室等，由于室内的人数少、房间的面积小，从人体活动的尺度和家具布置等方面考虑，室内净高可以低一些，一般不小于 2.4m 即可；中学的教室等学习用房，由于室内使用人数较多，面积也较大，根据房间的使用性质和卫生要求，房间的净高要求要高一些，一般不小于 3.4m。

有的房间在使用上有一些特殊的要求，例如学校的阶梯教室、电影院、剧院、报告厅等，具有视听方面的要求。从满足人们的视觉要求方面考虑，避免前排观众对后排观众的视线遮挡，需要进行视线设计，使室内地坪按一定的坡度逐渐升起。

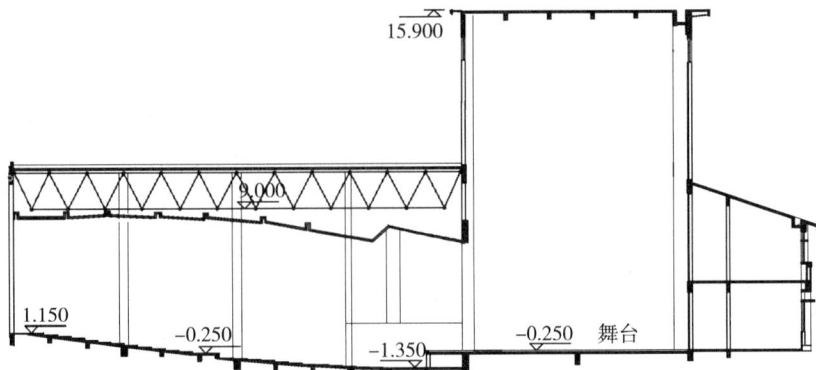

图3-2 剧场的剖面

同时，对于观演类建筑，根据演出设置布景的要求，需要增大舞台箱空间的高度（图 3-2）。

室内地坪的起坡坡度与观看物体时的位置高低有关，观看物体时的位置越低，即剖面设计的视点越低，则地坪坡度升起得越高。

有的房间在使用中有音质方面的要求，为使声音在房间内扩散均匀，在剖面设计时应避免出现凹形的剖面，因为凹形的剖面形式易使反射声能聚焦到某些特定的区域，不利于室内声音的均匀扩散。因此，剧场建筑的观众厅往往采用锯齿形

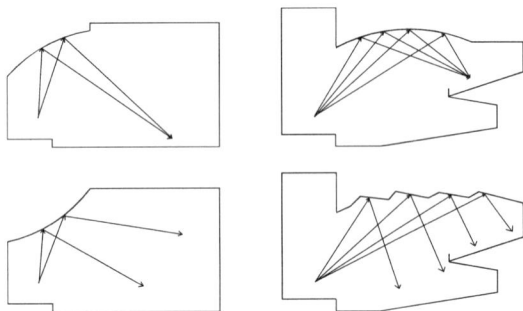

图3-3 剖面形状与声音的扩散

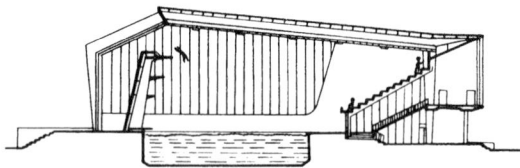

图3-4 跳水馆剖面

的剖面来扩散反射声，如图 3-3。对于有体育活动等其他使用功能的房间，体育活动的项目对房间的高度、体积和剖面形状有一定的影响，如图 3-4 所示中心跳水馆，高大的跳台对剖面设计有很大的影响。

（2）采光、通风的要求

建筑室内的天然采光情况，除了和平面中窗户的宽度及位置有关外，还和窗户在剖面中的高低有关。要提高距窗口较远的房间深处的采光照度值，需要靠提高侧窗的高度来解决。房间的进深越大，要求侧窗上沿的位置越高，因此需要相应地增加房间的净高。

对于普通的民用建筑，通常窗台的高度为 900mm。幼儿园建筑考虑到儿童的身高尺度，活动室的窗台高度常为 700mm。对于疗养建筑和风景区的一些建筑物，由于要求室内阳光充足或便于观赏室外景色，常降低窗台高度或做落地窗，但在窗口位置应增设安全保护栏杆。一些展览建筑，由于需要利用室内墙面布置展品，常将窗台提高到 1800mm 以上。

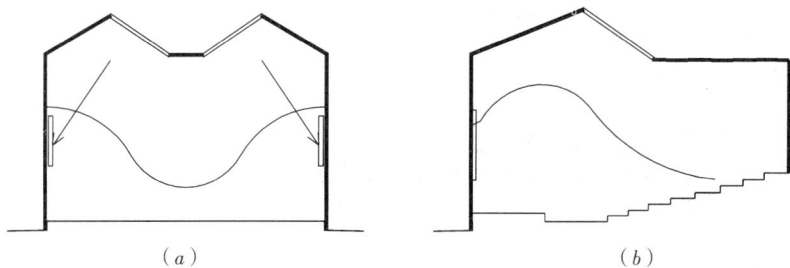

（a）　　　　　　　　　　　　　　（b）

图3-5　剖面形状与采光

对于进深较大的房间，从改善室内采光条件上考虑，常在屋顶设置各种形式的天窗。天窗的出现，使房间的剖面形状具有明显的变化。图 3-5 所示的是天窗的剖面形状对室内照度分布的影响情况。图 3-5a 是天窗采光的画廊剖面，双侧倾斜的天窗采光口有利于提高两侧墙面悬挂的美术作品的照度。图 3-5b 是天窗采光的阶梯教室剖面，倾斜的天窗采光口提高了讲台和黑板处的照度。

房间的自然通风与进出风口的位置高低有关，在炎热地区，为了利用空气的热压作用（或称烟囱效应）来增强房间的自然通风效果，需要将进风口设在较低的位置，将出风口设在较高的位置，且进、出风口的高差越大，通风效果越好。因此，房间净高对进、出风口的设置和建筑的自然通风有重要的影响。例如，南方地区的一些商店，常在营业厅外墙橱窗的上下墙面部分，加设通风铁栅和玻璃百叶的进、出风口以组织室内通风，使得营业厅内的通风和采光条件得到很好的改善（图3-6）。

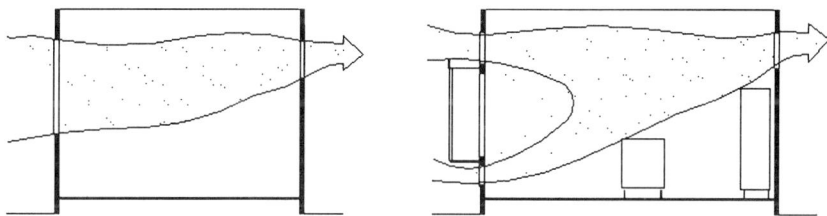

图3-6　剖面形状与通风

（3）结构类型的要求

在房间的剖面设计中，梁、板等结构构件的厚度，墙、柱等构件形式以及空间结构的形状、高度对剖面设计都有一定的影响。在结构安全的前提下，减少楼板结构层的厚度，可在层高不变的情况下，提高房间的净高，使房间的使用空间增大。

（4）设备设置的要求

在民用建筑中，对房间高度有一定影响的设备布置主要有顶棚部分嵌入或悬吊的灯具、顶棚内外的一些空调管道以及其他设备所占的空间位置。图 3-7 为具有下悬式无影灯时，医院手术室内必要的净高，

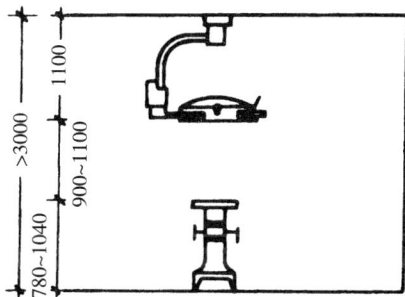

图3-7　手术室内必要的净高

图3-8 电视演播室顶棚送风、回风管道等设备的空间

图 3-8 为电视演播室顶棚部分的送风、回风管道以及天桥等设备所占的空间位置示意。

（5）室内空间比例要求

室内空间长、宽、高比例的不同，常带给人们精神上的不同感受，宽而低的房间使人产生压抑的感觉，狭而高的房间使人感到拘谨。同时，人们视觉上看到的房间高低，通常具有一定的相对性，它和房间本身面积的大小、室内顶棚的处理方式以及窗户的比例等有关。面积不大的生活房间，在满足室内卫生要求的前提下，高度低些使人觉得亲切，例如适当降低旅馆大堂服务台的吊顶高度，可使旅客感到亲切。

因此，确定房间净高时，要具有建筑空间观念。房间的净高要在满足室内卫生条件和使用要求的前提下，满足人们对建筑空间在视觉上和精神上的要求。

三、房屋各部分高度的确定

进行建筑剖面设计时，除了各个房间室内的净高和剖面形状需要确定外，还需要确定房屋的层高以及室内地坪、楼梯平台和房屋檐口等方面的标高。

1. 层高的确定

层高是该层的地坪或楼板面到上层楼板面的距离，即该层房间的净高加楼板层的结构厚度（图3-1）。在满足卫生和使用要求的前提下，适当降低房间的层高能够降低整幢房屋的高度，对于减轻建筑物的自重、改善结构受力情况、节约建设投资和用地都有着重要的意义。以大量建设的住宅建筑为例，层高每降低 100mm，可以节省投资 1%。同时，由于建筑总高度的降低，可以减少建筑之间的间距，由此可以节约居住区的用地 2% 左右。对于房屋层高的最后确定，需要综合考虑房屋的使用功能、技术经济和建筑艺术等多方面的要求。表 3-1 是住宅建筑房间的净高指标。表 3-2 是中、小学建筑房间的净高指标。

对于一些易于积水或需要经常冲洗的地方，如开敞的外廊、阳台以及浴厕、厨房等房间的地坪应比同层其他房间的地坪稍低一些（约低 20 ~ 50mm），以免积水溢入其他房间。

住宅建筑房间的净高 表3-1

房间名称	净高（m）
卧室、起居室	≥2.4
厨房	≥2.2
卫生间、储藏间	≥2.0

中、小学建筑房间的净高　　　　　　　　　　　　表3-2

房间名称	净高（m）
小学教室	3.1
中学、中师、幼师教室	3.4
实验室	3.4
舞蹈教室	4.5
教学辅导用房	3.1
办公及服务用房	2.8

2. 房屋层数的确定

影响确定房屋层数的因素很多，主要有房屋本身的使用要求、城市规划（包括节约用地）的要求、选用的结构类型以及建筑防火等。

建筑物的使用性质对房屋的层数有一定要求，例如幼儿园为了使用安全和便于儿童与室外活动场地联系，应建低层，又如门诊所为方便病人上下，也应建造低层。

城市总体规划从改善城市面貌和节约用地方面考虑，常对城市内各个地段、沿街部分或城市广场的新建房屋明确规定其建造的层数。城市航空港附近的一定地区，从飞行安全方面考虑，也对新建房屋的层数和总高度有所限定。

建筑物的耐火等级不同，相应地对建筑层数也有一定限制。

此外，房屋建造时所用材料、结构体系、施工条件以及房屋造价等因素，对建筑物层数的确定也有一定影响。

小学教学楼一般不超过四层；中学、中师、幼师教学楼一般不超过五层。

四、建筑剖面的组合方式

建筑剖面的组合方式主要是由建筑物中各类房间的高度和剖面形状、房屋的使用要求和结构布置特点等因素决定的，剖面的组合方式大体上可以归纳为以下几种：

1. 单层

单层的剖面组合方式便于房屋中各部分人流或物品与室外直接联系，它适合于覆盖面及跨度较大的结构布置，对一些顶部要求自然采光和通风的房屋，也常采用单层的剖面组合方式，如食堂、会场、车站、展览大厅等建筑类型都有不少单层剖面的例子（图3-9）。单层房屋的主要缺点是用地很不经济。

2. 多层和高层

多层的剖面组合方式使室内交通联系比较紧凑，适合于有较多相同高度的房间的组合，垂直交通主要靠楼梯来解决。多层剖面的组合应注意上下层房间的墙、柱等承重构件的对应关系以及各层之间相应的面积分配。目前，大量建设的单元式住宅楼、学校、宿舍、办公、医院等房屋的剖面，大多采用多层的组合方

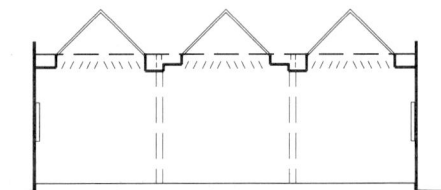

图3-9　单层剖面组合

式，图 3-10 是内廊式教学楼的多层剖面组合。

一些建筑类型如旅馆、办公楼等，由于城市用地、规划布局等方面因素，可采用高层剖面的组合方式。城市建设中，根据居住区所在地段和城市用地等方面的情况考虑，也可以建设一些高层的住宅区。高层建筑的垂直交通需用电梯来解决，管道设备等设施也较复杂，使用费用较高。由于高层房屋承受侧向风力的问题比较突出，因此，通常以框架结合剪力墙体或把电梯间、楼梯间和设备管线组织在竖向筒体中，以加强房屋的刚度。

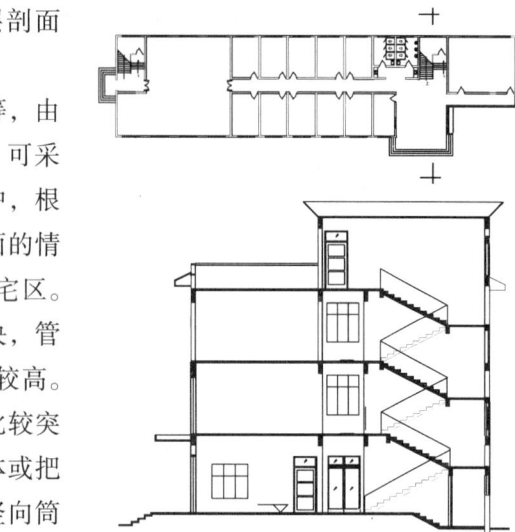

图3-10　多层剖面组合

3. 错层

错层剖面是在建筑物纵向或横向剖面中，房屋几部分的楼地面高低错开，它主要适用于结合坡地地形建造住宅、宿舍以及其他类型的房屋。

对于房屋剖面中的错层高差，通常有以下几种解决方法：

（1）利用室外台阶解决错层高差。图 3-11 为住宅垂直于等高线布置，用室外台阶解决高差的住宅楼。

（2）利用楼梯间解决错层高差，即通过选用楼梯梯段的数量（如二梯段、三梯段、四梯段等）、调整梯段的踏步数，使楼梯平台的标高和错层楼地面的标高一致。这种方法能够较好地结合地形、灵活地解决纵横向的错层高差的问题。图 3-12 是以楼梯间解决错层高差的教学楼。

图3-11　室外台阶解决高差的住宅楼

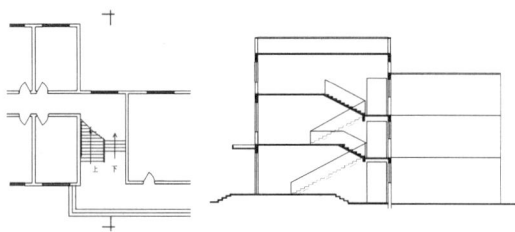

图3-12　楼梯间解决高差的教学楼

第二节　建筑空间的组合和利用

在建筑平面设计中，我们讲述了建筑空间在水平方向的组合关系以及结构布置等有关内容，剖面设计中将从垂直方向考虑各种高度的房间的空间组合问题，并分析建筑空间利用等方面的问题。

一、建筑空间的组合

在建筑空间的组合方面涉及高度相同的房间组合、高度接近的房间组合以及高度相差较大的房间组合等方面的内容。

1. 高度相同或高度接近的房间组合

对于高度相同且使用性质接近的房间，如教学楼中的普通教室和实验室，住宅中的起居室和卧室等，可以组合在一起。对于高度比较接近、使用上关系密切的房间，考虑到房屋结构构造的经济合理和施工方便等因素，在满足室内功能要求的前提下，适当调整房间之间的高差，统一这些房间的高度，并将其组合在一起。

2. 高度相差较大房间的组合

高度相差较大的单层房间，可以根据各自房间的实际使用要求设置不同的高度，图3-13为在一食堂的单层剖面中，不同高度房间的组合示意。餐厅部分由于使用人数多、房间面积大，相应房间的高度较高，可以单独设置较高的屋顶。厨房、库房以及管理办公部分，各个房间的高度有可能调整在一个屋顶下。由于厨房部分有较高的通风要求，故在厨房的上部加设气楼，备餐部分使用人数少、房间面积小，房间的高度可以低些，从平面组合的使用顺序和剖面中屋顶搭接的要求考虑，把这部分设计成餐厅和厨房间的一个连接体。

图 3-14 是某一体育馆的剖面图，与体育馆的比赛大厅相比较，各类休息室、办公室以及其他各种辅助房间在高度和体量方面相差极大，因此通常结合大厅看台升起的剖面特点，在看台以下和大厅四周，可以组织各种不同高度的使用房间，这种组合方式需要细致地安排各部分房间的地坪标高和室内净高，合理组织厅内大量人流的交通疏散路线以及各个房间之间的交通联系。

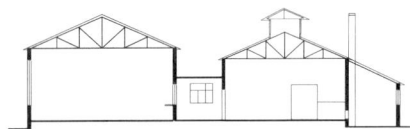

图3-13　单层剖面

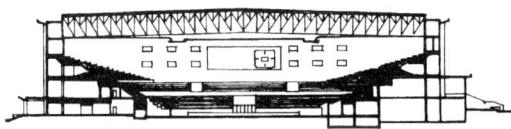

图3-14　体育馆的剖面

在多层和高层房屋的剖面中，高度相差较大的房间可以根据不同高度房间的数量多少和使用性质，在房屋的垂直方向进行分层组合。例如在旅馆建筑中，通常把房间高度较高的餐厅、会客、会议等部分组织在一、二层或顶层楼，旅馆的客房部分的高度要低一些，可以按客房标准层的层高组合。高层建筑中通常还把高度较低的设备房间组织在同一层，成为设备层，如图3-15。

对于多层和高层房屋中少量高度较大的房间，根据这些房间与房屋中各部分使用联系上的具体情况，可以把高

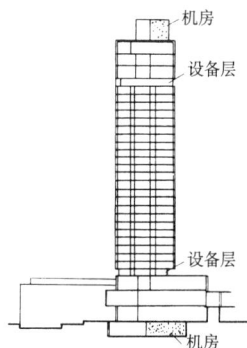

图3-15　高层旅馆

度较大的房间设置在顶层或低层，如沿街的住宅常把一、二层设计成层高较高的商业用房。

在多层和高层房屋中，上下层的厕所、浴室等房间应尽可能对齐，以便设备管道能够直通，使布置较为经济合理。

二、建筑空间的利用

建筑物内部空间的合理利用能够在建筑占地面积和平面布置基本不变的情况下，扩大使用面积，充分发挥房屋投资的经济效益。建筑物空间的利用涉及下列几个方面：

1. 房间内的空间利用

在人们的日常生活活动中，建筑室内的空间范围除要满足人们的室内活动和布置家具设备外，通常室内还有一些细部的空间能满足人们扩展空间的使用需要，例如可在厨房中设置搁板、壁龛和贮物吊柜。图3-16所示是在卧室内设置吊柜，以充分利用室内空间。

图3-16 卧室空间利用

2. 走廊、门厅和楼梯间的空间利用

由于建筑物整体结构布置的需要，房屋中的走廊通常和较高的房间高度相同，这时，走廊平顶的上部可以作为设置通风、照明设备和铺设管线的空间。

楼梯间的底部和顶部通常都有可以利用的空间。当楼梯间底层平台下不作出入口用时，平台以下的空间可作贮藏间、值班室等辅助房间。图3-17所示是楼梯间底层值班室的空间利用。

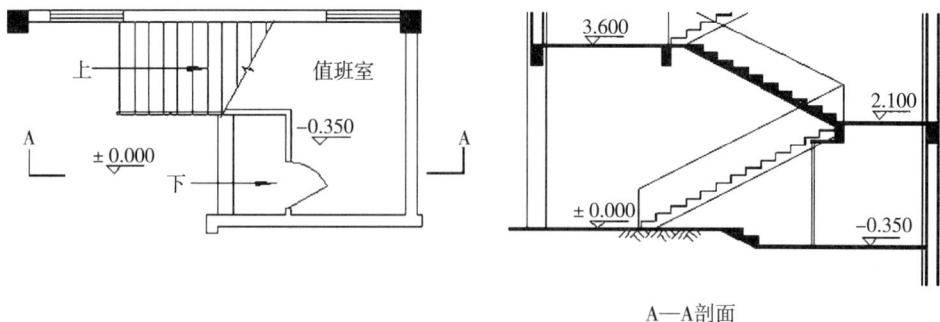

A—A剖面

图3-17 楼梯间底层空间利用

第四章　建筑体形和立面设计

　　建筑物是城乡景观的重要组成部分，建筑物在满足使用要求的同时，它的体形、立面以及内外空间组合等都会给人们带来精神上的某种感受。例如我国古典建筑中故宫、天坛的雄伟壮丽，江南园林建筑的轻巧幽雅以及一些地方民居的简洁亲切等。我国近期建造的建筑物，如造型新颖的奥运场馆建筑、简洁明快的国家大剧院建筑、挺拔的高层旅馆建筑以及成片建造的外形朴素明朗的住宅建筑等，都给人以精神上的享受。因此，建筑物除了要满足物质方面，即使用上的要求以外，还要考虑精神方面，即人们对建筑物的审美要求。建筑物的美观问题，在一定程度上反映社会的文化生活、精神面貌和经济基础。

　　建筑物的美观问题，通过建筑物的外部形象及内部空间的处理表现出来，同时还跟建筑群的布局以及建筑物的细部设计有关。

　　建筑物的体形和立面处理所形成的建筑外部形象，必然受到建筑内部使用功能和技术经济条件的制约，并受基地环境、群体规划等外界因素的影响。建筑物体形的大小和高低，体形组合的简单或复杂，总是与房屋内部使用空间的组合要求有着密不可分的联系。建筑立面上门窗的开启和排列方式，墙面上构件的划分和排列，主要与使用要求、所用材料和结构布置相联系。

　　建筑物的外部形象，通过建筑的体形和立面设计表现出来。为使建筑的外部形象给人以美的感受，建筑设计必须符合建筑造型和立面构图方面的美学规律，如均衡、韵律、对比、统一等。在建筑设计中把适用、经济、美观三者有机地结合起来。

第一节　建筑体形和立面设计的要求

　　对建筑外部形象的设计，应满足下列几方面的要求。

一、反映建筑功能要求和建筑类型的特征

　　不同功能要求的建筑类型具有不同的内部空间组合特点，房屋的外部形象能相应地表现这些建筑类型的特征。例如住宅建筑，由于其内部房间较小、人流出入较少的特点，使其与一般的公共建筑相比，表现出了体形上进深较浅，立面上出现尺寸较小的窗户和出入口以及分组设置的楼梯间和重复挑出的阳台等，这些都在建筑的外形上反映出了住宅建筑的特征；体育建筑则因为比赛大厅的空间要求，使其外形具有大空间结构的特征，图 4-1。

图4-1 建筑的外形特征

二、结合材料性能、结构构造和施工技术的特点

建筑物的体形及立面表现形式跟所选用材料、结构系统以及采用的施工技术、构造措施有着密切的联系，这是由于，建筑物内部空间组合和外部体形的构成都是通过一定的物质技术手段来实现的。中国传统建筑的形象，与使用木材以及运用木构架系统分不开，希腊古典柱式又与使用石材以及采用梁柱布置密切相关，两种不同风格的建筑造型和立面处理，又都与当时手工生产为主的施工技术相关。

墙体承重的砖混结构，由于构件受力要求，窗间墙必须保留足够的宽度，因此窗户不能开得太大。这类结构的房屋外观形象可以通过门窗的良好比例和合理组合以及墙面材料质感和色彩的恰当配置，取得朴实、稳重的建筑造型效果（图4-2）。

钢筋混凝土框架结构，由于墙体仅起围护作用，空间处理有了较大的灵活性，使其立面开窗较为自由，既可形成大面积的独立窗，也可组成带形窗，甚至可以取消窗间墙而形成完全通透的立面形式。因此，框架结构的建筑具有简洁、明快、轻巧的外观效果。图4-3是某框架结构的教学楼。

由于现代新结构、新材料、新技术的发展，给建筑的外形设计提供了更大的灵活性和多样性，特别是各种空间结构的应用，更加丰富了外观现象。图4-4是某悬索结构的体育馆建筑。

总体规划的要求以及基地的大小和形状，使房屋的体形受到一定制约。山区或丘陵地区，为了结合地形和争取较好的朝向，往往采用错层布置的方式，从而产生

图4-2 砖混结构的住宅

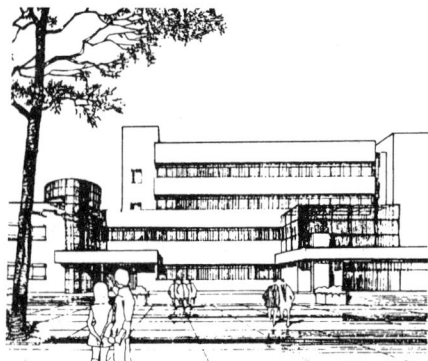

图4-3 某框架结构的教学楼

图4-4　悬索结构的体育馆

图4-5　南方建筑的遮阳

多变的体形。炎热地带由于考虑阳光辐射和房屋的通风要求，立面上通常设置富有节奏感的遮阳和通透的花格，形成了南方地区立面处理的特点（图4-5）。

三、符合建筑造型和立面构图的一些规律

建筑体形和立面设计，除了要从功能要求、技术经济条件以及总体规划和基地环境等方面考虑外，还必须符合建筑造型和立面构图的一些规律，例如比例尺度、完整均衡、变化统一以及韵律和对比等。这些有关造型和构图的基本规律，同样也适用于建筑群体布局和室内外的空间处理。由于建筑艺术是和功能要求、材料以及结构技术的发展紧密地结合在一起，因此这些规律，也会随着社会政治文化和经济技术的发展而发展。

第二节　建筑体形的组合

一、建筑体形的分类

建筑物的体形，应在满足使用要求的同时，尽可能做到完整、均衡。建筑体形反映建筑物的体量大小、组合方式和比例尺度等，它对房屋外形的总体效果具有重要影响。根据建筑物规模大小、功能要求特点以及基地条件的不同，建筑物的体形有的比较简单，有的比较复杂。建筑体形从组合方式来区分，大体上可以归纳为对称和不对称的两大类。

1. 对称的体形

对称的体形有明确的中轴线，建筑物各部分组合体的主从关系分明，形体比较完整，容易取得端正、庄严的感觉。我国古典建筑较多地采用对称的体形(图4-6)，一些纪念性建筑和大型会堂

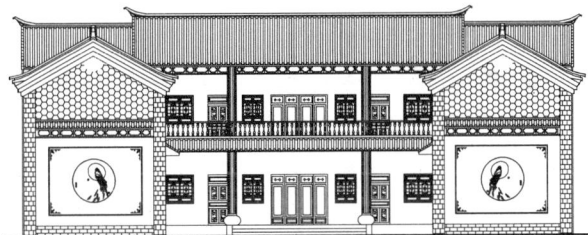

图4-6　对称的体形（大理民居）

图4-7 不对称的体形

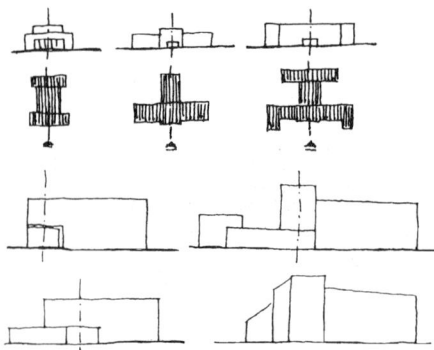

图4-8 建筑的均衡

等，为了使建筑物显得庄严、完整，也常采用对称的体形，如毛主席纪念堂等建筑。

2. 不对称的体形

不对称的体形具有布局比较灵活自由，功能关系复杂，并能与不规则的基地形状相适应的特点。不对称的体形容易使建筑物取得舒展、活泼的造型效果，不少医院、疗养院、园林建筑等，常采用不对称的体形。图 4-7 为不对称的建筑物。

二、建筑体形组合的造型要求

1. 完整均衡、比例恰当

均衡是指建筑物体形前后、左右各部分之间的关系给人以安定、平衡的感觉。建筑体形的组合，首先要求完整均衡。较为简单的几何形体和对称的建筑体形，容易取得完整均衡的造型效果。对于较为复杂的不对称体形，为了达到完整均衡的要求，往往需要注意各组成部分体量的大小比例关系，使各部分的组合协调一致，在不对称中取得均衡（图 4-8）。

比例是指建筑物长、宽、高三个方向之间的度量关系。建筑物长、宽、高三个方向的尺度需要经过反复的推敲比较，找出三者之间最理想的比例关系。值得注意的是，建筑的整体、建筑各部分之间以及每一部分自身都存在着这种比例关系。

合适的比例关系可以带来美感。不同比例的体形往往给人以不同的感受（图 4-9）。

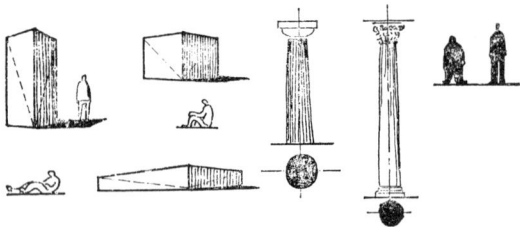

图4-9 建筑的比例

2. 主次分明、交接明确

建筑体形组合的造型设计还需要处理好各组成部分的连接关系，要求尽可能做到主次分明、交接明确。建筑物有多个形体组合时，应突出主要形体，通常可以由各部分体量之间的大小、高低、宽窄、形状的对比，平面位置的前后以及突出入口等手法来强调主体部分。

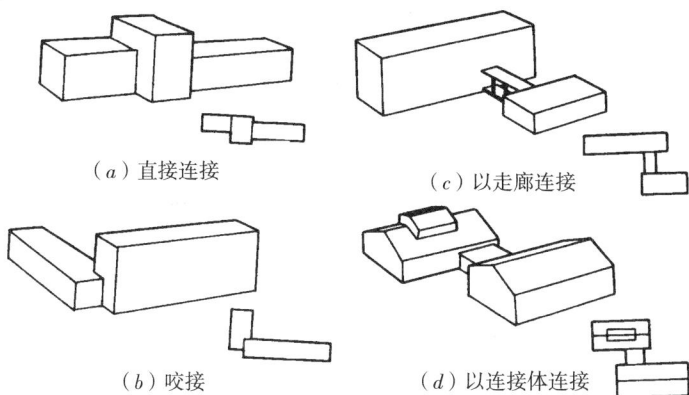

（a）直接连接　　　　　　　　（c）以走廊连接

（b）咬接　　　　　　　　　（d）以连接体连接

图4-10　建筑组合体之间的连接方式

建筑物各组合体之间的连接方式主要有直接连接、咬接、走廊连接、连接体连接等连接方式，如图4-10。形体之间的连接方式与房屋的构造布置、地区的气候条件、地震烈度以及基地环境等因素有着密切的联系。例如寒冷地区或受基地面积限制的地区，考虑到室内采暖和建筑占地面积等因素，希望形体间的连接紧凑一些。地震区要求房屋尽可能采用简单、整体封闭的几何形体，如果在使用上必须连接，应采取相应的抗震措施，避免采取咬接等连接方式。交接明确不仅是建筑造型的要求，同样也是房屋结构构造上的要求。

在建筑物的组合体中，总存在着主次之分，组合设计时应处理好主次关系，突出主要的部分。图4-11是一旅馆建筑的客房和餐厅部分体形组合在体量和形状上的对比，使建筑物整体的造型既简洁又活泼，给人们以明快的感觉。

3. 体形简洁、环境协调

简洁的建筑体形易于取得完整统一的造型效果，同时在结构布置和构造施工方面也比较经济合理。随着工业化构件生产和施工的日益发展，建筑体形也趋向于采用完整简洁的几何形体，或这些形体的组合，使建筑物的造型简洁而富有表现力。

4. 对比与协调

对比是指建筑物各构成部分的区别与变化，对比使建筑造型丰富多彩，对比的手法有：方向性对比、形状对比、体量对比和直与曲的对比（图4-11、图4-12）。

协调是对比的反面，它利用建筑各部分相互间的共性达到相互呼应、调和统一。

图4-11　几内亚科纳克里旅馆

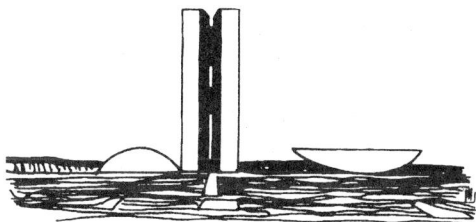

图4-12　巴西国会大厦

第三节　建筑立面设计

立面设计和建筑体形组合一样，要求在满足房屋使用要求和技术经济条件的前提下，运用建筑造型和立面构图的一些规律，紧密结合建筑的平面、剖面和内部空间的使用情况进行缜密的设计。

建筑的立面是由许多建筑构件所组成的，有墙体、梁、柱、墙墩等构成房屋的结构构件，有门窗、阳台、外廊等和内部使用空间直接连通的部件以及台基、勒脚、檐口等主要起到保护外墙作用的部件。合理地确定立面中的这些组成部分和构件的比例和尺度，运用节奏韵律、虚实对比等规律，设计出体形完整、形式与内容统一的建筑立面，是立面设计的主要任务。

进行建筑立面设计时，通常根据初步确定的房屋内部空间组合的平、剖面关系，例如房屋的大小、高低，门窗位置，构部件的排列方式等，描绘出房屋各个立面的基本轮廓，作为进一步调整统一、进行立面设计的基础。设计时，首先应该推敲立面各部分总的比例关系，考虑建筑整体的几个立面之间的统一、相邻立面间的连接和协调，然后着重分析各个立面上墙面的处理、门窗的调整安排，最后对建筑物出入口处的雨篷、门廊、檐口等部位进行重点装饰及细部处理。

立面设计不仅涉及建筑的美观问题，它和平、剖面的设计一样，也涉及使用方面的问题及结构构造等功能和技术方面的问题，只是从房屋的平、立、剖面设计相比较来看，立面设计中涉及的造型和构图问题较为突出，因此本节将结合立面设计的内容，着重叙述有关建筑美观的一些问题，例如立面设计的尺度和比例问题、节奏感和虚实对比问题以及立面的材料质感和色彩配置问题。

一、尺度和比例

尺度正确和比例协调是使立面完整统一的重要方面。建筑立面中的某些部分，如踏步的高低、栏杆和窗台的高度、大门拉手的位置等，由于这些部位的尺度相应地比较固定，如果它们的尺寸不符合要求，非但在使用上不方便，在视觉上也会感到不习惯。协调的比例要求，既存在于立面各组成部分之间，也存在于构件之间以及构件本身的高宽比例等方面。一幢建筑物的体量、高度和出檐大小有一定的比例，梁、柱的高跨也有相应的比例，这些比例上的要求首先需要符合结构和构造的合理性，同时也要符合立面构图的美观要求。立面中门窗的高度、柱径和柱高等也具有一定的比例关系。

二、节奏感和虚实对比

节奏韵律和虚实对比是使建筑立面设计极富表现力的设计手法。建筑立面上，相同的构件或门窗作有规律的重复和变化，使人们在视觉上得到类似音乐诗歌中节奏韵律的感受。韵律有连续的韵律、渐变的韵律、交错的韵律和起伏的韵律等形式

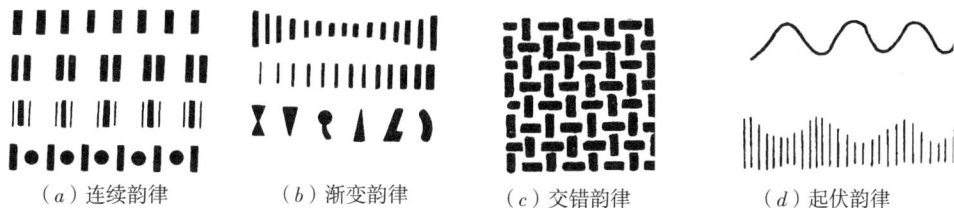

(a) 连续韵律　　　(b) 渐变韵律　　　(c) 交错韵律　　　(d) 起伏韵律

图4-13　节奏韵律感

（图4-13）。建筑立面上的节奏感，往往通过建筑门窗的排列组合、墙面构件的重复划分而对比突显出来（图4-14）。门窗的排列，在满足功能技术要求的前提下，应尽可能调整得既整齐统一又富有节奏变化。

　　建筑立面上的虚实对比，通常是指由于形体凹凸的光影效果所形成的比较强烈的明暗对比关系。例如墙面实体和门窗洞口、栏板和凹廊、柱墩和门廊之间的明暗对比关系等。不同的虚实对比，给人们以不同的感觉。如果实墙面较大，门窗洞口较小，常给人带来厚实、封闭的感受。相反，如果立面上门窗洞口较大，实墙面较小，则会给人轻巧和开敞的感觉，如图4-15。

三、材料质感和色彩配置

　　一幢建筑物的体形和立面效果，最终是以它们的形状、材料质感和色彩等多方面的综合而展现出来的。在立面轮廓的比例关系、门窗排列、构件组合以及墙面划分等基本问题确定的基础上，材料质感和色彩的选择、配置将使建筑物的立面进一步获得丰富而生动的艺术效果。根据建筑物不同的建造标准以及建筑物所在地区的基地环境和气候条件，在材料和色彩的选配上，应有所区别。一般说来，粗糙的混凝土或砖石表面显得较为厚重；平整而光滑的面砖以及金属、玻璃的表面给人的感觉比较轻巧明快。以白色或浅色为主的立面色调，常使人感觉明快、清新；以深色为主的立面，又显得端庄、稳重；红、褐等暖色趋于热烈；蓝、绿等冷色使人感到宁静。

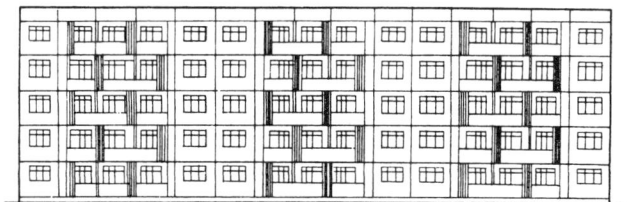

图4-14　建筑立面的韵律感

(a) 厚实、封闭　　　　　　　　　　　(b) 轻巧、开敞

图4-15　建筑立面的虚实对比

在建筑立面的色彩配置方面，各种冷暖和深浅不同的色彩进行组合和配置，会产生多种不同的效果。此外，由于人们的生活环境和气候条件的不同以及传统习惯等因素的影响，对色彩的感觉和评价也有差异。有的住宅楼常在浅色抹灰的大片墙面上，结合阳台、栏板等部位，配置色彩鲜明的饰面或面砖，给住宅建筑群体带来了生机盎然的景象。

四、重点及细部处理

在建筑立面的处理方面，突出建筑物立面中的重点，既是建筑造型的设计手法，也是房屋使用功能的需要。建筑物的主要出入口和楼梯间等部分，是人们经常经过和接触的地方，在使用上要求显现这些部分的位置，使进出建筑物的人们易于找到，因此，在建筑立面设计中，应该对建筑的出入口和楼梯间的立面进行重点处理。

在建筑立面上的一些部位，如勒脚、窗台、遮阳、雨篷以及檐口等需要进行细部处理。此外，如台阶、门廊和大门等人们较多接触的部位，应在设计中给予足够的注意，做好细部设计。

为满足人们对建筑物的审美要求，除了要对建筑体形和立面做好周密的设计外，建筑物的内外空间组织、群体规划以及环境绿化等方面，都要做好相关的设计。体形、立面、空间组织和群体规划应该是有机联系的整体，需要全面综合地分析和设计，创造出满足人们生产和生活活动所需要的具有完美形象的建筑物。

第四节　建筑的体形与节能

建筑物的体形直接影响着建筑物采暖空调的耗能，从节能的角度考虑，建筑物的最佳体形应该是冬季时尽量减少建筑物的热损失，并有利于接受到太阳的辐射热，夏季时尽量减少太阳的辐射得热，并有利于建筑的通风散热。

一、体形系数与建筑节能

目前，建筑物体形的复杂程度常用体形系数来表示。体形系数是指建筑物与室外大气接触的外表面积 A_0（单位为 m^2）与其所包围的体积 V_0（单位为 m^3）的比值，即体形系数 $S=A_0/V_0$。外表面积不包括地面和不采暖楼梯间隔墙和户门的面积。在其他条件相同的情况下，建筑物冬季的耗热量随体形系数的增长而增长。研究表明，体形系数每增大 0.01，能耗指标大约增加 2.5%。从有利于节能出发，体形系数应尽可能地小，北方地区的采暖居住建筑的体形系数宜不大于 0.30。

图 4-16 是体积同为 $64m^3$ 的几种体形状况，表 4-1 给出了对应的体形系数值。由表 4-1 可以知道，同体积的建筑物体形系数不一定相同，正方体的体形系数最小。

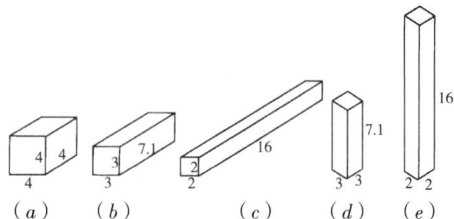

图4-16　体积同为 $64m^3$ 的几种体形状况

同体积不同体形的建筑体形系数值　　　　　　　　　表 4-1

体形状况	五个面的表面积（m²）	体积（m³）	表面积/体积（m²/m³）
（a）	80	64	1.25
（b）	81.9	64	1.28
（c）	104	64	1.63
（d）	94.2	64	1.47
（e）	132	64	2.01

选择体形系数小的建筑体形，有利于减少冬季的热损失与夏季的冷损失。为此，建筑物的外形不宜凹凸太多，在相同体积下，尽量使外表面平整，避免因凹凸太多使得外墙面积大而使体形系数变大。在体形组合上，由几个单元组合形成的建筑物比由一个单元形成的建筑物体形系数小。

以套型面积 115m²，层高 3m 和层数为 6 层的单元式住宅为例（每单元两套住宅，单元面宽 23m，单元进深 10m），只有一个单元时，体形系数为 0.34，两单元组合时，体形系数为 0.30，三个单元组合时，体形系数为 0.29。

在北方寒冷地区，房屋的耗热量随体形系数的增大而直线上升。低层和少单元的住宅对节能不利。当建筑物体积小于 1300m³ 时，外围护结构的热损失量随体积的减小而迅速增大。对于高层建筑，在建筑面积相近的条件下，高层塔式建筑的耗热量比高层板式建筑高 10% ~14%。体形复杂、凹凸面过多的塔式建筑对节能极为不利。

体形系数还会影响到建筑物的造型、平面布局、采光通风等方面。体形系数过小，将制约建筑师的创造性，使建筑造型呆板，平面布局困难，甚至损害建筑功能。因此，对于建筑物的体形设计，应兼顾多方面的要求。从建筑节能方面考虑，应尽可能减少房间外围护结构的面积，使体形不要太复杂，凹凸面不要过多。对不同的地区，我国现行节能标准有不同的体形系数要求，见表 4-2。

建筑节能标准规定的体形系数值　　　　　　　　　表4-2

建筑类型　　　　　地区	严寒地区	寒冷地区	夏热冬冷地区	夏热冬暖地区
条式居住建筑	0.3	0.3	0.35	
点式居住建筑	0.3（宜）	0.3（宜）	0.40	0.40
北区内单元式、通廊式居住建筑				0.35
公共建筑	0.4	0.40		

二、建筑长度与节能

对于采暖居住建筑，在其他条件不变的情况下，增加建筑物的长度有利于建筑节能。当建筑的长度由 100m 减至 50m 时，建筑能耗增加 8%~10%，长度由 100m

减至 25m 时，建筑能耗增加 17%~21%。

三、建筑宽度与节能

对于采暖居住建筑，在其他条件不变的情况下，增加建筑物的宽度有利于建筑节能。例如，一幢九层的住宅建筑的宽度由 11m 增加到 13m，冬季的采暖能耗可减少 6%~8%，如宽度增加到 15~16m，则可减少采暖能耗 11%~16%。但建筑物的宽度过大，也会引起采光不好、夏季通风不畅等方面的问题。建筑物的宽度应综合建筑物的使用功能、采暖、空调能耗以及采光、通风等方面的因素全面考虑。

四、建筑层数与节能的关系

在其他条件相同的情况下，增加建筑物的层数，使建筑物的体量增加，则会使建筑物每平方米的采暖能耗明显降低。与 1 层的建筑比较，6 层的采暖居住建筑不仅能节约土地资源，而且可以使建筑的冬季耗热量指标每平方米下降 8.16（W）。

五、建筑节能与体形控制

1. 控制体形系数

建筑的体形系数与建筑物的体形是否规整以及建筑的体量大小有关。一般来说，控制或降低体形系数的方法主要有以下几点：

（1）在建筑面积相同的情况下，减少建筑面宽，加大建筑进深。

（2）增加建筑物的层数。

（3）加大建筑长度或增加组合体。

（4）建筑体形不宜变化过多。

2. 建筑物的辐射得热与体形和朝向的控制

不同体形和朝向的建筑物所获得的太阳辐射量不相同，图 4-17 给出了同体积的建筑模型在各种体形和朝向状态下获得的太阳辐射得热量。由图可以看出，立方体 A 是冬季日辐射得热最少的建筑体形，D 是夏季得热最多的体形，C、E 两种体形的全年日辐射得热量较为均衡，而长、宽、高比例较为适宜的 B 体形，在冬季得热较多，在夏季得热最少。

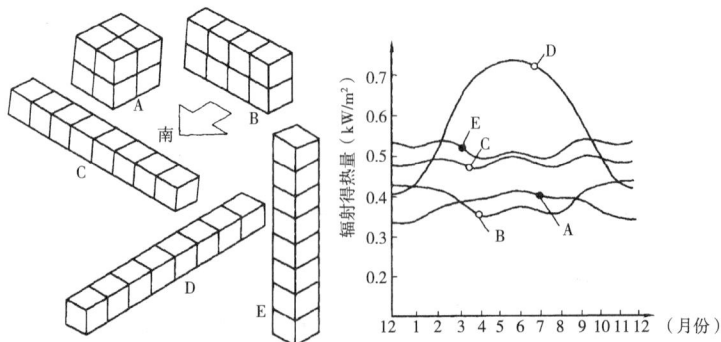

图 4-17　同体积不同体形建筑的太阳辐射得热量

第五章　民用建筑构造概论

第一节　概述

一、建筑构造研究的对象及其任务

建筑构造是研究建筑物各组成部分的构造原理和构造方法的学科，是建筑设计不可分割的一部分。建筑构造也是一门实践性和综合性极强的学科，它是对建筑实践经验的高度总结和概括，其内容涉及建筑材料、建筑物理、建筑力学、建筑结构、建筑施工以及建筑经济等相关方面的知识。建筑构造设计的主要任务在于根据建筑物的功能要求，提供符合适用、安全、经济、美观要求的构造方案，并作为建筑设计中综合解决技术问题及进行施工图设计和绘制构造大样的依据。

解剖一座建筑物，不难发现，它是由许多部分构成的，这些构成部分在建筑工程上被称为构件或配件。

建筑构造原理是：综合多方面的技术知识，根据多种客观因素，以选材、选型、工艺、安装为依据，研究各种构、配件及其细部构造的合理性（包括适用、安全、经济、美观），使其能更有效地满足建筑使用功能的理论。建筑构造方法是：在理论指导下，进一步研究如何运用各种材料，有机地组合各种构件、配件，并提出解决各构件、配件之间相互连接问题的方法和这些构件、配件在使用过程中的各种安全与适用方面的技术措施。

二、建筑物的组成及各组成部分的作用

一幢民用建筑，无论其体量的大小和复杂程度如何，从建筑物的构造组成上来讲，通常都是由基础、墙、楼板层地坪、楼梯、屋顶和门窗等几大部分构组成的，如图5-1所示。它们在不同的部位，发挥着各自的作用。

基础：基础是位于建筑物最下部的承重构件，承受着建筑物的全部荷载，并将这些荷载传给地基。因此，基础必须具有足够的强度，并能抵御地下各种环境因素的侵蚀。

墙：墙是建筑物的承重构件和围护构件。作为承重构件，墙体承受着建筑物由屋顶和楼板层传来的荷载，并将这些荷载再传给基础。作为围护构件，外墙起着抵御自然界各种因素（如风、雨、太阳辐射以及温度、湿度、噪声等）对室内的侵袭的作用，内墙起着分隔房间、创造室内舒适环境的作用。因此，墙体根据位置和功能的不同，作为承重构件，应具有足够的强度和稳定性，作为围护构件，应具有保温、隔热、隔声、防水、防火等方面的能力，并具有一定的经济性和耐久性。

楼板层：楼板层是楼房建筑中水平方向的承重构件，按房间层高将整幢建筑物

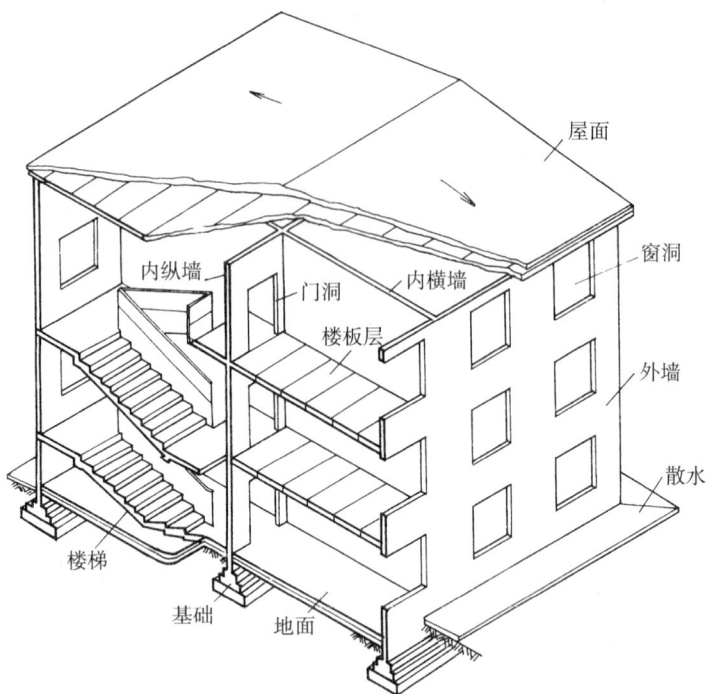

图5-1 建筑物的构造组成

沿水平方向分为若干部分。楼板层承受着家具、设备和人体的荷载以及自重，并将这些荷载传给墙或梁、柱。楼板层还对墙体起着水平支撑的作用。楼板层要具有足够的抗弯强度、刚度和隔声能力。另外，对于一些潮湿的房间，还要求楼板层具有防潮、防水的能力。

地坪：地坪是底层房间与土层相接触的部分，它承受底层房间内的荷载。根据房间的使用性质的不同，要求地坪具有耐磨、防潮、防水和保温等不同的性能。

楼梯：楼梯是楼房建筑的垂直交通设施，供人们上下楼和紧急疏散之用，故要求楼梯具有足够的通行能力以及防滑、防火和防水等方面的性能。

屋顶：屋顶是建筑物顶部的外围护构件和承重构件，起着抵御自然界的雨、雪、太阳热辐射以及冷热空气等对顶层房间的不利影响的作用。同时，屋顶还承受着建筑物顶部的荷载，并将这些荷载传递给墙柱等承重构件。屋顶必须具有足够的强度、刚度以及防水、保温、隔热等方面的能力。

门窗：门主要供人们内外通行和隔离房间之用；窗的主要作用是通风和采光，同时也起分隔和围护作用。门和窗均是非承重构件。从建筑节能方面考虑，要求门、窗具有足够的保温、隔热能力。从满足建筑的声环境质量要求方面考虑，门窗应具有一定的隔声性能。

第二节　建筑物的结构体系

结构是指建筑物的承重骨架，是建筑物赖以支承的主要构件。建筑材料和建筑技术的发展决定着结构形式的发展，而建筑结构形式的选用对建筑物的使用以及建筑形式又有着极大的影响。

大量性民用建筑的结构形式依建筑物的使用规模、构件所用材料及受力情况的不同而有多种类型。

依建筑物本身使用性质和规模的不同，可分为单层、多层、大跨度和高层建筑等。在这些建筑中，单层及多层建筑的主要结构形式又可分为墙承重结构、框架承重结构。墙承重结构是指由墙体来作建筑物承重构件的结构形式，而框架结构则主要是由梁、柱作承重构件的结构形式。

大跨度建筑常见的结构形式有拱结构、桁架结构以及网架、薄壳、折板、悬索等空间结构形式。

依构件所使用材料的不同，目前有木结构、钢筋混凝土结构、钢结构和混合结构等。混合结构是指在一座建筑中，其主要承重构件分别采用多种材料所制成，如砖与木、砖与钢筋混凝土、钢筋混凝土与钢等。这类建筑中，目前以砖与钢筋混凝土混合结构居多，故习惯上又称为砖混结构。砖混结构是多层建筑的主要结构形式，它的特点是可根据各地情况因地制宜，就地取材，降低造价。钢筋混凝土结构是指建筑物的主要承重构件均采用钢筋混凝土制成。由于钢筋混凝土的骨料也可就地取材，耗钢量少，且水泥原料丰富，所以造价较为便宜。钢筋混凝土的防火性能和耐久性能好，混凝土构件既可现浇，又可预制，为构件生产的工厂化和安装机械化提供了条件。钢筋混凝土结构是一种良好的结构形式，在我国目前建设的多、高层建筑中被广泛运用。

钢结构是指建筑物的主要承重构件用钢材制作而成的结构。它具有强度高、构件重量轻、平面布局灵活、抗震性能好、施工速度快等特点。由于钢材造价高，所以目前主要用于大跨度、大空间以及高层建筑中。随着钢铁工业的发展，今后钢结构在建筑上的应用将会逐步扩大。

第三节　影响建筑构造的因素

建筑物建成并投入使用后，要经受自然界各种因素的影响。为了提高建筑物对外界各种不利影响的抵御能力，延长建筑物的使用寿命，更好地满足使用功能的要求，在进行建筑构造设计时，必须充分考虑到各种因素对它的影响，以便根据各外界因素对建筑物的影响程度来提供合理的构造方案。影响建筑物的外界因素很多，大致可以归纳成下列几个方面：

一、外力的作用

通常把作用到建筑物上的外力称为荷载。荷载有静荷载（如建筑物的自重）和动荷载之分。动荷载又称活荷载，如人流、家具、设备、风、雪以及地震荷载等。荷载的大小是结构设计的主要依据，也是结构选型的重要基础。荷载的大小决定着建筑构件的尺寸和选用的材料，建筑构件的材料、尺寸、形状等又与构造密切相关。所以，在确定建筑构造方案时，必须考虑外力的影响。

在建筑的外部荷载中，风力的影响是一个重要方面，风力往往是高层建筑水平荷载的主要因素，特别是在沿海地区，风力的影响更大。此外，地震力是目前自然界中对建筑物影响最大、破坏力最严重的一种因素。我国是一个地震多发的国家，地震区分布相当广，应对地震现象给予足够的重视。在构造设计中，应该根据各地区的实际情况做好建筑防震设计。

二、自然气候的影响

我国幅员辽阔，各地区地理环境不同，自然条件有很大的差异。由于我国的南北纬度相差较大，从炎热的南方到寒冷的北方，气候差别悬殊。对于绝大多数处在地球表面的建筑物，气温的变化，太阳的热辐射，自然界的风、霜、雨、雪等自然气候因素将对建筑物的使用功能和建筑构件的使用质量产生重要的影响，如图5-2所示。在自然气候因素的影响下，有的建筑构件会因材料的热胀冷缩而开裂，遭到严重的破坏，有的会出现渗、漏水现象，有的会因室内出现过冷或过热现象而影响房间的正常使用等。为防止由于自然气候条件的变化而造成建筑物构件的破坏和保证建筑物的正常使用，需要在建筑构造设计时，针对所受影响的性质与程度，对建筑的相关部位采取必要的防范措施，例如设置防潮、防水、保温、隔热、隔汽层，设置伸缩缝、分格缝等构造措施，以防患于未然。

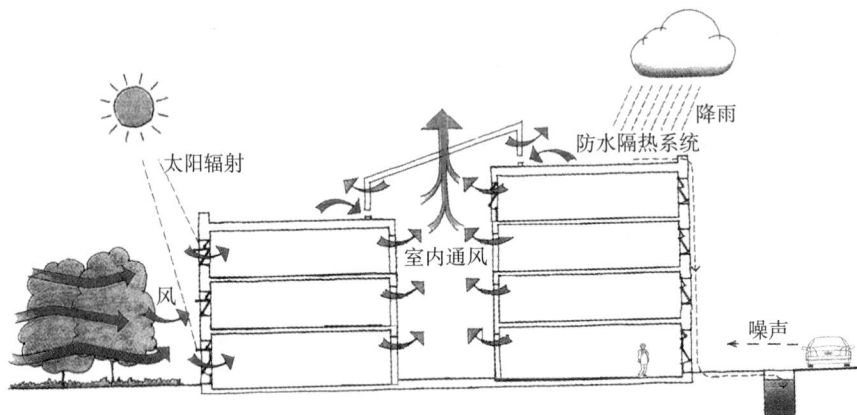

图5-2　影响建筑构造的环境因素

三、人为因素和其他因素的影响

人们在建筑物内外进行的生产和生活的活动往往会对建筑物造成一定的影响，例如机械振动、化学腐蚀、战争、爆炸、火灾、噪声等，都是人类活动产生的影响因素。在进行建筑构造设计时，必须针对人类活动有可能产生的各种不利因素，从构造上采取诸如隔振、防腐、防爆、防火、隔声等相应的技术措施，避免人为因素给建筑物带来不必要的破坏或影响建筑物的正常使用。

第四节 建筑构造设计原则

一、 必须满足建筑使用功能要求

根据建筑物使用性质和所处环境、条件的不同，对建筑构造设计有不同的要求。例如北方地区的建筑要求做好冬季的保温设计，南方地区的建筑则要求做好通风、隔热方面的设计，对剧场、音乐厅、报告厅等有良好声环境要求的建筑物还需要做好吸声、隔声等方面的设计。因此，为了满足建筑使用功能的需要，在构造设计时，必须综合有关技术知识，考虑各方面的影响因素，选择经济合理的构造方案。

二、必须有利于结构安全

建筑构造设计应根据荷载的大小、结构的要求确定构件的材料和尺寸。另外，对一些诸如阳台、楼梯的栏杆、顶棚、墙面、地面的装修、门窗与墙体的连接以及抗震加固等部位的设计，都必须在构造上采取必要的措施，以确保建筑物在使用时的坚固、安全。

三、必须适应建筑工业化的需要

为了提高建设速度、改善劳动条件、保证施工质量，在建筑构造设计时，应大力推广先进技术，选用各种新型建筑材料，采用标准设计和定型构件，为建筑构件、配件的生产工厂化、现场施工机械化创造有利条件，以适应建筑工业化发展的需要。

四、必须讲求建筑经济的综合效益

在构造设计中，应该注意建筑物的整体经济效益问题，既要注意降低建筑造价、减少材料的能源消耗，又要有利于降低建筑日常运行、维修和管理的费用，考虑其综合的经济效益。在提倡节约、降低造价的同时，必须保证工程质量，绝不可为了追求效益而偷工减料，粗制滥造。

五、必须注意美观

构造方案的处理还要考虑其造型、尺度、质感、色彩等艺术和美观问题。建筑构造设计时,美观问题处理得不合理往往会影响建筑物的外观形象和内部装饰效果。

总之，在构造设计中，应全面考虑坚固适用、技术先进、经济合理、美观大方的基本的设计原则。

第六章 基 础

第一节 地基与基础的基本概念

基础是建筑物的重要组成部分，直接承受建筑物的荷载并把它传到地基上去。

地基是基础下面的土层，它不是建筑物的组成部分，但它直接承受着由基础传来的全部荷载，包括建筑物的自重和其他荷载。

为了保证建筑物的安全和正常使用，必须保证建筑物基础有足够的强度与稳定性。基础的稳定性一方面与它的形状及所承受的作用力大小和基础的尺寸有关；另一方面，又与支承基础的地基的地质条件紧密联系。建筑物的强度、稳定性和耐久性在很大程度上决定于地基与基础的强度和耐久性。然而，地基与基础属于建筑的隐蔽工程，一旦发生开裂或不均匀沉降，不易加固，不好维修处理。因此，必须在经济合理的原则下，对地基与基础的质量提出严格的要求。在建筑工程中，地基要满足强度方面的要求，即地基的承载能力必须足够承受作用在其上的全部荷载。在稳定性方面，地基的变形应满足建筑的安全性要求，保证建筑物基础的沉降量在允许沉降的范围之内。对于基础，主要的要求是能承受建筑物的全部荷载，并把它均匀地传递到地基上去。此外，对于地基的防潮能力、防冻能力和耐腐蚀性能等方面也有相应的要求。

在实际的建筑工程中，出现了不少房屋的墙面、楼面和屋面开裂的工程质量事故，有的甚至酿成了整幢建筑物倾覆倒塌的惨重后果。这与在建筑工程的勘察、设计与施工过程中忽视地基、基础的强度与稳定性要求有着直接的联系。由此可见，地基和基础的工程质量共同保证了建筑物的坚固、耐久和安全。

一、地基承载力和基础底面积

建筑物的全部荷载（包括墙、楼板、屋顶等的自重和各种活荷载）通过基础传给地基，基础起到荷载的上承下传作用，而建筑物的全部荷载最终将由地基来承受。

地基允许的承载能力称为地耐力。地基承受上部荷载的能力是有一定限度的，我们就把每平方米面积地基能承受的最大垂直压力叫做地耐力，它的单位是 kPa。

当基础对地基的压力超过地基允许承载力时，地基将出现不允许的沉降变形，或使地基土层滑动失去稳定。为了房屋的稳定与安全，必须保证基础传给地基的压力不超过地基的允许承载力。建筑物的全部荷载是通过基础底面传给地基的，当荷载一定时，加大基础底面积可以减少地基单位面积上受到的压力。

如以 R 表示地耐力（地基允许承载力），以 N 表示房屋的总荷载，以 F 代表基础的底面积，则有：

$$F \geq \frac{N}{R}$$

从上式中可以看出，如果地耐力不变，房屋总荷载越大，基础底面积就越大。在建筑工程中，需要根据总荷载和建造地点的地耐力来确定基础的底面积。在建筑工程中，地基条件的好坏，对基础的影响很大，一般来说，地基的承载力越大，基础的底面积就可以越小，材料就越省，施工速度就越快，造价就越低。据分析，对于多层房屋来说，地基的承载能力每提高 10kPa，基础造价可以降低10% 左右。

二、地基中荷载的扩散

地基在荷载作用下产生的应力和应变随土层深度的增加而减少，达到一定深度后可以忽略不计。地基中荷载的扩散见图 6-1 所示。

三、对地基和基础的要求

1. 基础应有足够的强度

基础具有足够的强度才能起到把荷载传递给地基的作用，如果因强度不够而损坏，必然会引起房屋出现裂缝，甚至倒塌。所以，基础所用的材料应满足强度方面的要求。

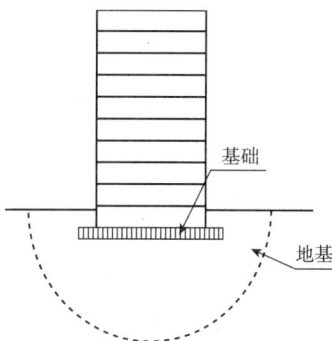

图6-1　建筑地基与基础

2. 地基应具有良好的稳定性

地基在荷载作用下均匀沉降，才能保证建筑物的沉降均匀，如果地基土质分布不均匀，处理不好就会产生建筑物的不均匀沉降，此时极易产生墙身开裂，房屋倾斜甚至破坏的情况。

3. 基础应满足耐久性要求

基础材料和构造的选择应与上部建筑物的等级相适应，符合耐久性要求，因为基础属于建筑隐蔽工程，基础出现工程质量问题，检查和加固都十分困难，将严重影响建筑的寿命。

4. 注意经济效果

基础工程的造价，约占房屋总造价的 10%~35%，甚至更高，所以，应尽量选择土质好的地段建楼盖房，从而降低基础工程造价。当地段不能选择时，应采取恰当的基础形式及构造方案，尽量节省工程费用。除以上措施外，就近采用地方材料，减少运输费用，也可以减少基础工程的费用，从而降低整个建筑工程的造价。

四、地基的分类

根据地基的地质情况和建筑物荷载的大小，地基分为天然地基与人工地基。

$$\text{地基的分类}\begin{cases}\text{天然地基：凡天然土层具有足够的承载力，不需经过人工加固，}\\\qquad\qquad\text{可直接在其上建造房屋的称为天然地基。岩石、碎}\\\qquad\qquad\text{石土、砂土、黏性土等可为天然地基。}\\\text{人工地基：当土层的承载力较差或虽然土层较好，但上部荷载甚}\\\qquad\qquad\text{大时，为使地基具有足够的承载能力，可以对土层进}\\\qquad\qquad\text{行人工加固，这种经过人工处理的土层，称为人工地基。}\end{cases}$$

$$\text{人工加固地基的方法}\begin{cases}\text{压实法}\\\text{换土法}\\\text{桩基}\end{cases}$$

1. 压实法

用各种机械对土层进行夯打、碾压、振动来压实松散土的方法为压实法。在开挖基坑后，为改善土层表面松软的状况、保证地基质量，往往采用人工夯打或蛙式打夯机进行夯打、压实。若需进一步提高地基的承载能力，则可采用重锤夯实机、压路机进行夯实、碾压，或用振动压实机压实。

2. 换土法

当基础下土层比较软弱，或地基有部分较弱的土层，如淤泥、淤泥质土、软弱填土等，不能满足上部荷载对地基的要求时，可将较弱土层全部或部分挖去，换成其他较坚硬的材料，这种方法叫换土法。换土法所用材料一般是选用压缩性低的无侵蚀性材料，如砂、碎石、矿渣、石屑等松散材料。这些松散材料是被基槽侧面土壁约束，借助互相咬合而获得强度和稳定性的，从应力状态上看属于垫层，通常称为砂垫层或砂石垫层。如垫层中石料较多，起到传递荷载的作用，则常称为砂石基础。

3. 桩基

当建筑物荷载很大，地基土层很弱，地基承载力不能满足要求时，可以采用桩基，使基础上的荷载经过桩传给地基土层，这也是一种加固地基的方式。桩基由承台和桩柱两部分组成（图6-2）。

承台是在桩柱顶现浇的钢筋混凝土梁或板，上部支承墙的为承台梁，上部支承柱的为承台板，承台的厚度一般不小于300mm，由结构计算确定，桩顶嵌入承台的深度不宜小于50~100mm。按桩柱的材料不同可分为混凝土桩、钢筋混凝土桩、

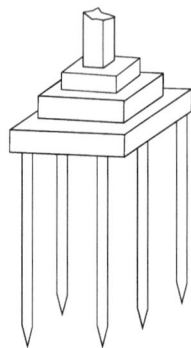

图6-2 桩基

土桩、木桩、砂桩等。我国采用较多的为钢筋混凝土桩。钢筋混凝土桩按施工方法不同又分为预制桩、灌注桩和爆扩桩三种。

预制桩是把桩先预制好，用打桩机（或压桩机）打入（或压入）地基土层中。桩的断面一般为边长200~350mm的正方形，桩长不超过12m，根据实际工程需要，桩体可以在施工现场焊接加长。预制桩质量易于保证，不受地基其他条件影响（如地下水等），但造价高，钢材用量大，打桩时有较大噪声，影响周围环境，现多采

用压桩施工。

灌注桩是直接在所设计的桩位上开孔（圆形），然后在孔内加放钢筋骨架，浇灌混凝土而成。与钢筋混凝土预制桩比较，灌注桩有施工快、施工占地面积小、造价低等优点。

爆扩桩是用机械或爆扩等方法成孔，孔径一般为300~400mm，成孔后用炸药扩大孔底，浇灌混凝土而成。爆扩桩端是呈球状的扩大体，其直径一般为桩身直径的2~3倍，桩长为5~7m。爆扩桩具有设备简单、施工速度快、劳动强度低及投资少等优点。

第二节　基础的埋置深度

建筑工程中，把室外设计地面到基础底面的垂直距离称为基础的埋置深度，如图6-3所示。基础的埋置深度对建筑物的造价、施工技术措施、施工期限及保证建筑物的正常使用有很大的影响。基础的埋置要有一个合适的深度，要在保证建筑安全坚固的情况下，节约基础材料，加快施工速度，降低工程造价。

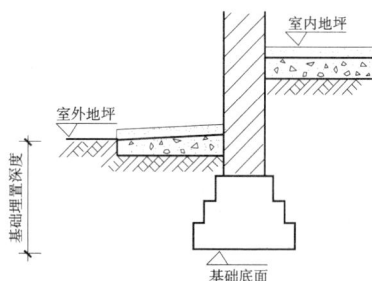

图6-3　建筑地基与基础

基础的埋深小于等于4m者为浅基础，大于4m者为深基础。单从经济条件看，基础的埋置深度愈小，工程造价愈低，但如果基础没有足够的土层包围，基础底面的土层受到压力后会把基础四周的土挤出，基础将产生滑移而失去稳定。同时，基础埋置过浅，易受外界的影响而损坏，所以，基础的埋置深度一般不应小于0.5m。

影响基础埋深的因素很多，主要有下列几个方面：

1. 建筑物的特点及使用性质

建筑物的特点指的是多层建筑还是高层建筑，高层建筑的基础埋深大约是地上建筑总高的1/10，多层建筑则依据地下水位及冻土深度来确定埋深尺寸。

2. 与地基的状况有关

基础的埋置深度与地基的状况有密切关系，房屋要建造在坚实可靠的地基上，不能设置在承载能力低、压缩性高的软弱土层上。在选择埋深时，应根据建筑物的大小、特点、刚度与地基的特性区别对待。如土层是两种土质构成，当上层土质好并有足够的厚度时，宜将基础埋在上层范围内；反之，如果上层土质差且厚度较浅，则宜将基础埋置在下层的好土范围内。总之，由于地基土壤形成的地质状况不同，每个建筑工程应根据所处地质环境的实际情况，综合分析，求得最佳的基础埋置深度。

3. 地下水位的影响

地下水对某些土层的承载能力有很大影响，如黏性土层在地下水上升时，将因含水量增加而膨胀，并使土壤的强度降低，当地下水下降时，基础将产生下沉。为避免地下水的变化影响地基承载力并防止地下水给基础施工带来麻烦，一般基础应争取埋在最高地下水位以上。

当工程所在地的地下水位较高、基础不能埋在最高水位以上时，宜将基础底面埋置在最低地下水位以下200mm。此时，基础应采用耐水材料，如混凝土、钢筋混凝土等。施工时要考虑基坑的排水。

4. 冻结深度与基础埋深的关系

冻结土与非冻结土的分界线称为冻土线。各地区气候不同，低温持续时间不同，冻土深度也各不相同，如北京地区为0.8~1.0m，哈尔滨是2m，重庆地区基本无冻结土。地基土冻结后，是否会对建筑产生不良影响，主要看土冻结后会不会产生冻胀现象。若产生冻胀，则可能把房屋向上拱起（冻胀向上的力会超过地基承载力），土层解冻，基础又下沉。这种冻融交替，使房屋处于不稳定状态，将可能导致墙身开裂，门窗变形，使其开启困难，甚至使建筑物结构遭到破坏等。地基土冻结后是否产生冻胀，主要与土壤颗粒的粗细程度、含水量和地下水位的高低有关。如地基土存在冻胀现象，则应将基础埋置在冻土线以下200mm。

5. 其他因素对基础埋深的影响

基础的埋置深度除考虑地基构造、地下水位、冻结深度等因素外，还应考虑相邻基础的深度，拟建建筑物是否有地下室、地下管沟和设备基础等因素的影响。

第三节　基础的类型与构造

一、基础的分类

对基础进行分类是为了经济合理地选择基础的形式和材料，完成基础的构造设计。对于民用建筑的基础，可以按形式、材料和传力特点进行分类。

1. 按基础的形式分类

基础的类型按其形式不同可以分为条形基础、独立式基础和联合基础。

（1）条形基础

基础为连续的条形称为条形基础。当地基条件较好、基础埋置深度较浅时，墙承式的建筑多采用条形基础，以便传递连续的条形荷载。条形基础常用砖、石、混凝土等材料建造。当地基承载能力较小、荷载较大时，承重墙下也可采用钢筋混凝土条形基础（图6-4）。

（2）独立式基础

独立式基础呈独立的块状，形式有台阶形、锥形、杯形等（图6-5）。独立

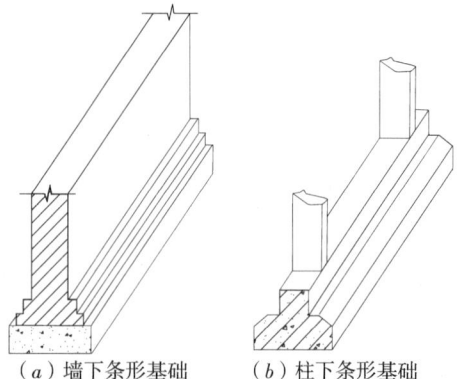

（a）墙下条形基础　　（b）柱下条形基础

图6-4　条形基础

式基础主要用于结构柱下。在墙承式建筑中，当地基承载力较弱或埋深较大时，为了节约基础材料、减少土石方工程量、加快工程进度，亦可采用独立式基础。为了支承上部墙体，在独立基础上可设梁或拱等连续构件。

（3）联合基础

联合基础类型较多，常见的有柱下条形基础、井格基础、片筏基础和箱形基础（图6-6~图6-8）。当柱子的独立基础置于较弱地基上时，基础底面积可能很大，彼此相距很近甚至碰到一起，这时应把基础连起来，形成柱下条形基础、柱下十字交叉基础。

如果地基特别弱而上部结构荷载又很大，即使做成联合条形基础，地基的承载力仍不能满足设计要求时，可将整个建筑物的下部做成一整块钢筋混凝土梁或板，形成片筏基础。片筏基础整体性好，可跨越基础下的局部较弱的土。片筏基础根据使用的条件和断面形式，又可分为板式和梁板式。

当建筑设有地下室且基础埋深较大时，可将地下室做成整浇的钢筋混凝土箱形基础，它能承受很大的弯矩，可用于大荷载的建筑。

2. 按基础的材料和基础的传力情况分类

按基础材料不同可分为砖基础、石基础、混凝土基础、毛石混凝土基础、钢筋混凝土基础等。

按基础材料的力学性能不同可分为刚性基础和柔性基础两种。

当采用砖、石、混凝土、灰土等抗压能力好而抗弯、抗剪等性能很差的材料做基础时，基础底宽应根据材料的刚性角来决定。刚性角是基础放宽的引线与墙体垂直线之间的夹角，如图6-9所示。对于刚性基础，当基础底部的放大宽度超出刚性角的限制时，基础底部将受到剪切力的作用而遭到破坏。因此，刚性基础的底部放大宽度必须控制在刚性角的范围内。在工程中，刚性角可用基础放阶的级宽与级高之比值来表示。不同材料和不同基底压力应选用不同的宽高比（表6-1）。

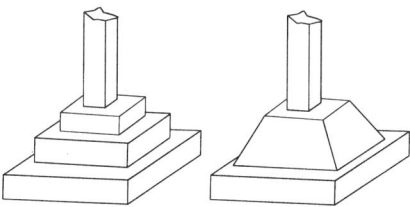

图6-5　独立式基础

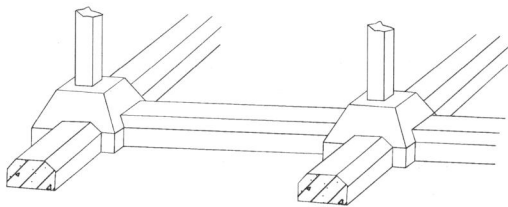

图6-6　井格基础

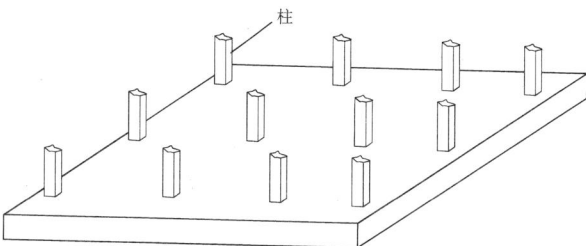

图6-7　片筏基础

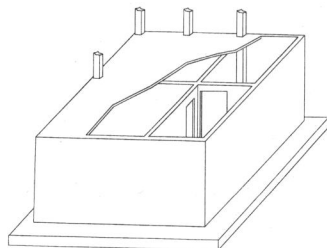

图6-8　箱形基础

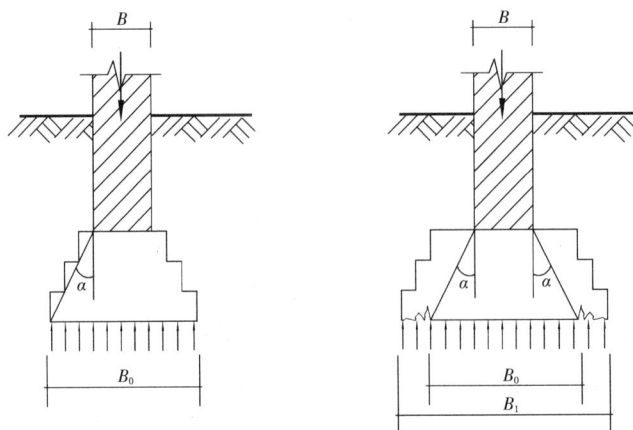

（a）基础受力在刚性角范围以内　（b）基础宽度超过刚性角范围而被破坏

图6-9　刚性基础

刚性基础的宽高比　　　　　　　表6-1

基础名称	质量要求	台阶宽高比的允许值		
		$P \leqslant 10$	$10 < P \leqslant 20$	$20 < P \leqslant 30$
混凝土基础	C10混凝土 C7.5混凝土	1:1.00 1:1.00	1:1.00 1:1.25	1:1.25 1:1.50
毛石混凝土基础	C7.5~C10混凝土	1:1.00	1:1.25	1:1.50
砖石基础	砖不低于MU7.5 M5砂浆 M2.5砂浆	1:1.50 1:1.50	1:1.50 1:1.50	1:1.50
毛石基础	M2.5~M5砂浆 Ml砂浆	1:1.25 1:1.50	1:1.50	
灰土基础	体积比为3:7或2:8的灰土其最小于密度为：轻亚黏土1.55t／m³ 亚黏土1.5t／m³ 黏土1.45t／m³	1:1.25	1:1.50	
三合土基础	体积比为1:2:4~1:3:6（石灰：砂：集料），每层约虚铺220mm，夯至150mm	1:1.50	1:2.00	

　　刚性基础常用于地基承载力较好、压缩性较小的中小型民用建筑。刚性基础因受刚性角的限制，当建筑物荷载较大或地基承载能力较差时，如按刚性角逐步放宽，则需要很大的埋置深度，这在土方工程量及材料使用上都很不经济。在这种情况下，宜采用钢筋混凝土基础，以承受较大的弯矩，此时，基础可以不受刚性角的限制。

　　用钢筋混凝土建造的基础，不仅能承受压应力，还能承受较大拉应力，不受材料的刚性角限制，这样的基础叫做柔性基础（图6-10）。

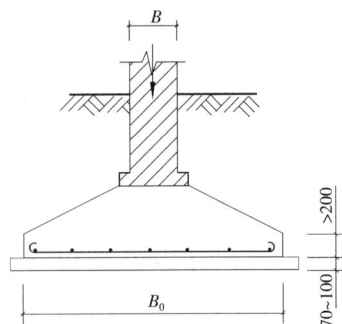

图6-10　柔性基础

二、基础的构造

1.砖基础

砖基础取材容易、价格较低、施工简便，是常用的类型之一。砖基础一般用于荷载不大、基础宽度较小及土质较好、地下水位较低的地基上。它由基础墙和大放脚组成。砖基础由于强度、耐久性、抗冻性较差，多用于干燥而温暖地区的中小型建筑的基础。

在建筑物防潮层以下部分，砖的等级不得低于 MU10（1MU=1MPa），用 M5 或 M7.5 水泥砂浆砌筑。非承重空心砖、硅酸盐砖和硅酸盐砌块不得用作基础材料。

由于刚性角限制，并考虑砌筑方便，砖基础常采用每隔二皮砖厚收进 1/4 砖的断面形式。当基础底宽较大时，也可采取二皮一级与一皮一级收进的断面形式，但其最底下一级必须用二皮砖厚。

砖基础的逐步放阶形式称为大放脚。在大放脚下需加设垫层。垫层尺度是根据上部结构荷载和地基承载力的大小及材料来确定的。如地基是老土，一般在大放脚下铺 30~50mm 厚水泥砂浆起找平作用的垫层。若上部荷载较大或地基较弱，北方地区多用 450mm 厚三七灰土（石灰:黄土为 3:7）的垫层。墙体和基础一般以防潮层为界，防潮层以上的部分称为墙体，以下部分称为基础。与墙体等厚的那一部分基础称基础墙（图 6-11）。

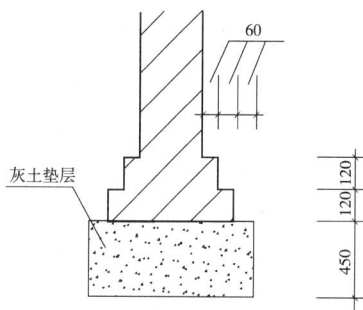

图6-11　砖基础

2.灰浆碎砖三合土基础

灰浆碎砖三合土基础是用石灰砂浆与碎砖经过充分拌合均匀铺入基础槽内，并分层夯实而成（每层要铺 220mm，夯至 150mm）。然后，在它上面砌大放脚，因此，它在构造上与砖基础一样，只是基底垫层为三合土垫层而已。灰浆碎砖三合土的配合比为 1:2:4 或 1:3:6（石灰:砂:碎砖），三合土铺至设计标高后，在最后一遍打夯时，宜浇浓灰浆，待表面石灰浆略为风干后，再铺上一层薄砂子，最后整平夯实。这种基础在我国南方地区应用较为广泛，它的优点是施工较为简单、造价低廉，但基础强度较低，故不宜用于高层建筑和墙承重的厂房。

3.毛石基础

毛石基础（也叫乱石基础），一般是用不规则的石块和 M5 水泥砂浆砌筑而成，具有抗压强度高和耐久性好等优点。但石块抗拉强度差，开采费工且自重大，给运输带来不便，这些缺点在选用时必须予以注意，常用石块有石灰石、花岗石等。

毛石基础的构造如图 6-12 所示。石块常用规格为 20~40cm，基础台阶高度和基础墙厚度不宜小于 40cm，分层砌筑高度最好保持在 30cm 左右，力求丁顺交错，层与层之间纵横基础的交接处应交叉叠砌，以增加砌体的整体性。

4.混凝土和毛石混凝土基础

混凝土基础一般用低强度等级混凝土（常为 C10）浇筑而成，一般厚度为

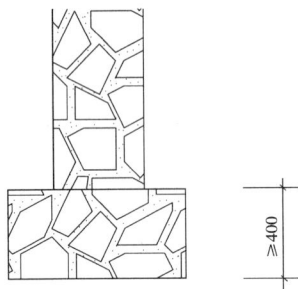

图6-12　毛石基础

300mm，最小为100mm。用混凝土做基础，有坚固、耐久、不怕水、可在水下施工等优点。由于它刚性角大，同样宽度的基础混凝土可以稍薄一些，但混凝土造价略高。

为了节约水泥用量，在混凝土中可掺入一些毛石，称为毛石混凝土基础。毛石尺寸不超过200mm，掺入量不超过混凝土体积的25%，否则不易振捣密实。混凝土或毛石混凝土基础的断面可做成矩形，若基础较厚可做成台阶或简单的梯形。

5.钢筋混凝土基础

（1）钢筋混凝土条形基础

钢筋混凝土条形基础多用于房屋上部荷载较大、地基承载能力较差的混合结构房屋。由于基础中配置有钢筋，使基础底部抵抗弯曲拉伸的能力大大提高，因此，基础可以不受高宽比的限制。一般情况下，基础底面宽度在1.5m左右时，高度（或厚度）大约为30cm左右，所以，这种基础又叫钢筋混凝土板式条形基础（图6-10）。

由于地基反作用力随着建筑荷载的增加而相应地增加，在基础底部的两翼必然向上弯曲而产生拉力，所以在底部应横向配置受力钢筋，这种受力钢筋称为主筋。主筋一般采用 ϕ10~ϕ16 钢筋，间距为沿长度方向每隔200mm放一根。在受力钢筋上面纵向配置一层较细的钢筋，叫分布筋，它的作用是固定受力钢筋的位置，并承受因温度变化而产生的沿长度方向的温度应力，因此，也叫温度钢筋或构造钢筋。分布钢筋用 ϕ6~ϕ10，间距200~250mm。

由于基础底部两翼越靠近外端，受力越小，为节省材料，常将两翼向外逐渐收薄，但最薄处的厚度不小于150mm，以使混凝土和钢筋较好地粘结。基础底部常用低强度等级混凝土（C10）做一层垫层，厚度为70~100mm。

当房屋上部荷载较大，地基又比较软弱时，基础可能沿长度方向（纵向）产生变形。为了加强基础纵向的强度和刚度，常在基础中间配置纵向受力钢筋。

（2）壳体基础

壳体基础又称薄壳基础，是独立基础的另一种类型。壳体基础在反力作用下，主要承受轴向力，即压力和拉力，而弯矩很小，这样就可以充分发挥由混凝土抵抗压力和钢筋抵抗拉力的受力性能。因而，壳体基础较一般实体基础有更为良好的经济效果，例如在工业厂房柱下，采用壳体基础，与同样条件下的杯形基础比较，一般可节约40%~50%的混凝土。这种基础对地基的强度要求不高，适宜用在有较厚的软土或填土层上，但施工时，基础土胎成型较麻烦。土胎应防止搅动，挖好后，土胎表面抹2~3cm厚的水泥砂浆垫层，使表面干整、形状准确。壳体基础在工业厂房及烟囱、水塔、高炉等构筑物中广泛应用，如图6-13所示。

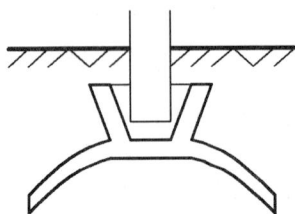

图6-13　壳体基础

第七章 墙 体

第一节 墙体的类型与设计要求

一、墙体的分类

墙体的分类方法很多，大体有从材料上分、从墙体位置上分、从受力特点上分几种分法，下面分别介绍。

1. 墙体按材料分类

（1）砖墙：砖墙的砖体材料有黏土多孔砖、黏土实心砖、灰砂砖、焦渣砖等。多孔砖用黏土烧制而成；灰砂砖用30%的石灰、70%的砂子压制而成；焦渣砖用高炉硬矿渣和石灰蒸养而成。砖块之间用砌筑砂浆粘接，砌筑砂浆有水泥砂浆、混合砂浆、石灰砂浆等。

（2）加气混凝土砌块墙：加气混凝土是一种轻质材料，其成分是水泥、砂子、磨细矿渣、粉煤灰等，用铝粉作发泡剂，经蒸养而成。加气混凝土具有容重轻、可切割、隔声、保温性能好等特点。这种材料多用于非承重的隔墙及框架结构的填充墙。

（3）石材墙：石材是一种天然材料，主要用于山区和产石地区。它分为乱石墙、整石墙和包石墙等。

（4）板材墙：板材墙以钢筋混凝土板材、加气混凝土板材为主。

（5）承重混凝土空心小砌块墙：采用C20混凝土制作，用于六层及以下的住宅。

2. 墙体按所在位置分类

墙体按所在位置通常分为外墙及内墙两大部分，每部分又各有纵、横两个方向，这样按位置可分为四种墙体，即纵向外墙、横向外墙（又称山墙）、纵向内墙、横向内墙。

当楼板支承在横向墙上时，叫横墙承重，这种做法多用于横墙较多的建筑中，如住宅、宿舍、办公楼等。当楼板支承在纵向墙上时，叫纵墙承重，这种做法多用于纵墙较多的建筑中，如中小学等。当一部分楼板支承在纵向墙上，另一部分楼板支承在横向墙上时，叫混合承重，这种做法多用于中间有走廊或一侧有走廊的办公楼中。

3. 墙体按受力特点分类

（1）承重墙：它承受屋顶和楼板等构件传下来的垂直荷载和风力、地震力等水平荷载。根据承重墙所处的位置不同，又分为承重内墙和承重外墙。通常承重墙下设有条形基础。

（2）承自重墙：只承受墙体自身重量而不承受屋顶、楼板等垂直荷载。墙下亦设有条形基础。

（3）围护墙：它起着防风、雨、雪侵袭的作用，并起着保温、隔热、隔声、防水等方面的围护作用。它对保证房间内具有良好的生活环境和工作条件作用极大。墙体重量由梁承托并传给柱子或基础。

（4）隔墙：它起着分隔大房间为若干小房间的作用。隔墙应满足隔声的要求。轻质隔墙可不做基础。

4.墙体按构造做法分类

（1）实心墙：单一材料（多孔砖、实心黏土砖、石块、混凝土和钢筋混凝土等）和复合材料（钢筋混凝土与加气混凝土分层复合、黏土砖与焦渣分层复合等）砌筑的不留空隙的墙体。

（2）黏土空心砖墙：黏土空心砖和普通黏土砖的烧结方法一样，但砖体留有较大的通孔。黏土空心砖的竖向孔洞减少了砖的承压面积，需要增加砖的厚度来提高砖墙的承重能力。黏土空心砖的容重为1350kg／m³（普通黏土砖的容重为1800kg／m³）。由于有竖向孔隙，所以保温能力有所提高。试验证明，190mm的空心砖墙的保温能力相当于240mm的普通砖墙的保温能力。黏土空心砖主要用于框架结构的外围护墙。

（3）空斗墙：空斗墙在我国民间流传已久。这种墙体的材料是普通黏土砖。它的砌筑方法分斗砖与眠砖，砖竖放叫斗砖，平放叫眠砖。空斗墙不宜在抗震设防地区中使用。

（4）复合墙：这种墙体多用于居住建筑，也可用于托儿所、幼儿园、医院等小型公共建筑。这种墙体的主体材料为黏土砖或钢筋混凝土，在墙的内侧或外侧复合其他轻质保温板材，常用的有充气石膏板（容重不大于510kg／m³）、水泥聚苯板（容重280~320kg／m³）、黏土珍珠岩（容重360~400kg／m³）、纸面石膏聚苯复合板（容重870~970kg／m³），纸面石膏岩棉复合板（容重930~1030kg／m³）、纸面石膏玻璃复合板（容重882~982kg／m³）、无纸石膏聚苯复合板（容重870~970kg／m³）、纸面石膏聚苯板（容量870~970kg/m³）等。

主体结构采用黏土多孔砖墙时，其厚度为200mm或240mm；采用钢筋混凝土墙时，其厚度为200mm或250mm。保温板材的厚度为50~90mm，若在中间设有空气间层，空气层的厚度为20mm。

二、墙体的设计要求

1.结构方面的要求

（1）结构布置方案

选择合理的墙体承重结构布置方案，满足承受建筑物荷载的要求，并做到坚固耐用、经济合理。

（2）墙体承载力和稳定性

1）承载力是指墙体承受荷载的能力。大量性民用建筑中，一般横墙数量多，空间刚度大，但仍需验算承重墙或柱的承载力。承重墙应有足够的承载力来承受楼板及屋面的竖向荷载。地震区还应考虑地震作用下墙体的承载力。

2）墙体的稳定性，墙体的高厚比是保证墙体稳定的重要措施。墙、柱高厚比是指墙、柱的计算高度 H_0 与墙厚 h 的比值，高厚比越大，构件越细长，其稳定性越差。在实际工程中，高厚比必须控制在允许高厚比限值以内。允许高厚比限值在结构上有明确的规定，它是综合考虑了砂浆强度等级、材料质量、施工水平、横墙间距等诸多因素确定的。

限制房屋总高度和层数对建筑物的稳定性具有重要的作用，特别是在地震区，房屋的破坏程度是随层数的增多而加重的。表 7-1 是不同墙体承重材料所允许的房屋总高度和建筑层数。

不同墙体承重材料所允许的房屋总高度和建筑层数　　　表7-1

墙体材料	最小墙厚（mm）	烈度							
		6		7		8		9	
		高度（m）	层数	高度（m）	层数	高度（m）	层数	高度（m）	层数
黏土砖	240	24	8	21	7	18	6	12	4
混凝土小砌块	190	21	7	18	6	15	5	—	—
混凝土中砌块	200	18	6	16	5	9	3	—	—
粉煤灰中砌块	240	18	6	15	5	9	3	—	—

2. 功能方面的要求

（1）墙体的保温隔热

墙体的保温隔热与墙体的节能密切相关，因此，将在"墙体节能"一节中详细介绍。

（2）墙体的隔声

墙体应具有足够的隔声能力，使建筑物在满足国家声环境质量标准的情况下，其室内能够取得满足人们生活、工作、学习所需的声环境条件。表 7-2 是住宅建筑室内允许噪声级，表 7-3 是学校建筑室内的允许噪声级，表 7-4 是医院建筑室内的允许噪声级。

住宅建筑室内允许噪声级dB（A）[dB（A）GBJ 87—85]　　　表7-2

房间名称	较高标准	一般标准	最 低 限
卧室、书房（或卧室兼起居室）	≤40	≤45	≤50
起 居 室	≤45	≤50	

学校建筑室内允许噪声级dB（A）[dB（A）GBJ 87—85]　　　表7-3

房间名称	较高标准	一般标准	最 低 限
语言教室、录音室、阅览室等	≤40	—	—
普通、合班、史地、自然、音乐、美术、视听教室、琴房等	—	≤50	—
健身房、舞蹈教室、实验室、教师办公及休息室等	—	—	≤55

医院建筑室内允许噪声级dB（A）［dB（A）GBJ 87—85］　表7-4

房间名称	较高标准	一般标准	最低限
病房、医护人员休息室	≤40	≤45	≤50
门诊室	≤55		≤60
手术室	≤45		≤50
听力测听室	≤25		≤30

　　为了使室内的噪声级不超过允许的噪声值，提高建筑围护结构的隔声性能是关键。在实际工程中，建筑围护结构的隔声量为：

$$R = \overline{L_{P1}} - \overline{L_{P2}} + 10 \lg \frac{S}{A}$$

其中　R——建筑围护结构的隔声量（dB）；

　　　$\overline{L_{P1}}$、$\overline{L_{P2}}$——分别是发声室和受声室各测点的平均声压级（dB）；

　　　　S——建筑围护结构的面积（m²）；

　　　　A——受声室的总吸声量（m²）。

　　常见民用建筑墙体和楼板的空气声隔声标准见表7-5。

民用建筑的墙体和楼板空气声隔声标准［计权隔声量（dB）］　表7-5

建筑类别	围护结构部位	特殊标准	较高标准	一般标准	最低标准
住宅	分户墙及楼板		≥50	≥45	≥40
学校	有特殊安静要求的房间与一般教室之间		≥50		
	一般教室与产生噪声的活动室之间			≥45	
	一般教室与教室之间				≥40
医院	病房与病房之间		≥45	≥40	≥35
	手术室与病房之间		≥50	≥45	≥40
	病房、手术室与产生噪声的房间之间		≥50	≥50	≥45
旅馆	客房与客房之间	≥50	≥45	≥40	≥40
	客房与走廊之间的隔墙（包含门）	≥40	≥40	≥35	≥30

　　在实际工程中，可采取以下措施提高墙体的隔声性能：

　　1）加强墙体的密缝处理，如对墙体与门窗、通风管道等的缝隙进行密缝处理。

　　2）增加墙体的密实性及厚度，避免噪声穿透墙体及引起墙体振动。24砖墙的隔声量达53dB，具有较好的隔声性能。

　　3）采用有空气间层或多孔吸声材料的夹层墙。空气或多孔吸声材料具有减振和吸声作用，在墙体内部设置空气层或多孔吸声材料层可使墙体的隔声能力得到提高。

　　3.其他方面的要求

　　（1）防火要求：墙体材料的选择应满足建筑设计防火规范所规定的耐火等级。

（2）防水防潮要求：对卫生间、厨房、实验室等潮湿房间及地下室的墙应采取防水防潮措施。

（3）建筑工业化要求：在大量性民用建筑中，墙体工程量占着相当大的比重。墙的重量约占建筑总重量的 40% ~65%，造价占 30% ~40%，同时，劳动力消耗大，施工工期长。因此，建筑工业化的关键是墙体改革，必须改变手工生产及操作，提高机械化施工程度，提高工效，降低劳动强度，并应采用质量轻、强度高、节能效果好的墙体材料。

第二节　砖墙材料与基本尺度

我国采用砖墙的历史已有 2000 多年，主要因为砖墙自身有很多优点，例如保温、隔热及隔声效果较好，具有防火和防冻性能，有一定的承载能力，并且取材容易，生产制造及施工操作简单，不需大型设备等。当然砖墙也存在不少缺点，例如施工速度慢、劳动强度大、自重大，特别是黏土砖占用农田。我国推行了墙体材料改革，实心黏土砖已在很多地区限制使用。

一、砖墙材料

砖墙包括砖和砂浆两种材料，是由砂浆胶结材料将砖块砌筑而成的墙体形式。

1. 砖

砖的种类很多，从材料上看有黏土砖、灰砂砖、页岩砖、煤矸石砖、水泥砖以及各种工业废料砖，如炉渣砖等。从形状上看，有实心砖及多孔砖。普通黏土砖以黏土为原料，经成型晾干后焙烧而成，其颜色有青色和红色两种。红砖是在焙烧后自然冷却，内含 Fe_2O_3，呈红色；青砖是用水冷却，在窑内闷干，使 Fe_2O_3 还原成 Fe_3O_4，成为青色，青砖多为手工砖，强度较低，仅能达到 MU7.5 以下。

普通黏土砖采用全国统一规格，称为标准砖，尺寸为 240mm × 115mm × 53mm。砖的长宽厚之比约为 4：2：1，在砌筑墙体时，砖体间加上灰缝，容易取得上下错缝、方便灵活的砌筑效果。标准砖每块重量约为 25N，适合手工砌筑。但普通黏土砖的规格与我国现行模数制不太协调，给设计和施工造成一定的困难。

有的地区生产符合模数的黏土空心砖，又称为模式砖，它的规格为 190mm × 190mm × 90mm，但是其重量和尺寸都比标准砖大，给手工砌筑上下错缝造成一定的困难。此外，还有各种大块黏土空心砖，如规格为 240mm × 115mm × 180mm 等，都因上述缺点而未能推广使用。黏土砖的规格见图 7-1。

烧结普通砖、非烧结硅酸盐砖和承重黏土空心砖等的强度等级分六级：MU30、MU25、 MU20、MU15、MU10 和 MU7.5。砖的强度等级是根据标准试验方

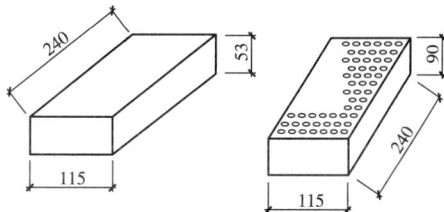

图7-1　黏土砖规格

法所测得的抗压强度，单位为 N / mm^2。

2. 砂浆

砂浆是粘结材料，砖块经砂浆砌筑后成为墙体，经砂浆均匀砌筑的墙体传递荷载均匀，砂浆还起着嵌缝作用，能提高墙体的保温、隔热和隔声的能力。砌筑砂浆要求有一定的强度，以保证墙体的承载能力，还要求有适当的稠度和保水性，即有好的和易性，方便施工。

砌筑砂浆常用的有水泥砂浆、石灰砂浆及混合砂浆三种。水泥砂浆强度高、防潮性能好，主要用于受力和防潮要求高的墙体中；石灰砂浆的强度和防潮都很差，但和易性好，用于强度要求低的墙体；混合砂浆由水泥、石灰、砂拌合而成，有一定的强度，和易性也好，使用广泛。

砂浆的强度等级是用龄期为 28d 的标准立方试块，是以 N / mm^2 为单位的抗压强度来划分的。砂浆的强度等级分为七级：M15、M10、M7.5、M5、M2.5、M1 和 M0.4。

二、砖墙的组砌方式

砖墙的组砌是指砌块在砌体中的排列方式。根据砌块的排列方式不同，有全顺式组砌、上下皮一顺一丁式组砌等方式，如图 7-2 所示。

砖墙的组砌要求：

（1）错缝搭接，使上下皮砖的垂直缝交错，保证砖墙的整体性。

（2）要求丁砖和顺砖交替砌筑，灰浆饱满，横平竖直。

三、砖墙的尺度

1. 墙厚

标准砖的规格为 240mm×115mm×53mm，用砖块的长、宽、高作为砖墙厚度的基数，在错缝或墙厚超过砖块时，均按灰缝 10mm 进行组砌。从标准砖的尺寸上不难看出，墙体的厚度大致为：1/2 砖墙厚，约 120mm；3/4 砖墙厚，约 180mm；1 砖墙厚 240mm（图 7-2）。

2. 砖墙洞口与墙段尺寸

（1）洞口尺寸

砖墙洞口主要是指门窗洞口，其尺寸应按模数协调统一标准制定，这样可减少门窗规格类型，有利于工厂化生产，提高建筑工业化的程度。国家及各地区的门窗

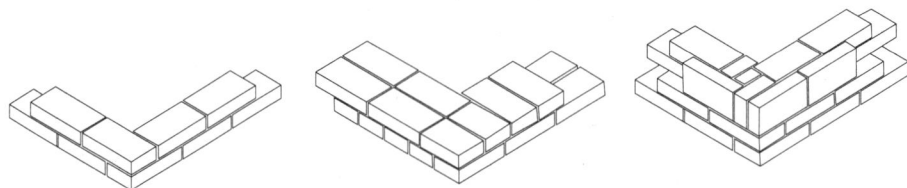

（a）全顺式1/2墙　　　　（b）一顺一丁式1砖墙　　　　（c）两平一侧式3/4砖墙

图7-2　砖墙的组砌

通用图集都是按照扩大模数 $3M_0$ 的倍数制定，因此一般门窗洞口的宽、高尺寸均采用 300mm 的倍数，例如 600mm、900mm、1200mm、1500mm、1800mm 等。

（2）墙段尺寸

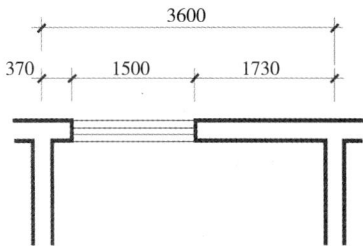

图7-3　短墙段长满足砖模

墙段尺寸是指窗间墙、转角墙等部位墙体的长度。墙段由砖块和灰缝组成，普通黏土砖最小单位为 115mm 砖宽加上灰缝，约 120mm 左右，并以此为砖的组合模数。按此砖模数为标准的墙段尺寸有 240mm、370mm、490mm 等，如图 7-3 所示。

砖模和模数协调统一标准是不相协调的，民用建筑的开间、进深、门窗都是扩大模数 300mm 的倍数，墙段是以砖模 120mm 为基础，这样在同一栋房屋中采用两种模数，必然给设计和施工造成困难。解决这一矛盾的办法是调整灰缝大小。施工规范允许竖缝宽度在 8~12mm 范围以内，使墙段有少许的调整余地。但是，墙段短时，灰缝数量少，调整范围小。例如 240mm 墙段无调整余地，490mm、620mm、740mm、870mm 墙段调整范围在 ±10mm 以内。墙段长时，调整幅度大些，通常墙段超过 1.5m 时，可不用考虑砖的模数，在施工图设计中应考虑此特征，以减少砌筑墙体时的砍砖。

第三节　墙体的细部构造

为了保证砖墙的耐久性和墙身与其他构件的连接，应在砖墙的某些部位进行细部处理。砖墙需要进行的细部构造处理是墙脚、门窗洞口、墙身的加固和变形缝构造等。

一、墙脚构造

墙脚是室内地坪以下、基础以上的那部分墙体，内外墙都有墙脚。由于墙体本身存在很多微细孔以及墙脚所处的位置，常有土壤中的水分和地表水渗入墙脚，使墙身受潮，装饰面层脱落，影响室内的卫生环境。墙脚的细部构造包括防潮构造、勒脚构造和明沟散水构造等。

1. 墙脚防潮

墙脚的防潮构造是在墙脚的适当部位设置防潮层，其目的是防止土壤中的水分沿基础墙上升和勒脚部位的地面水影响墙身。它的作用是提高建筑物的耐久性，保持室内的干燥卫生。

防潮层合适的位置是在室内地坪与室外地坪之间，以地面混凝土垫层中部为好，其位置大致在室内地坪向下 0.06m 的墙身范围内，故设计中常以标高 -0.06m 表示，如图 7-4 所示。

防潮层的做法有：

（1）防水砂浆防潮层

具体做法是抹一层 20mm 厚的 1:3 水泥砂浆加 5% 防水粉（金属氯化物防水剂

防潮层位置过低潮气　　　　防潮层位置过高潮气　　　　防潮层位置正确有效
从碎砖垫层侵入墙体　　　　从踢脚部位侵入　　　　　　阻止潮气向上迁移

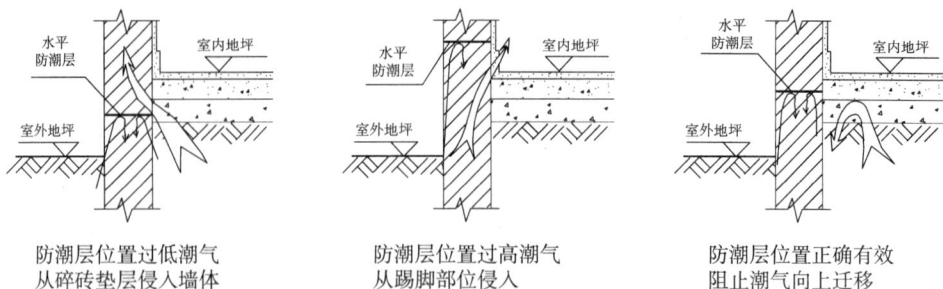

图7-4　防潮层的位置

等）拌合而成的防水砂浆，如图 7-5 所示。另一种是用防水砂浆砌筑 4 皮至 6 皮砖，位置在室内地坪上下。

（2）油毡防潮层

在防潮层部位先抹 20mm 厚的砂浆找平层，然后干铺油毡一层或用热沥青粘贴一毡二油。油毡的宽度应与墙厚一致，或稍大一些。油毡沿长边铺设，搭接不小于 100mm。油毡防潮能力较好，但它使基础墙和上部墙身断开，减弱了砖墙的抗震能力，如图 7-6 所示。

（3）混凝土防潮层

由于混凝土本身具有一定的防水性能，常把防潮要求和结构做法合并考虑，即在室内外地坪之间浇筑 60mm 厚的细石混凝土防潮层，内配 3 根 $\phi 8$ 钢筋，如图 7-7 所示。

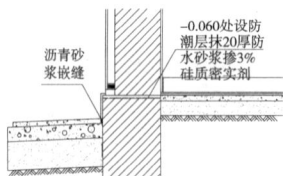

图7-5　防水砂浆防潮层　　　　图7-6　油毡防潮层　　　　图7-7　混凝土防潮层

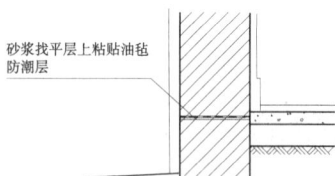

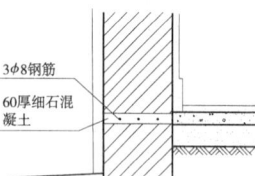

上述三种做法，在抗震设防地区不应选用油毡防潮层。

当相邻的房间室内地坪出现高差时，对相邻的房间之间的墙身不仅要按地坪高差的不同设置两道水平防潮层，为了避免高地坪房间的回填土中的湿气对低地坪房间墙面的侵袭，对有高差部分的垂直墙面也应采取防潮措施，设置垂直防潮层。垂直防潮层的具体做法是：在高地坪房间回填土之前，在两道水平防潮层之间的垂直墙面上抹 15~20mm 厚的水泥砂浆找平层，然后在找平层上涂两道热沥青（或做其他防潮处理），在低地坪一边的墙面上，用水泥砂浆抹面，如图 7-8。

2. 勒脚构造

外墙墙身下部靠近室外地坪的部分叫勒脚。勒脚的主要作用是防止地面水、屋檐下滴雨水的侵蚀，起到保护墙面、保证室内干燥、提高建筑物耐久性的作用。同时，

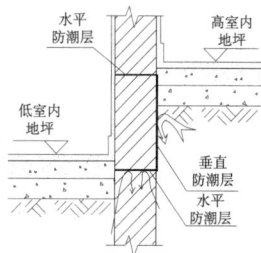

图7-8　垂直防潮层

勒脚还有美化建筑外观的作用。勒脚通常采用抹水泥砂浆、水刷石或加大墙厚的办法做成。勒脚的高度分为与室内地坪同高、与室内踢脚线同高和与窗台同高等几种，有时也可以根据立面的需要而提高勒脚的高度尺寸。

勒脚的做法有下列几种：

（1）抹灰勒脚：8~15mm 厚 1∶3 水泥砂浆打底，10mm 厚 1∶2 水泥砂浆抹面，或 12mm 厚 1∶2 水泥白石子抹面（水刷石）（图 7-9a）。

（2）贴面勒脚：用天然石板材或人造石板材贴面（图 7-9b）。

（3）用坚实、防水的材料砌筑墙脚部分的墙体（图 7-9c）。

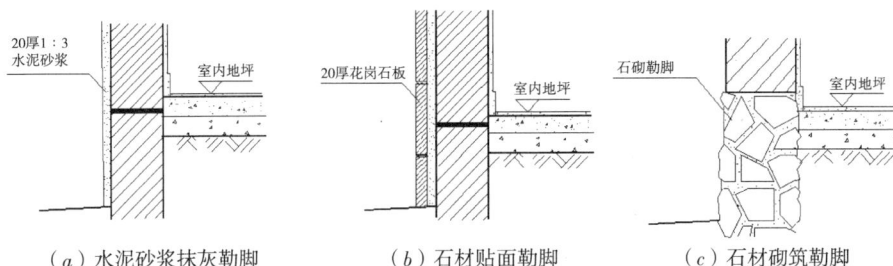

（a）水泥砂浆抹灰勒脚　　（b）石材贴面勒脚　　（c）石材砌筑勒脚

图7-9　勒脚的做法

3. 散水与明沟

散水指的是靠近勒脚下部的水平排水坡；明沟是靠近勒脚下部设置的水平排水沟。它们的作用都是为了迅速排除从屋檐下滴的雨水，防止因积水渗入地基而造成建筑物的下沉。

散水的做法应满足下列要求：

（1）散水的宽度，应根据土壤性质、气候条件、建筑物的高度和屋面排水形式确定，通常为 600~1000mm。当采用无组织排水时，散水的宽度可按檐口线放出 200~300mm。

（2）一般散水的坡度为 3% ~5%。当散水采用混凝土时，宜按 20~30m 间距设置伸缩缝。散水与外墙之间宜设缝，缝宽可为 20~30mm，缝内应填沥青类材料。

（3）散水面层材料常用的有细石混凝土、混凝土、水泥砂浆、卵石、块石、花岗石等。图 7-10a 为混凝土散水构造，图 7-10b 为砖砌散水构造。

明沟的作用是将积水引入下水道，一般在年降雨量为 900mm 以上的地区选用。沟宽一般在 200mm 左右，沟底应有 0.5% 左右的纵坡。明沟的材料可以用砖、混凝土等。图 7-11a 为混凝土明沟构造，图 7-11b 为砖砌明沟构造。从卫生、安

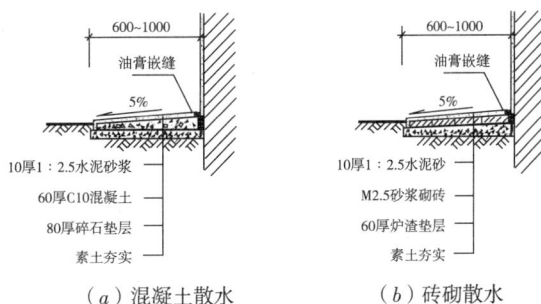

（a）混凝土散水　　　（b）砖砌散水

图7-10　散水构造

全考虑，明沟一般加盖混凝土板形成暗沟。

4. 踢脚

踢脚是外墙内侧或内墙两侧的下部与室内地坪交接处的构造，作用是防止扫地、拖地时污染墙面。踢脚的高度一般为 120~150mm。常用的材料有水泥砂浆、水磨石、木材、缸砖、油漆等，踢脚的材料一般与地面材料一致。

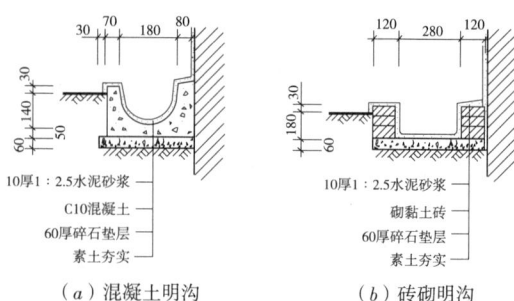

（a）混凝土明沟　　　（b）砖砌明沟

图7-11　明沟构造

二、窗台构造

窗洞口的下部应设置窗台。窗台根据窗户的安装位置可形成内窗台和外窗台。外窗台应防止在窗洞底部积水，防止雨水流向室内。内窗台可以保护室内墙面及存放东西、摆放花盆等。窗台高一般为 900~1000mm，幼儿园活动室的窗台 600mm，售票台为 1100mm。窗台底面的前缘处应做成锐角形或凹槽（称为滴槽），防止雨水污染墙面。

外窗台做法有：

1. 砖挑窗台

砖挑窗台应用较广，有平砌挑砖和立砌挑砖两种做法。窗台表面抹 1:3 水泥砂浆，并向外设 10% 左右的坡度，挑出尺寸大多为 60mm，如图 7-12a 所示。

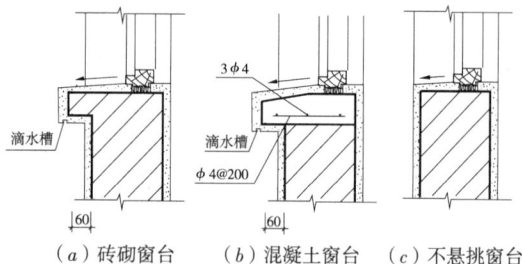

（a）砖砌窗台　　（b）混凝土窗台　　（c）不悬挑窗台

图7-12　窗台构造

2. 混凝土窗台

混凝土窗台一般是现场浇筑而成，如图 7-12b 所示。

3. 不悬挑窗台

当墙面采用石材、墙面砖等耐水防污染性能较好的装饰材料时，窗台也可采用不悬挑的做法，这样做也减少了切割、粘贴小块石材、墙砖等饰面材料的麻烦，如图 7-12c 所示。

窗台的构造要点：

（1）悬挑窗台向外出挑 60mm，窗台长度每边最少应超过窗宽 120mm。

（2）窗台表面应做抹灰或贴面处理，侧砌窗台可做水泥砂浆勾缝的清水窗台。

（3）窗台表面应有一定的排水坡度，并应注意抹灰与窗下槛的交接处理，防止雨水向室内渗入。

（4）挑窗台下做滴水槽或斜抹水泥砂浆，引导雨水垂直下落，不致影响窗下墙面，如图 7-13。

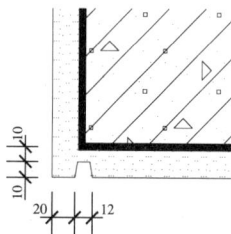

图7-13　滴水槽

三、门窗过梁构造

过梁用来支承门窗洞口上墙体的荷载，承重墙上的过梁还要支承楼板荷载，过梁是承重构件。根据材料和构造方式不同，过梁有以下三种：

1. 钢筋混凝土过梁

钢筋混凝土过梁承载能力强，可用于较宽的门窗洞口，对房屋不均匀下沉或振动有一定的适应性。预制装配过梁施工速度快，是较常用的一种形式。

钢筋混凝土过梁的截面形式如图7-14所示。过梁宽度一般同墙厚，高度按结构计算确定，但应配合砖的规格，如60mm、120mm、180mm、240mm，过梁两端伸进墙内的支承长度不小于240mm。

钢筋混凝土的导热系数大于砖的导热系数，在寒冷地区，为了避免在过梁内表面产生凝结水，采用"L"形过梁，如图7-14c所示，使外露部分的面积减小。

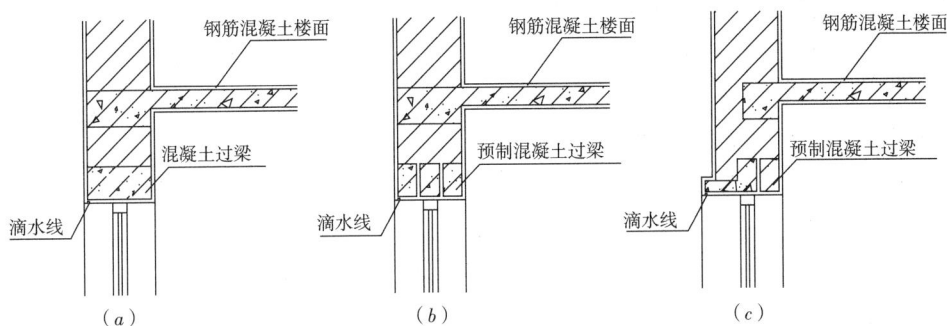

图7-14 钢筋混凝土过梁的截面形式

2. 平拱砖过梁

平拱砖过梁是用砖侧砌而成的过梁。砌筑时，灰缝上宽下窄，使侧砖向两边倾斜，相互挤压形成拱的作用，两端下部伸入墙内20~30mm，中部的起拱高度约为跨度的 1/50。平拱砖过梁的优点是钢筋、水泥用量少，缺点是施工速度慢，用于非承重墙上的门窗洞口宽度应小于1.2m。有集中荷载或半砖墙不宜使用平拱砖过梁（图7-15）。

3. 钢筋砖过梁

钢筋砖过梁是在洞口顶部配置钢筋，形成能承受弯矩的加筋砖砌体。钢筋直径为6mm，间距小于120mm。钢筋伸入两端内墙不小于240mm。用M5水泥砂浆砌筑

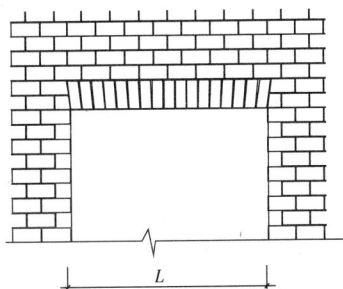

图7-15 平拱砖过梁

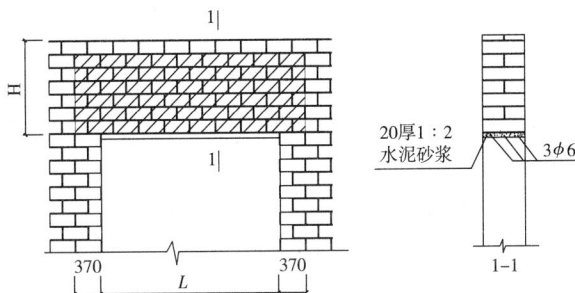

图7-16 钢筋砖过梁

钢筋砖过梁，高度不少于 5 皮砖，且不小于门窗洞口宽度的 1/4。此过梁外观与外墙砌法相同，清水墙面效果统一。但施工麻烦，仅用于 2m 宽以内的洞口（图 7-16）。

四、门垛和壁柱

在墙体上开设门洞一般应设门垛，特别是在墙体转折处或丁字墙处，用墙垛保证墙体的稳定性，便于门框的安装。门垛宽度同墙厚，门垛长度一般为 120mm 或 240mm。

当墙体受到集中荷载或墙体过长时（如 240mm 厚，长度超过 6m）应增设壁柱（又叫扶壁柱），使之和墙体共同承担荷载和稳定墙身。壁柱的尺寸应符合砖规格，通常壁柱凸出墙面 120mm 或 240mm，壁柱宽 370mm 或 490mm（图 7-17）。

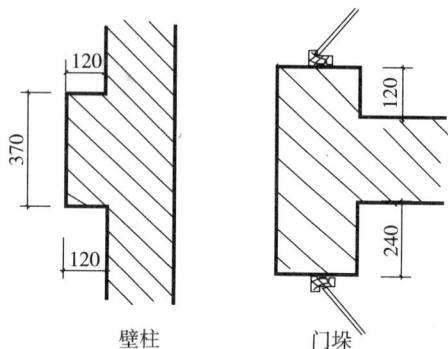

图7-17 壁柱和门垛

五、圈梁

圈梁的作用是增加房屋的整体刚度和稳定性，减轻地基不均匀沉降对房屋的破坏，抵抗地震力的影响。圈梁设在房屋四周外墙及部分内墙中，处于同一水平高度，其上表面大致与楼板面平齐，像箍一样把墙箍住。表 7-6 是圈梁设置的位置及配筋要求。

钢筋混凝土圈梁的设置原则　　　　表7-6

圈梁设置及配筋		设计烈度		
		7度	8度	9度
圈梁设置	沿外墙及内纵墙	屋盖处必须设置，楼层处隔层设置	屋盖处及每层楼盖处设置	同左
	沿内横墙	同上，屋盖处间距不大于7m，楼板处间距不大于15m，构造柱对应部位	同上，屋盖处沿所有横墙且间距不大于7m，楼板处间距不大于7m，构造柱对应部位	同上，各层所有横墙
配筋		主筋4φ8 箍筋φ6@250	主筋4φ10 箍筋φ6@200	主筋4φ12 箍筋φ6@150

钢筋混凝土圈梁的宽度宜与墙厚相同，当墙厚为 240mm 以上时，其宽度可为墙厚的 2/3，且不小于 240mm。圈梁的高度不应小于 120mm。圈梁的位置及圈梁与构造柱的关系见图 7-18。

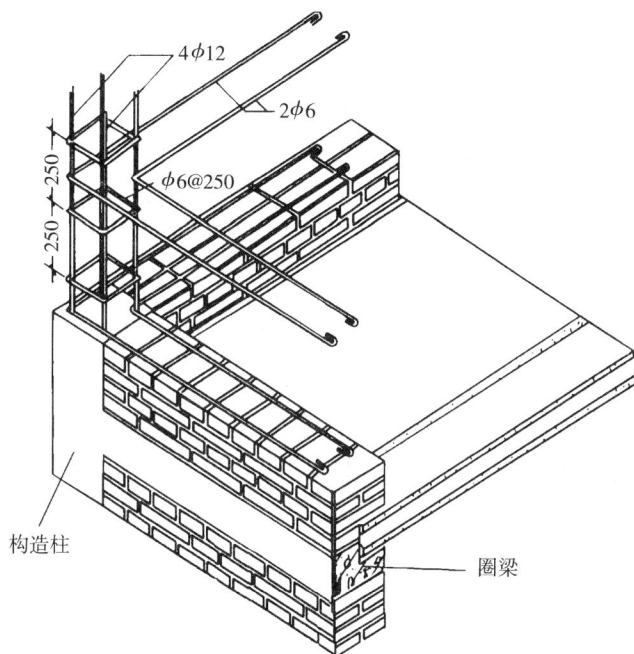

图7-18　圈梁与构造柱

六、构造柱

构造柱的作用是与圈梁一起形成封闭骨架，提高砌体结构的抗震能力。

1.构造柱的加设原则

构造柱一般加设在三个位置上，即外墙转角处、内外墙交接处及楼梯间的四个墙角处，详见表7-7。

构造柱加设原则　　　　　　　　　　　　表7-7

房 屋 层 数				各种层数和烈度均应设置的部位	随层数或烈度变化而增设的部位
6度	7度	8度	9度		
四、五	三、四	二、三		外墙四角，错层部位横墙与外纵墙交接处，较大洞口两侧，大房间内墙交接处	7~9度时，楼、电梯间的横墙与外墙交接处
六、七、八	五、六	四	二		隔开间横墙（轴线）与外墙交接处，山墙与内纵墙交接处，7~9度时，楼、电梯间横墙与外墙交接处
	七	五、六	三、四		内墙与外墙交接处，内墙局部较小墙垛处，7~9度时，楼、电梯间横墙与外墙交接处，9度时，内纵墙与横墙（轴线）交接处

2.构造柱的主要数据

构造柱的最小断面为 240mm × 180mm。构造柱的最小配筋量是：主筋 4ϕ12、

箍筋 $\phi6@250$mm。

3.构造柱的构造要点

（1）施工时，应先放构造柱的钢筋骨架，再砌砖墙，最后浇筑混凝土，这样做的好处是结合牢固，节省模板。

（2）构造柱两侧的墙体应做到"五进五出"，即每300mm高伸出60mm，每300mm高再收回60mm。

（3）构造柱的下部应伸入地梁内，无地梁时应伸入室外地坪下500mm处，构造柱的上部应伸入顶层圈梁，以形成封闭的骨架。

（4）为加强构造柱与墙体的连接，应沿柱高每8皮砖（相当于500mm）放 $2\phi6$ 钢筋，且每边伸入墙内不少于1m。

（5）每层楼面的上下和地梁上部的各500mm处为箍筋加密区，其间距加密至100mm。

构造柱见图7-18。

七、檐部

檐部做法与屋面部分的构造内容相联系，这里只对屋面檐部做粗略的介绍。

1.挑檐板

挑檐板的做法有预制钢筋混凝土板和现浇钢筋混凝土板两种。挑出尺寸不宜过大，一般以500mm左右为宜。

2.女儿墙

女儿墙是墙身在屋面以上的延伸部分，其厚度可以与下部墙身一致，也可以适当减薄。女儿墙的高度取决于屋面是否上人，上人屋面的女儿墙高度应不小于1300mm。

第四节　隔墙构造

隔墙是分隔室内空间的非承重构件。在现代建筑中，为了提高平面布局的灵活性，大量采用隔墙以适应建筑功能的变化。由于隔墙不承受任何外来荷载，且本身的重量还要由楼板或小梁来承受，因此应满足下列要求：

（1）自重轻，有利于减轻建筑的荷载。

（2）厚度薄，增加建筑的有效使用空间。

（3）便于拆卸，能随使用要求的改变而变化。

（4）有一定的隔声能力，使各使用房间互不干扰。

（5）根据不同房间的使用特点，满足某些特殊的要求，如卫生间的隔墙要求防水、防潮，厨房的隔墙要求防潮、防火等。

隔墙的类型很多，按构造方式可分为轻骨架隔墙、块材隔墙、板材隔墙三大类。

一、块材隔墙

块材隔墙是用普通砖、空心砖、加气混凝土等块材砌筑而成的隔墙。常用的有普通砖隔墙和砌块隔墙。

1. 普通砖隔墙

普通砖隔墙有半砖（120mm 厚）和 1/4 砖（60mm 厚）两种。

半砖隔墙用普通砖顺砌，砌筑砂浆宜大于 M2.5。在墙体高度超过 5m 时应加固，一般沿高度每隔 0.5m 砌入 $\phi4$ 钢筋 2 根，或每隔 1.2~1.5m 设一道 30~50mm 厚的水泥砂浆层，内放 2 根 $\phi6$ 钢筋。顶部与楼板相接处用立砖斜砌，填塞墙与楼板间的空隙。隔墙上有门时，要预埋铁件或将带有木楔的混凝土预制块砌入隔墙中以固定门框。半砖隔墙，坚固耐久，有一定的隔声能力（约 45dB），但隔墙的自重大（需设小梁支撑），湿作业多，施工麻烦。

1/4 砖隔墙是由普通砖侧砌而成，由于厚度较薄、稳定性差，对砌筑砂浆强度要求较高，一般不低于 M5。隔墙的高度和长度不宜过大，且常用于不设门窗洞的部位，如厨房与卫生间之间的隔墙。若面积大又需开设门窗洞时，须采取加固措施，常用方法是在高度方向每隔 500mm 砌入 $\phi4$ 钢筋 2 根，或在水平方向每隔 1200mm 立 C20 细石混凝土柱 1 根，并沿垂直方向每隔 7 皮砖砌入 $\phi6$ 钢筋 1 根，使之与两端墙连接。

2. 砌块隔墙

为了减少隔墙的重量，可采用质轻块大的各种砌块，目前最常用的是加气混凝土块、粉煤灰硅酸盐砌块、水泥炉渣空心砖等砌筑的隔墙。隔墙厚度由砌块尺寸而定，一般为 90~120mm。砌块大多具有质轻、孔隙率大、隔热性能好等优点，但其吸水性强，因此，砌筑时应在墙下先砌 3~5 皮黏土砖。

砌块隔墙厚度较薄，也需采取加强稳定性的措施，其方法与砖隔墙类似，见图 7-19。

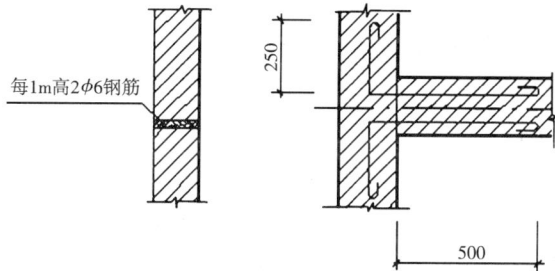

图7-19　砌块隔墙的稳定措施

二、轻骨架隔墙（立筋式隔墙）

轻骨架隔墙由骨架和面层两部分组成，由于是先立墙筋（骨架）后再做面层，故又称为立筋式隔墙。

1. 骨架

常用的骨架有木骨架和型钢骨架两种。近年来，为节约木材和钢材，出现了不少采用工业废料和地方材料及轻金属制成的骨架，如石棉水泥骨架、浇筑石膏骨架、水泥刨花骨架、轻钢和铝合金骨架等。

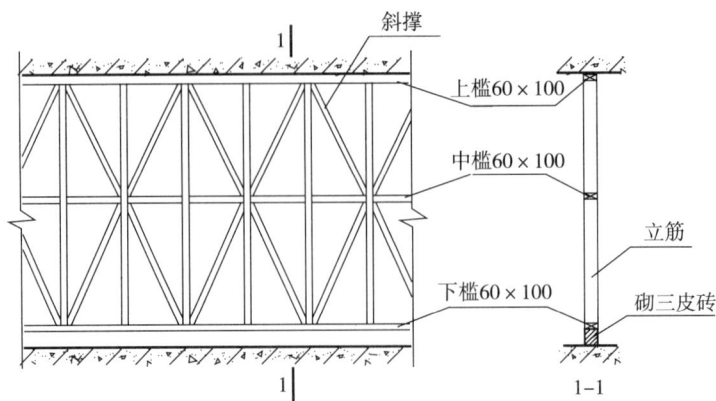

图7-20　木骨架立筋隔墙的骨架图

木骨架由上槛、下槛、墙筋、斜撑及横档组成，上、下槛及墙筋断面尺寸为45~50mm×70~100mm，斜撑的断面相同或略小些，墙筋的间距设置应考虑面层材料的尺寸，以减少面层材料的浪费，常为400mm。图7-20为木骨架的构造图。

轻钢骨架是由各种形式的薄壁型钢制成，其主要优点是强度高、刚度大、自重轻、整体性好、易于加工和大批量生产，还可根据需要拆卸和组装。常用的薄壁型钢有0.8~1mm厚槽钢和工字钢。

2. 面层

轻钢骨架隔墙的面层有抹灰面层和人造板材面层。抹灰面层常用木骨架，形成传统的板条灰隔墙。人造板材面层可用木骨架或轻钢骨架。隔墙的名称以面层材料而定。

（1）板条抹灰面层

板条抹灰面层是在木骨架上钉灰板条，然后抹灰，灰板条尺寸一般为1200mm×24mm×6mm。目前，使用较多的是钢丝网或钢板网抹灰面层。

（2）人造板材面层

人造板材面层轻钢骨架隔墙的面板多为人造面板，如胶合板、纤维板、石膏板等。胶合板是用阔叶树或松木经旋切、胶合等多种工序制成的。

石膏板是用一、二级建筑石膏加入适量纤维、胶粘剂、发泡剂等经辊压等工序制成。我国生产的石膏板常见规格为1800mm×900mm×9.5mm，2100mm×1200mm×12mm。

胶合板、硬质纤维板等以木材为原料的板材多用木骨架，石膏面板多用轻钢骨架。

人造板在骨架上的固定方法分为钉、粘、卡三种。采用轻钢骨架时，往往用骨架上的舌片或特制的夹具将面板卡到轻钢骨架上。这种做法简便、迅速，有利于隔墙的组装和拆卸。

轻钢骨架隔墙普遍具有防火性能与隔声性能差的问题，工程中常用轻钢骨架和石膏板面层来提高防火性能，用内外双层石膏板面层提高隔声性能，如图7-21所示。

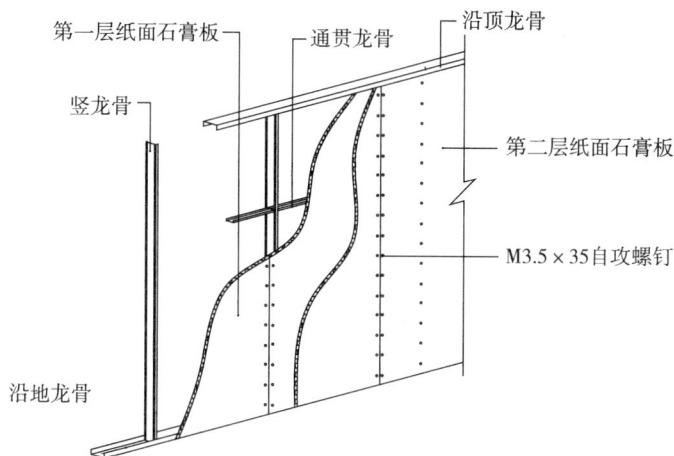

图7-21　双层石膏板隔墙

三、板材隔墙

板材隔墙是指单板高度相当于房间净高，由于板材的面积较大，且不依赖骨架，可以直接装配成隔墙。目前，采用的大多为条板，如加气混凝土条板、石膏条板、碳化石灰板、蜂窝纸板、水泥刨花板等。

1. 加气混凝土条板隔墙

加气混凝土由水泥、石灰、砂、矿渣等外加发泡剂，经过原料处理、配料浇筑、切割、蒸压养护的工序制成，干重度 5~7kN / m^2，抗压强度 300~500N / cm^2。

加气混凝土条板具有自重轻、节省水泥、运输方便、施工简单、可锯、可刨、可钉等优点，但加气混凝土吸水性大、耐腐蚀性差、强度较低，运输、施工过程中易损坏，不宜用于高温、高湿或有化学及有害空气介质的建筑中。

加气混凝土条板规格为长 2700~3000mm，宽 600~800mm，厚 80~100mm。隔墙板之间用水玻璃砂浆或 108 胶砂浆粘结。水玻璃砂浆的配合比是水玻璃：磨细矿砂：细砂 = 1：1：2；108 胶砂浆的配合比是 108 胶：珍珠岩粉：水 = 100：15：2.5。条板安装一般是在地面上用一对对口木楔在板底上将板契紧（图7-22）。

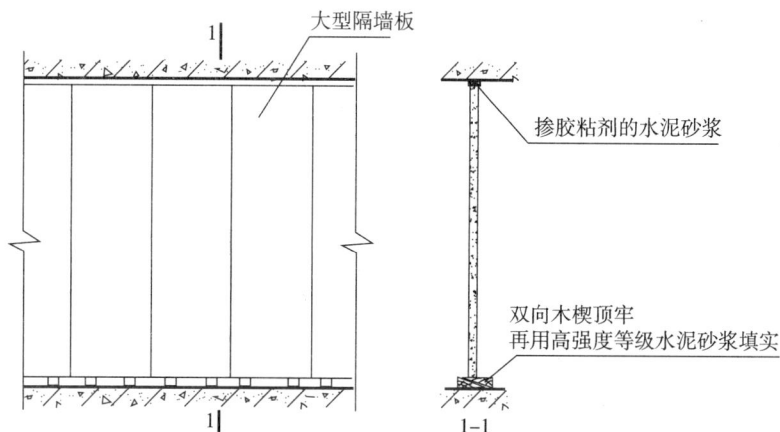

图7-22　板材隔墙

2. 碳化石灰板隔墙

碳化石灰板是以磨细的生石灰为主要原料，掺 3% ~4%（重量比）的短玻璃纤维加水搅拌，振动成型，再利用石灰窑的废气碳化而成的空心板。一般的碳化石灰板的规格为长 2700~3000mm，宽 500~800mm，厚 90~120mm。板的安装方法同加气混凝土条板隔墙。

碳化石灰板隔墙可做成单层或双层，板厚 90mm 或 120mm，隔墙的平均隔声量 33.9dB。若做成夹 60mm 宽空气间层的双层板隔墙，平均隔声量可提高到 48.3dB，适用于隔声要求较高的房间。

3. 增强石膏空心板

增强石膏空心板分为普通条板、钢木窗框条板及防水条板三种，在建筑中按各种功能要求配套使用。石膏空心板规格为宽 600mm、厚 60mm、长 2400~3000mm，9 个孔，孔径 38mm，空隙率 28%，能满足防火、隔声及抗撞击的能力。

4. 复合板隔墙

用几种材料制成的多层板为复合板。复合板的面层有石棉水泥板、石膏板、铝板、树脂板、硬质纤维板、压型钢板等。夹心材料可用矿棉、木质纤维、泡沫塑料和蜂窝状材料等。

复合板充分利用了材料的性能，大多具有强度高，耐火性、防水性、隔声性好的优点，且安装、拆卸简便，有利于建筑工业化的发展。

5. 泰柏板

泰柏板是由 $\Phi2$ 低碳冷拔镀锌钢丝焊接成三维空间网笼，中间填充聚苯乙烯泡沫塑料构成的轻质板材。

泰柏板厚约 70mm、宽 1200~1400mm、长 2100~4000mm，它自重轻（3.9kg / m²，双面抹灰后重 84kg / m²）、强度高（轴向抗压允许荷载不小于 73kN / m²、横向抗折允许荷载不小于 2.0kN / m²），保温、隔热性能好，具有一定的隔声能力和防火性能（耐火极限为 1.22h），故广泛用于工业与民用建筑的内隔墙，见图 7-23。

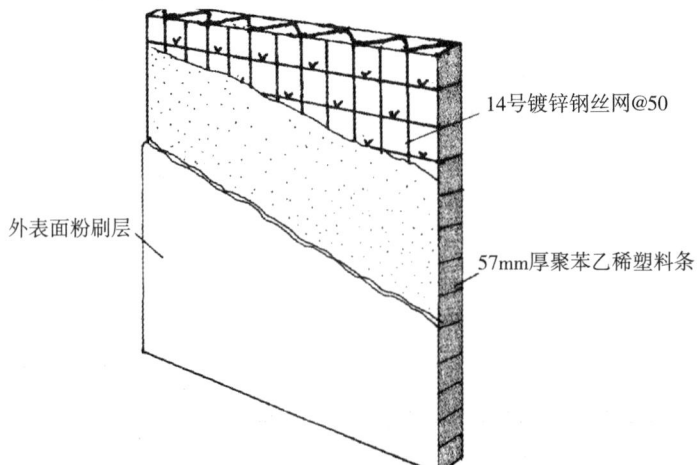

图7-23 泰柏板隔墙

第五节　墙面装修

一、墙面装修的作用

墙面装修的作用有下列几个方面：

1. 保护墙体

由于墙体材料中通常存在着大量微小孔隙，施工时也会留下许多缝隙，致使墙体的吸水性增大。在雨水的长期作用下，墙体强度会有所降低，同时，潮湿还会加速墙体表面的风化作用，影响墙体的耐久性。为此，对墙面进行装修处理，可以保护墙身，增强墙体的坚固性、耐久性。

2. 改善墙体的使用功能

墙体中的孔隙不仅影响墙身的耐久性，而且会增加墙体的透气性，这对墙体的热工性能和隔声性能都不利。同时，粗糙的墙面难以清洁，也会降低墙面的反光能力，对室内采光有不利影响。因此，对墙面进行装修处理，利用装修材料堵塞孔隙，会大大提高墙体的保温、隔热和隔声的能力，而且平整、光滑、色浅的内墙装修，可以增加光线的反射，提高室内的照度，改善室内的卫生条件。此外，根据室内的使用要求，利用建筑吸声材料或反射材料对室内墙面进行装修，可以产生对声音的吸收或反射，取得改善室内音质的效果。

3. 美化环境，提高建筑的艺术效果

在建筑物的外观设计中，与形体比例、墙面划分、虚实对比等体形的处理一样，利用墙面装修处理，是来增强建筑立面艺术效果的一种重要手段。

二、墙面装修的分类

1. 按装修所处部位的不同，可分为室外装修和室内装修两类。室外装修用于外墙外表面，由于外墙经常受到风、雨、雪等的袭击和腐蚀气体的影响，故外装修要求采用强度高、抗冻性能好、耐水性好以及具有抗腐蚀性的建筑材料。

室内装修用于建筑的内墙表面或外墙的内表面。由于环境条件不同及室内的使用要求不同，装修材料应综合考虑使用功能、经济条件及装饰效果等多方面的因素来决定。

2. 按施工方式不同，常见的墙面装修可分为抹灰类、贴面类、涂刷类、裱糊类和铺钉类这五类。

三、墙面装修构造

1. 抹灰类墙面装修

抹灰又称粉刷，是将砂浆或石渣浆抹到墙面上的一种操作工艺，属湿作业范畴，是一种传统的墙面装修。其主要优点在于材料来源广、施工操作简便、造价低廉。其缺点是饰面的耐久性低，易开裂，且多系手工操作，工效较低。

墙面抹灰的厚度：外墙一般为 20~25mm，内墙为 15~20mm。由于砂浆或石渣

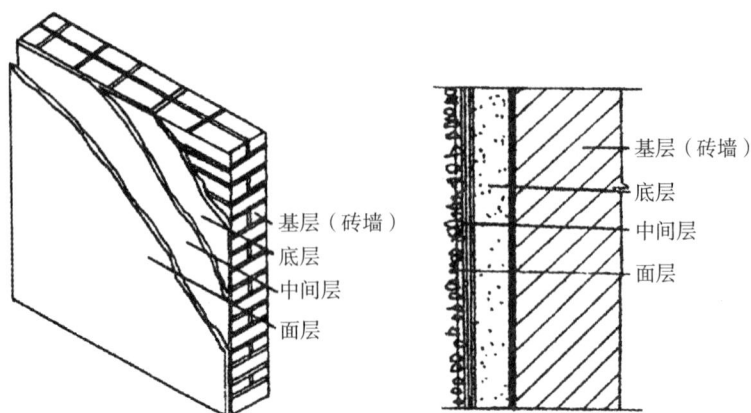

图7-24 墙面的分层抹灰

浆在硬化过程中随着水分的蒸发，体积会收缩，当抹灰层厚度过大时，会由于体积收缩过大而产生裂缝，或因其与基层附着不牢而致脱落，质量不能保证。为避免出现裂缝并使抹灰与基层粘结牢固，墙面抹灰层不宜做得太厚，需要采取分层施工的做法。同时，采用分层的构造做法也有利于节约材料，因为面层材料要比底层材料细腻、质优，若底层、面层一次性完成施工，则底层和面层材料都要采用细腻、质优的同一种材料，这将导致质优材料的浪费。采用分层的构造做法，对面层可根据装修的质量要求选择质量较好、价格较高的面层材料，从而节约了装饰工程的成本。图 7-24 是分层抹灰示意图。

普通标准的装修，抹灰由底层和面层组成。底层抹灰具有使装修层与墙体粘牢和初步找平的作用，故又称找平层或打底层，对普通砖墙，常采用石灰浆或混合砂浆打底，而对混凝土墙体或有防潮、防水要求的墙体，则需采用混合砂浆或水泥砂浆打底。为了防止砂浆干燥后收缩开裂，可在打底砂浆中掺入适量的麻刀或玻璃纤维，以起拉结作用。

墙面抹灰的面层又称为罩面，对墙体的使用质量和美观起重要作用。面层要求表面平整、无裂痕、颜色均匀。面层抹灰按所处部位和装修质量要求的不同有砂浆罩面或石渣浆罩面等多种。

在一些标准较高的抹灰装修中，除底层和面层外，还设有若干中间层。中间层的作用是进一步找平和减少底层砂浆干缩对面层的不利影响，起到防止面层开裂的作用。中间层所用材料、厚度及层数依装修要求而定。根据面层材料的不同，常见的抹灰装修构造见表 7-8 所示。

常见的抹灰装修构造做法　　　　　　　　表7-8

抹灰名称	构造及材料配合比	主要特点及操作要点	备　注
混合砂浆抹灰	15mm厚1:1:6（水泥：石灰膏：砂）混合砂浆打底，5~10mm厚1:1:6（水泥:石灰膏:砂）混合砂浆抹面	多用作外墙抹灰。南方地区多用浅色砂作骨料，呈银灰色，以反射太阳辐射热。北方地区冬季结冰，表面常出现剥落现象，使用较少。施工时，面层应用木板抹光	内、外墙均可使用

抹灰名称	构造及材料配合比	主要特点及操作要点	备 注
水泥砂浆抹灰	15mm厚1:3水泥砂浆打底，10mm厚1:2（或1:2.5）水泥砂浆抹面	具有结构致密和防潮、防水性能，故多用作室外勒脚、窗台、阳台、雨篷以及室内厨房、卫生间、淋浴房等潮湿房间的墙裙抹灰。施工时表面应用铁板抹光	多用于内外墙潮湿的部位
水刷石饰面	15mm厚1:3水泥砂浆打底，10mm厚1:1.2~1:1.4水泥石渣抹面	材料质感粗糙，耐久性好，装饰效果佳。施工时面层用铁板压平，待至七成干燥时，用棕刷子沾水洗去表面的水泥浆，使石渣外露1/3左右	在白水泥中加入5%的颜料，可做彩色水刷石
干粘石、喷粘石饰面	10mm厚1:3水泥砂浆打底，7~8mm厚1:0.5:2的混合砂浆加5%的108胶粘结彩色石渣面层	干粘石的装饰效果与水刷石相似，但可节约水泥约30%~40%，节约石渣50%，工效提高30%左右。混合砂浆中加入108胶能提高砂浆的粘结力和抗冻性能	主要用作外墙装修
水磨石饰面	15mm厚1:3水泥砂浆打底，10mm厚1:1.5水泥石渣粉面、磨光	表面光洁、耐磨、易清洁。操作时对表面进行粗磨、细磨，并用草酸溶液洗净、打蜡	多用于内墙防水部位
纸筋、麻刀灰饰面	构造1:12mm厚1:2石灰砂浆打底，3mm厚纸筋石灰粉面；构造2:17mm厚1:2.5加1%麻刀石灰砂浆打底，3mm厚纸筋（麻刀）灰粉面	表面平滑细腻，易开裂，在灰浆中加入纸筋或麻刀，有利于提高灰浆的抗拉强度，使其不易开裂、脱落，厚度不宜太厚	多用于室内装修

在墙面抹灰装饰中，为预防墙体阳角部位或柱子的转角处被物体碰撞而损坏抹灰层，常在这些部位抹以高 1.5m 的 1:2 水泥砂浆，俗称水泥砂浆护角（图 7-25）。

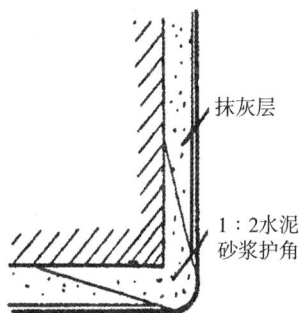

图7-25 抹灰护角

2. 贴面类墙面装修

贴面类装修主要指采用各种人造板和天然石板粘贴于墙面的一种饰面装修。这类装修具有耐久性强、施工简便、工期短、质量高且装饰效果好等特点。常见的贴面材料有陶瓷砖、陶瓷锦砖及玻璃锦砖（又称马赛克）等制品，预制水刷石、水磨石板等以及花岗石、大理石等天然石板。其中质感细腻的瓷砖、大理石板等常用于室内装修，质感粗放的外墙砖、花岗石板等多用室外装修。

（1）陶瓷砖、锦砖贴面

陶瓷砖乃以陶土或瓷土为原料，经粉碎加工、成型、煅烧等过程而制成。它是外墙面砖、地砖与瓷砖的总称。

外墙面砖有釉面砖（又称彩釉砖）和无釉面砖两种。彩釉面砖色彩艳丽，装饰性强，有白、棕、咖啡、黑、天蓝、绿和黄等颜色，具有强度高、表面光滑、美观耐用、吸水率低等特点。无釉砖有棕色、天蓝色、绿色和黄色。无釉砖是国内外流行的装饰材料，它柔和莹润，华丽高雅，材质表里一致，质地坚固耐磨，且耐酸、耐碱、防冻、不打滑，其外观与质地均具天然花岗石的效果，是现代化建筑装饰的理想材料。墙面砖的规格尺寸有不断增大的趋势。

墙面砖的构造见图7-26，先在墙体基层上以15mm厚1:3水泥砂浆打底，再刷5mm厚1:1水泥砂浆粘结层，然后粘贴面砖。

瓷砖是一种表面挂釉的薄板状的精瓷制品，釉面有白色和其他各种颜色，有的绘有各种花纹图案，其规格有200mm×300mm×（5~6mm）、300mm×400mm×（5~6mm）等，并有各种配套的边角制品。瓷砖颜色稳定，表面光洁美观，吸水率低，易于清洗，故多用作厨房、卫生间等处墙裙或卫生要求较高的房间墙面装修。

瓷砖墙面装修亦采用15mm厚1:3水泥砂浆打底，以8~10mm厚1:0.3:3水泥石灰膏砂浆作粘结层，亦可用3mm厚内掺6%~10%108胶的白水泥浆作粘结层，外贴瓷砖（图7-26）。

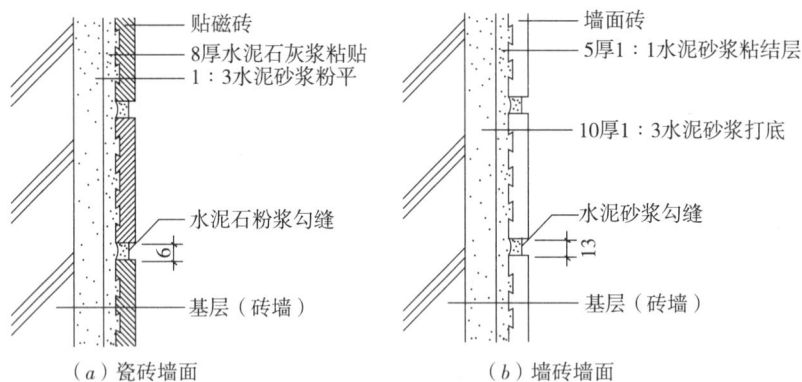

（a）瓷砖墙面　　　　　　　（b）墙砖墙面

图7-26　瓷砖与墙砖贴面

陶瓷锦砖是各种颜色、多种几何形状的小瓷片，在生产时铺贴在牛皮纸上形成色彩丰富、图案繁多的装饰砖，故简称锦砖，又称纸皮砖，能拼出各种图案，见图7-27。

锦砖原本用于室内楼、地面层装修，因其图案丰富、色泽稳定，加之耐污染、易清洗，20世纪60年代以来，我国已广泛应用于外墙饰面，获得了较好的装修效果。

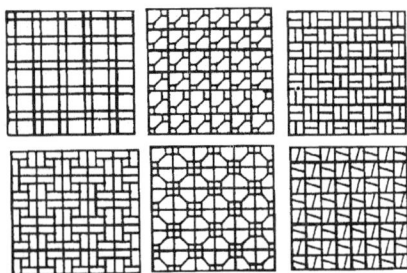

图7-27　陶瓷锦砖图案组合

锦砖饰面构造与粘贴外墙砖相似。所不同的是，锦砖粘贴前先在牛皮纸反面每块瓷片间的缝隙中抹以白水泥浆（加5%108胶），然后将整块纸皮砖粘贴在粘结层上，用手或木板反复挤压，使其粘牢，待水泥浆润湿整块牛皮纸后，轻轻揭去牛皮纸即可。

玻璃锦砖又称玻璃马赛克，是半透明的玻璃质饰面材料。与陶瓷锦砖一样，生产时就将小玻璃瓷片铺贴在牛皮纸上。它质地坚硬，色调柔和典雅，性能稳定，具有耐热、耐寒、耐腐蚀、不龟裂、表面光滑、经雨自涤、不褪色、自重轻等优点，且背面带有凸棱线条，四周呈斜角面，铺贴的灰缝呈楔形，可与基层粘结牢固，从使用质量、使用效果和造价等方面比较，优于陶瓷锦砖。它是

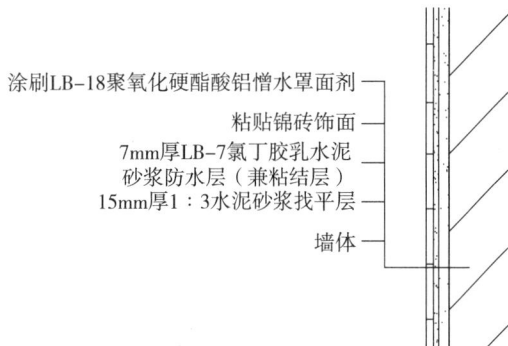

涂刷LB-18聚氧化硬酯酸铝憎水罩面剂
粘贴锦砖饰面
7mm厚LB-7氯丁胶乳水泥砂浆防水层（兼粘结层）
15mm厚1：3水泥砂浆找平层
墙体

图7-28　锦砖饰面

外墙装修中较为理想的材料之一。它有白色、咖啡色、蓝色和棕色等多种颜色，亦可组合成各种花饰。玻璃瓷片规格为 20mm×20mm ×4mm，每张纸板标准尺寸为325mm×325mm。玻璃锦砖饰面的构造和施工做法与陶瓷锦砖相同，见图 7-28。

（2）天然石材、人造石材贴面

用于墙面装修的天然石材中常见的有大理石板和花岗石板。大理石主要用于室内，花岗石主要用于室外，它们均属高级装修材料。

大理石又称云石，全国各地均有出产，其表面经磨光后，纹理雅致，色泽鲜艳，美丽如画，如杭州出产的杭灰、苏州生产的苏黑、宜兴产的宜兴咖啡、东北绿、南京红都是理想的装修材料，其中白色大理石又有汉白玉之美称。

花岗石也有不同的色彩，有黑、灰、粉红等，纹理多呈斑点状。花岗石质地坚硬，不易风化，能适应各种气候条件。根据加工方式不同，从装饰质感上可分剁斧石、蘑菇石和磨光石三种。

大理石板和花岗石板有方形和长方形两种。常见的尺寸为 600mm×600mm、600mm×800mm、800mm×1000mm 等，厚为 20mm。亦可根据使用需要，加工成所需的各种规格。

石板贴面采用挂贴相结合的"双保险"构造做法，其方法是先在墙面或柱面上设置钢筋网，然后将石板用铜丝或不锈钢丝穿过事先钻好的孔眼绑扎在钢筋网上。

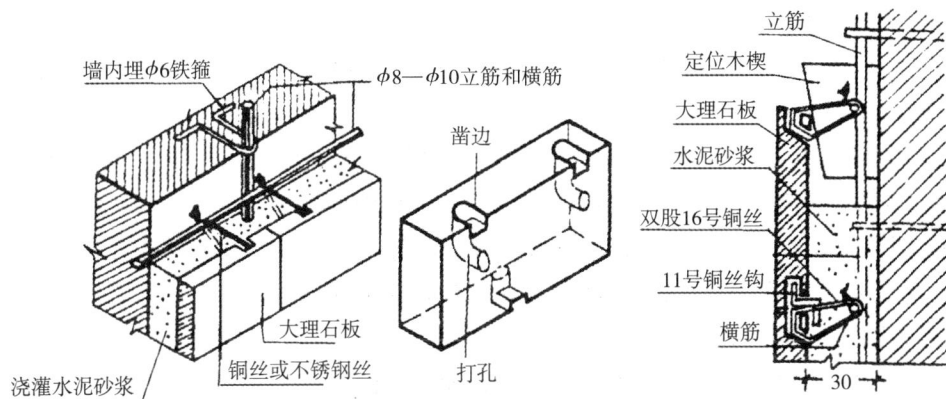

图7-29　石材墙面装饰构造

绑扎铜丝的水平钢筋，其位置与石板高度尺寸一致。当石板校正就位后，绑扎牢固，然后在石板与墙或柱间浇筑 1∶2.5 水泥砂浆，厚 30mm 左右（图7-29）。石板贴面也可采用干挂法进行施工，如图 7-30 所示。

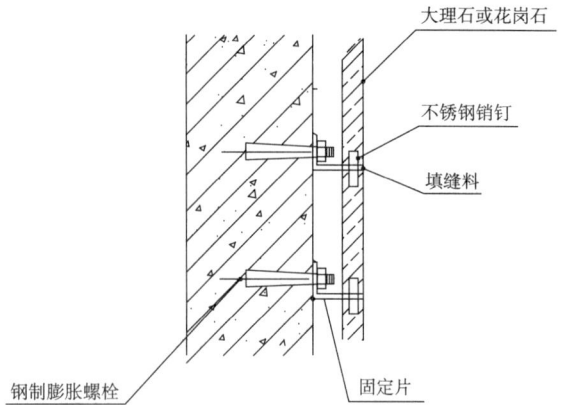

图7-30　干挂石材墙面装饰构造

人造石板常见的有人造大理石板、预制水磨石板等，其构造要求和安装程度与天然石板相同。

3. 涂料类墙面装修

涂料是指涂刷于物体表面并形成完整而牢固的保护膜的物质，这种物质对被涂物体有保护、装饰作用。

建筑涂料的品种繁多，选用建筑物的饰面涂料，应根据建筑物的使用功能、气候环境、施工条件等因素，选择装饰效果好、粘结能力强、耐久性高、对大气无污染和经济性好的材料。对于外墙涂料，要求具有足够的耐久性、耐候性、耐污染性和耐冻融性；对于内墙装修涂料，除考虑颜色、平整度、丰满度等要求外，还应考虑涂料的硬度，耐干擦和湿擦的性能。

涂料按其主要成膜物的不同，可分为无机涂料和有机涂料两大类。

（1）无机涂料

常用的无机涂料包括石灰浆涂料、大白浆涂料（又称胶白）等。随着高分子材料在建筑上的广泛应用，近年来，无机高分子涂料在不断发展，它具有资源丰富、粘结力强、经久耐用、遮盖力强等特点，是当前较为理想的内外墙装饰涂料，常用的有 JH80—1 型、JH80—2 型无机高分子涂料。

（2）有机涂料

有机合成涂料依其主要成膜物质和稀释剂的不同可分为溶剂型涂料、水溶性涂料和乳胶涂料三种类型。

常见的溶剂型涂料有苯乙烯内墙涂料，聚乙烯醇缩丁醛内、外墙涂料，过氯乙烯内墙涂料，812 建筑涂料等。

常见的水溶性涂料有聚乙烯水玻璃内墙涂料（又称 106 内墙涂料）、聚合物水泥砂浆饰面涂层、改性水玻璃内墙涂料、JGY821 内墙涂料、SI-803 内墙涂料、107 内墙涂料、801 内墙涂料以及聚合水泥色浆涂料等。

乳胶涂料又称乳胶漆，主要用作建筑装饰工程中的内墙涂料，常见的有乙—丙乳胶涂料、苯—丙乳胶涂料等。

此外，以合成树脂乳液作为胶粘剂，加入填料、颜料以及骨料等配制而成的彩色胶砂涂料，是近年来发展的一种外墙饰面材料，用以取代水刷石、干粘石之类的装修。

　　墙面涂料装修多以抹灰为基层，在其表面进行涂饰。内墙基层有纸筋灰粉面和混合砂浆抹面两种；外墙基层主要是混合砂浆抹面和水泥砂浆抹面两种。涂料涂饰可分为粉刷和喷涂两类，使用时应根据涂料的特点以及装修要求不同进行选择。

　　4. 裱糊类墙面装修

　　裱糊类装修是将各种装饰性的墙纸、墙布、织锦等卷材类的装饰材料裱糊在墙面上的一种装修饰面。国内外生产的各种新型墙纸，种类有数千种，可谓琳琅满目。目前国内使用最广的有塑料墙纸、玻璃纤维花纹布等。

　　（1）PVC（聚氯乙烯）塑料墙纸

　　塑料墙纸又称壁纸，是一种广泛流行的室内墙面装修材料。它除具有色彩艳丽、图案雅致、美观大方等艺术特征外，在使用上还具有不怕水、抗油污、耐擦洗、易清洁等优点，是较理想的室内装修材料。

　　塑料墙纸由面层和衬底层所组成，面层和底层可以剥离。面层以聚氯乙烯塑料薄膜或发泡塑料为原料，经配色、喷花等工序与衬底复合。发泡工艺有低发泡和高发泡之分，高发泡型塑料墙纸表面丰满厚实，花纹起伏凹凸，立体感强且富有弹性，装饰效果显得高雅豪华。普通塑料面层亦显图案清新，花纹美观，色彩丰富，其装饰效果也较好。

　　墙纸的底层大体分纸底与布底两类，纸底成型简单，价格低廉，但抗拉性能较差；布底则具有较好的抗拉能力，适宜于粘贴在可能出现微小裂隙的基层上，在受到撞击时不易破损，经久耐用，适合于高级宾馆客房及走廊等公共场所，但价格较高。

　　（2）纺织物类墙纸与墙布

　　常用的纺织物类墙纸有复合墙纸和无衬底的玻璃纤维墙布。

　　复合墙纸系采用多种动植物纤维以及人造纤维等作为织物面料复合于纸质衬底上制成的。它质感细腻，庄重美观，故多用于高级房间装修。

　　玻璃纤维墙布是以玻璃纤维织物为基材，经印花而成的一种装饰材料。由于纤维织物的布纹感强，经套色后的花纹装饰效果好，成型工艺简单，且具有耐水、防火性好，抗拉力强，可以擦洗，价格低廉等优点，故应用较广。其缺点是易泛色，特别当基层颜色较深时，更容易显露出来，同时，由于玻璃纤维本身系碱性材料，使用日久即呈黄色。

　　墙纸的裱贴主要是在抹灰基层上进行的，因而要求基底平整，致密干燥，不平的基层需用腻子刮平。墙纸一般采用108胶与羧甲基纤维素配制的胶粘剂来粘贴。加纤维素的作用，一是使胶具有保水性，二是便于涂刷。粘贴玻璃纤维布可采用801墙布粘合剂，它属于醋酸乙烯树脂类胶粘剂，是配套专用产品。

　　在粘贴具有对花要求的墙纸时，在裁剪尺寸上，其长度需放出100~150mm，以适应对花粘贴的需要。

第六节　墙体节能构造

建筑物的耗热量主要是由围护结构的传热损失引起的，建筑围护结构的传热损失占总耗热量的 73% ~77%。在围护结构的传热损失中，外墙约占 25% 左右，楼梯间隔墙的传热耗热量约占 15% 左右，减少墙体的传热损失能显著提高建筑的节能效果。在我国节能标准中，不仅对围护结构墙体的主体部分提出了保温隔热要求，而且对围护结构中的构造柱、圈梁等周边热桥部位提出了要求。

外墙的保温构造，按其保温层所在的位置不同分为单一保温外墙、外保温外墙、内保温外墙和夹芯保温外墙 4 种类型（图 7-31）。下面分别介绍这几类墙体的构造。

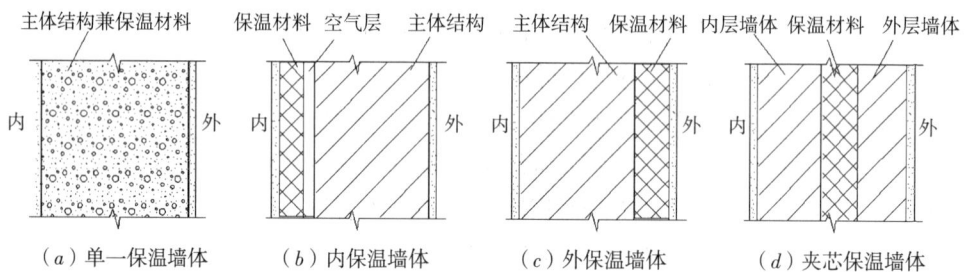

（a）单一保温墙体　　（b）内保温墙体　　（c）外保温墙体　　（d）夹芯保温墙体

图 7-31　外墙保温构造的类型

一、外墙外保温构造

1. 外墙外保温的优越性

与内保温墙体比较，外保温有下列优点：

（1）外保温能有效地避免热桥的直接贯通。在建筑围护结构中，钢筋混凝土的楼板、梁柱等是容易传递热量的部位，简称为热桥。对于内保温墙体，热桥部位不容易处理，会形成内外直接贯通的热桥，这不仅造成大量的热损失，还可能使外墙内表面潮湿、结露，甚至发生霉变，影响室内的生活环境。外保温很容易将热桥部位保护在内，避免了热桥的直接贯通，减少了热桥的传热损失。以北京地区为例，在同用 50mm 厚膨胀聚苯乙烯板保温材料的情况下，外保温的热损失比内保温减少了约 15%，提高了节能效果。

（2）外保温对提高室内温度的稳定性有利。外保温做法中，由于位于内侧的实体墙体蓄热性能好，热容量大，能蓄存更多的热量，使诸如太阳能辐射或间接采暖造成的室内温度变化减缓，使室温较稳定，生活较为舒适。

（3）外保温能有效地减少温度波动对主体的破坏。由于采用外保温，内部的砖墙或混凝土主体墙得到保护，主体墙的温度波动减小，热应力减少，能有效地减少主体墙体裂缝、变形、破损的产生，使墙体的耐久性得以加强。

（4）在旧房的节能改造中，外保温构造对居住者影响较小。在旧房的节能改造中，内侧保温施工要求住户临时搬迁或搬动家具，会产生施工扰民问题。同时，内保温还会减少室内的使用面积，外保温则可以避免这些问题发生。当外墙必须进行维修加固时，加装外保温是最经济、最适宜的。

（5）外保温有利于加快施工进度，室内装修不致破坏保温层。如果采用内保温，那么，房屋内装修、安装散热器等作业必须等待保温做好后才能进行。但采用外保温，则可以与室内工程同时作业。

2．外保温体系的构造特点

外墙外保温是指在建筑物外墙的外表面上设置保温层，外墙主体部分可以是砖石，也可以是混凝土等材料。外保温构造可用于新建的墙体，也可以用于旧建筑外墙的节能改造。保温层多选用高效的保温材料，故外保温体系能明显提高外墙的保温效果。但是，由于保温层在室外侧，故外保温构造必须能满足水密性、抗风压以及抵抗温湿度变化带来的不利影响。同时，应考虑因抵抗外界而有可能产生的外力碰撞。在工程应用中，还应处理好门窗洞口、穿墙管线、墙角处以及面层装饰等方面的问题。

采用不同的外保温体系，其材料、构造和施工工艺会有一定的差别。图 7-32 和图 7-33 是两种外保温的基本构造做法。下面介绍其主要构造特点：

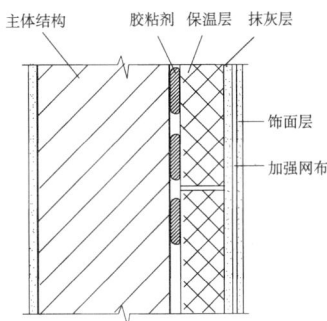

图7-32　外墙外保温基本构造一

（1）保温层

保温层是导热系数小的高效轻质保温材料层，外保温材料的导热系数通常小于 0.05W／m·K。保温层的厚度需经节能计算确定，要满足节能标准对不同地区墙体的保温要求。保温材料应具有较低的吸湿率及较好的粘结性能。常用的外保温材料有：膨胀型聚苯乙烯板（EPS）、挤塑型聚苯乙烯板（XPS）、岩面板、玻璃棉毡以及超轻保温浆料等。阻燃型膨胀型聚苯乙烯板是使用较为普遍的一种外保温材料。

（2）保温层的固定

不同的外保温体系，固定保温层的方法各不相同，有的采用粘贴的方式（图 7-32），有的采用钉固的方式，也可以采用粘贴与钉固相结合的方式（图 7-33）。

采用钉固方式时，通常采用膨胀螺栓或预埋筋等锚固件将保温层固定在基层上。国外常用不锈蚀而耐久的不锈钢、尼龙或聚丙烯等材料作锚固件。国内常用经过防锈处理的钢质膨胀螺栓作为锚固件。超轻保温浆可直接涂抹在外墙外表面上。

（3）面层

保温板的面层具有保护和装饰作用，其做法各不相同，薄面层一般为聚合物水泥胶浆抹

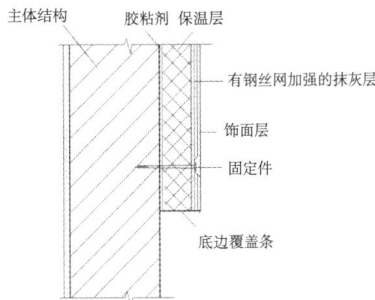

图7-33　外墙外保温基本构造二

面，厚面层则仍采用普通水泥砂浆抹面，有的则用在龙骨上吊挂板材或在水泥砂浆层上贴瓷砖覆面。

薄型抹灰面层是在保温层的外表面上涂抹聚合物水泥胶浆，施工时分为底涂层和面涂层，直接涂抹于保温层上的为底涂层，厚度一般为4~7mm，在底涂层的内部设置有玻璃纤维网格布或钢丝网等加强材料，加强材料与底涂层结合为一体，它的作用是改善抹灰层的机械强度，保证其连续性，分散面层的收缩应力与温度应力，防止面层出现裂纹。在底涂层的上面，一般还要涂抹饰面层，通常饰面层由面层涂料和罩面涂料组成。

不同的外保温体系，面层厚度有一定的差别。薄型面层的厚度一般在10mm以内，厚型面层是在保温层的外表面上涂抹水泥沙浆，厚度为25~30mm。厚型面层施工时，为防止面层材料的开裂、脱落，一般要用直径为2mm、网孔为50mm×50mm的钢丝网覆盖于聚苯板保温层上，钢丝网通过固定件与墙体基层牢固连接。

为便于在抹灰层表面上进行装修施工，加强相互之间的粘结，有时还要在抹灰面上喷涂界面剂，形成极薄的涂层，再在上面做装修层。外表面喷涂耐候性、防水性和弹性良好的涂料，使面层和保温层得到保护。

3. 外墙外保温体系

（1）纤维增强聚苯外保温饰面体系

外墙外保温饰面体系在第二次世界大战后最先由德国开发成功，以后为欧洲各国广泛使用，在节能及改善居住条件上起到了很大的作用，因而在国际上得到了公认。20世纪60年代末，美国专威特公司由欧洲引进该技术后，进一步加以完善发展，使之成为了集保温、防水与装饰于一体的"专威特外墙绝热与装饰体"，在美国受到专利保护。这种体系是最具代表性的"纤维增强外保温饰面体系"。专威特体系除具有良好的保温节能效果外，还具有防裂，抗渗性好，建筑立面造型处理和色彩处理方便等优点。我国自20世纪80年代开始研究开发类似的外墙保温饰面体系，并已在若干试点工程上采用。90年代后期，我国开始引进美国专威特公司的专利技术，形成数种各具特色的纤维增强聚苯外保温饰面体系。专威特系统墙体的基本构造见表7-9。

专威特系统墙体的基本构造 表7-9

基层墙体①	系统的基本构造				构造示意
	粘结层②	保温层③	保护层④	饰面层⑤	
钢筋混凝土墙 混凝土空心砌块墙 黏土多孔砖墙 黏土砖墙	粘结胶浆	聚苯板	抹面胶浆+ 网格布	面层涂料 （+罩面涂料）	

专威特系统中，聚苯板可以有以下三种固定方式：粘结固定方式、机械固定方

式和两者的结合。机械固定方式一般仅用于木结构建筑，或是旧有建筑的外墙有釉面砖而又无法将其清除的情况。在美国采用专威特系统的建筑中，绝大部分仅采用粘结方式固定聚苯板。

在工程实践中，外墙外保温出现开裂情况，其中一个重要的原因是聚苯板的使用不当。采用的聚苯板的容重不合理，生产后的养护天数不够等原因，都会引起系统的开裂。严格控制聚苯板的技术性能，是保证系统质量的关键。表7-10是聚苯板的主要技术指标。

聚苯板的主要技术指标   表7-10

项　　目		单　　位	指　　标
密度	最小	kg / m³	≥18.0
	最大	kg / m³	≤20.0
导热系数		W / m·K	≤0.041
水蒸气渗透系数		g / m²·h·Pa	≤1.030×10^{-3}
抗压强度		kPa	≥69
抗拉强度		kPa	≥103
抗弯强度		kPa	≥172
板长×宽		mm	≤1200×600
养护天数	自然养护	d	≥42
	蒸汽养护	d（60°恒温）	≥5

在聚苯板外侧涂抹专用抹面胶浆、玻璃纤维网格及专用面层涂料和专用罩面涂料，这些材料品种很多，可用于不同的外墙基层墙体，取得不同的外墙颜色和纹理效果。

专威特体系聚苯板排布形式可见图7-34。

（2）BT型外保温板

BT型外保温板是以普通水泥砂浆为基材，以镀锌钢丝网及钢筋为增强材，在制作过程中与聚苯板复合而成的单面型预制保温板材。

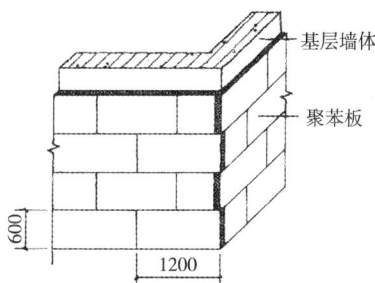

图7-34　聚苯板排布示意图

BT型外保温板的基本构造见图7-35，它采用以普通水泥砂浆为基材并以镀锌钢丝网和钢筋加强的小板块预制盒形刚性骨架结构（一般尺寸为600mm×600mm×65mm），内部填有保温材料。图中1为一矩形盒槽（由镀锌钢丝网、水泥砂浆制成），3为一封闭的矩形内框，两者之间借助若干个小圆柱2相连，4为内框下的盒槽内填充的聚苯板保温材料，5为在内框的外侧复合一个伸出盒槽端面外的矩形密封保温条，6为预埋的金属挂钩，实现与外墙体牢固可靠的双重连接（胶粘接和机械栓接），7为内框内侧的空气层，A为外装饰面，B为与墙体的连接面。

由于 BT 型外保温板是小板块预制件，在生产制作过程中可得到充分养护，故从根本上避免了那种整体式围护层因大面积抹灰造成的易裂、易渗问题。预制件重约 10kg，便于上墙安装，避免了大面积湿作业和施工难的弊病。

（3）水泥聚苯外保温板

水泥聚苯外保温板是以废旧聚苯乙烯泡沫塑料板破碎后的颗粒为骨料，以普通硅酸盐水泥为胶粘料，外加预先制备的泡沫，经搅拌后浇筑成型的。水泥聚苯板外保温墙体构造见图 7-36。

水泥聚苯板外保温板常见规格：长 900mm，宽 600mm，厚 60~80mm，容重为 $300 \pm 20 kg/m^3$。

在安装施工中，水泥聚苯板常用 EC-6 胶粘剂砂浆与外墙面粘结，粘结面积不小于板面的 60%，首层不小于 80%，胶粘剂砂浆厚度为 10mm。墙面满贴好保温板之后，用 EC-1 胶泥为胶粘剂在保温板面满贴一层耐碱细格玻纤网布，网布表面干燥后便可作罩面层。

（4）GRC 外保温板

GRC（即 Glassfiber Reinforced Cement 的缩写）的全名是"玻璃纤维增强低碱度水泥"，用这种材料作面层与高效保温材料预制复合而成的外墙外保温板称为"GRC 外保温板"。这种板有单面板与双面板之分，将保温材料置于 GRC 槽形板内的是单面板，而将保温材料夹在上下两层 GRC 板中间的是双面板。GRC 外保温板长为 550~900mm，宽为 450~600mm。聚苯板厚 30~40mm，GRC 面层厚 10mm。用 GRC 外保温板与主墙体复合组成的外保温复合墙体构造有紧密结合型和空气隔离型两种，其构造见图 7-37 所示。

（5）ZL 聚苯颗粒复合硅酸盐保温材料

ZL 聚苯颗粒复合硅酸盐外保温构造由保温层和抗裂罩面层组成。保温层由复合

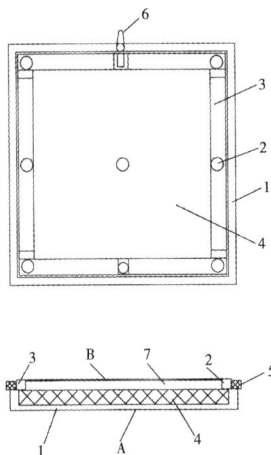

图7-35 BT型外保温板基本构造

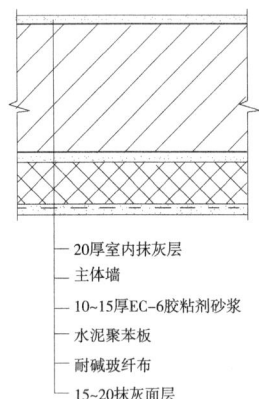

- 20厚室内抹灰层
- 主体墙
- 10~15厚EC-6胶粘剂砂浆
- 水泥聚苯板
- 耐碱玻纤布
- 15~20抹灰面层

图7-36 水泥聚苯板外保温墙体构造

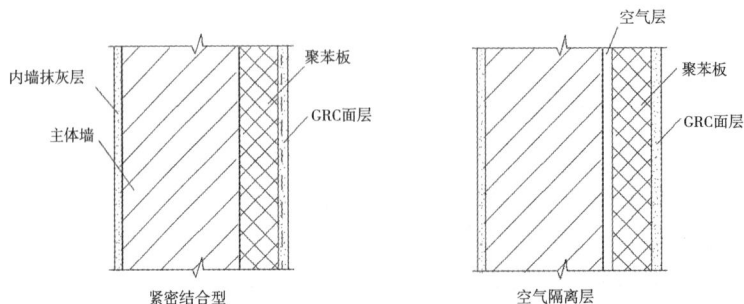

内墙抹灰层　　主体墙　　　聚苯板　　GRC面层　　紧密结合型

空气层　　聚苯板　　GRC面层　　空气隔离层

图7-37 单面GRC外保温板复合墙体构造

硅酸盐胶粉料与聚苯颗粒轻骨料两部分组成。复合硅酸盐胶粉料采用预混合干拌技术，在工厂将复合硅酸盐胶凝材料与各种外加剂均混包装，将回收的废聚苯板粉碎均混按袋分装，使用时将一包净重 35kg 的胶粉与水按 1：1 的比例在砂浆搅拌机中搅成胶浆，然后再将 200L（约 2.5kg）一袋的聚苯颗粒加入搅拌机中，3 分钟后可形成塑性很好的膏状浆料。将该浆料喷抹于墙体上，干燥后便形成了保温性能优良的保温层。

抗裂罩面层由水泥抗裂砂浆复合玻纤网布组成。这种弹性的水泥砂浆有很好的弯曲变形能力，弹性水泥砂浆复合耐碱玻纤网布能够承受基层产生的变形应力，增强了罩面层的抗裂能力。

（6）挤塑聚苯乙烯板保温隔热材料

挤塑聚苯乙烯泡沫保温隔热板是一种先进的硬质板材，它不仅具有导热系数低、质量轻、强度高的优点，还具有优越的抗湿性能。挤塑聚苯乙烯保温隔热材料具有微细闭孔蜂窝状的内部结构，使其能长期在高湿环境中使用而不影响保温隔热的性能。

挤塑聚苯乙烯泡沫保温隔热板常见厚度有 25mm、40mm、50mm、75mm，长度为 2450mm，宽度为 600mm。

二、外墙内保温构造

1. 外墙内保温构造的特点

外墙内保温由主体结构与保温结构两部分组成，主体结构一般为砖砌体、混凝土墙等承重墙体，也可以是非承重的空心砌块或加气混凝土墙体。保温结构由保温板和空气层组成，空气层的作用既能防止保温材料变潮，也能提高墙体的保温能力。

外墙内保温大多采用干作业施工，使保温材料避免了施工水分的入侵而变潮。对于冬季采暖的房间，外墙的内外两侧存在着温度差，在墙体内外两侧形成了水蒸气的分压力差，水蒸气逐渐由室内通过外墙向室外扩散。由于主体结构墙的蒸汽渗透性能远低于保温结构，因此，水蒸气不容易穿过主体结构墙，处理不好往往会在保温层中产生水蒸气的凝结水，影响保温性能。通常的处理方法是在保温层靠室内的一侧加设隔汽层，让水蒸气不要进入保温层内部。但这种方法也同时影响了墙体内部的水蒸气向室内空间的排出，不利用墙体的干燥和室内湿度的调节。因此，在内保温复合墙体中，也可以不采用在保温层靠近室内一侧设隔汽层的办法，而是在保温层与主体结构之间加设一个空气间层。该方法的优点是防潮可靠，并且还能解决传统的隔汽层在春、夏、秋三季难以将内部湿气排向室内的问题，同时空气层还提高了墙体的保温能力（图 7-38）。

内保温复合外墙在构造中存在一些保温上的薄弱部位，对这些地方必须加强保温措施。常见的部位有：

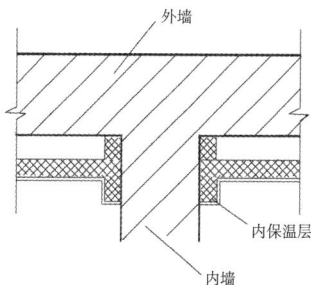

图7-38　内外墙交接处保温处理

（1）内外墙交接处：内外墙交接处是保温的薄弱部位，处理不好容易出现结露现象。处理的办法是将保温层拐入内墙一定距离，对接近外墙的一段内墙也进行保温处理（图7-38）。

（2）外墙转角部位：转角部位墙体的内表面温度较其他部位低很多，必须要加强保温处理。

（3）保温结构中龙骨部位：龙骨一般设置在板缝处，龙骨处理不好容易形成"热桥"，降低了保温结构的保温隔热性能。以石膏板为面层的现场拼装的保温板应采用聚苯石膏复合保温龙骨，以降低该部位的传热。

2. 外墙内保温板构造

（1）GRC内保温板

GRC内保温板又称为玻璃纤维增强水泥聚苯复合保温板，它是以GRC为面层，以聚苯乙烯泡沫塑料板为板芯层的夹心式复合保温板。

GRC外墙内保温板重量轻，防水，防火性能好，具有较高的抗折与抗冲击能力和很好的保温性能。常见的GRC内保温板的尺寸为：长2400~2700mm，宽595mm，板厚有50mm和60mm两种。

（2）玻纤增强石膏外墙内保温板

玻纤增强石膏外墙内保温板又称增强石膏聚苯复合板，它是一种以玻纤增强石膏为面层，以聚苯乙烯泡沫塑料板为夹芯层的保温板材。该板适用于黏土砖外墙或钢筋混凝土外墙的内侧。因其防水性能较差，不宜在厨房、卫生间等处使用。

玻纤增强石膏外墙内保温板的板长为2400~2700mm，板宽为595mm，板厚有50mm和60mm两种，分别适用于240mm厚的黏土砖墙和200mm厚的混凝土墙。

（3）P-GRC外墙内保温板

P-GRC外墙内保温板又称为玻璃纤维增强聚合物水泥聚苯乙烯复合外墙内保温板，该板由聚合物乳液、水泥、砂子配制成的砂浆做面层，用耐碱玻纤网格布作增强材料，用自熄性聚苯乙烯泡沫塑料板做夹芯层。施工时，聚合物水泥聚苯板用胶粘剂与墙面粘结。

第八章　楼地层构造

第一节　楼地层的组成、设计要求与分类

楼地层包括楼板层和地坪层,它们是分隔房屋空间的水平承重构件,楼板层分隔上下楼层空间,地坪层直接与土壤相连。由于它们均是供人们在上面活动的,因而有相同的面层构造方法。但由于它们所处的位置不同、受力情况不同,因而结构层也有所不同。楼板层的结构层为楼板,楼板将所承受的上部荷载及自重传递给墙或柱,再由墙、柱传给基础,楼板有隔声等功能要求。地坪层的结构层为垫层,垫层将所承受的地面荷载及自重均匀地传递给夯实的地基,地坪层有防潮等方面的要求。

一、楼板层的基本组成

为了满足使用要求,楼板层的基本构造组成为面层、楼板、顶棚及附加层四部分(图8-1)。

1. 面层

又称楼面或地面,起着保护楼板、承受并传递荷载的作用,同时对室内有很重要的清洁及装饰作用。

2. 楼板

它是楼板层的结构层,一般包括梁和板。主要功能是承受楼板层上的全部静荷载和活荷载,并将这些荷载传递给墙或柱,同时还对墙身起着水平支撑的作用,增强了房屋的刚度和整体性。

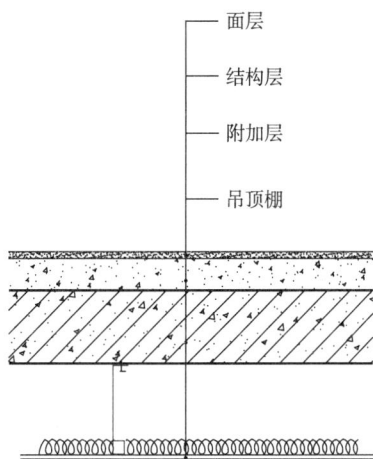

图8-1　楼板层的基本组成

3. 顶棚

是楼板层下面的部分。根据其构造不同,分为楼板抹灰顶棚、粘贴类顶棚和吊顶棚三种。

4. 附加层

现代化多层建筑中楼板层往往还需设置管道敷设层、防水层、隔声层、保温层等各种附加层。

二、楼板层的设计要求

楼板的设计应满足建筑的使用、结构、施工以及经济等多方面的要求。

1. 楼板应具有足够的强度和刚度

楼板具有足够的强度和刚度才能保证安全和正常的使用。足够的强度指楼板能

够承受使用荷载和自重。使用荷载因房间的使用性质不同而各异，自重是指楼板层材料自身的重量。足够的刚度是指楼板的变形应在允许的范围内，它是用相对挠度（绝对挠度与跨度的比值）来衡量的。根据结构规范的要求，当为现浇楼板时，其相对挠度应不大于 $L/250 \sim L/350$，当为装配式楼板时，相对挠度应不大于 $L/200$（L 为构件的跨度）。

2. 满足隔声、防火、热工等方面的要求

为了防止噪声通过楼板传到上下相邻的房间，影响其使用，楼板层应具有一定的隔声能力。不同使用性质的房间对隔声的要求不同，如我国的住宅楼板的隔声标准中规定：一级隔声标准为不大于 65dB，二级隔声标准为不大于 75dB 等。

噪声的传播途径有空气传声和固体传声两种。空气传声如说话声及吹号、拉提琴等乐器声都是通过空气来传播的。隔绝空气传声可采取使楼板密实、密封各种缝隙等构造措施来达到。固体传声系指脚步声、移动家具对楼板的撞击声、各种电器设备振动对楼板的撞击声等通过固体物质（如楼板层）传递的声音。由于声音在固体中传递时声能衰减很少，所以固体传声较空气传声的影响更大。楼板层尤其要处理好固体声的隔声。

隔绝固体传声的影响，有很多方法。方法一是在楼板上表面铺设弹性面层，以减弱撞击楼板时所产生的声能，减弱楼板的振动，例如在楼板上铺设地毯、橡皮层、塑料层等。在钢筋混凝土楼板上铺设地毯，噪声通过量可控制在 75dB 以内（钢筋混凝土空心楼板不作隔声处理时，通过的噪声为 80~85dB；钢筋混凝土槽板、密肋楼板不作隔声处理时，通过的噪声在 85dB 以上）。这种方法比较简单，隔声效果也较好，同时还起到了装饰美化室内空间的作用，是采用较广泛的一种方法。

第二种隔绝固体传声的方法是，在楼板面层的下部设置片状、条状或块状的弹性垫层，形成浮筑式楼板。这种楼板是通过弹性垫层的设置来减弱由面层传来的固体声能，达到隔声的目的。

隔绝固体传声的第三种方法是，结合室内空间的要求，在楼板下设置吊顶棚，使撞击楼板产生的振动噪声不直接传入下层空间。在楼板与顶棚间留有空气层，吊顶与楼板采用弹性挂钩连接，使声能减弱。对隔声要求高的房间，还可在顶棚上铺设吸声材料，加强隔声效果。

在实际工程中，楼板的固体隔声究竟采用哪种隔声措施，应根据建筑物的使用性质、撞击声源的特点和强弱以及经济和施工方面的因素综合考虑后选择。

楼板层还应根据建筑物的耐火等级，确定对防火的要求。建筑物的耐火等级对构件的耐火极限和燃烧性能有一定的要求。

楼板层还应满足一定的热工要求。对于有一定温、湿度要求的房间，常在楼板层中设置保温层，以减少通过楼板层的能量损失。

对一些地面潮湿、易积水的房间，如厨房、厕所、卫生间等，应处理好楼板层的防渗漏问题。

3. 满足各种设备管线的铺设需要

在现代建筑中，由于各种服务设施日趋完善，家用电器更加普及，所以有很多的管线在楼板层中铺设。为了使室内平面布置更加灵活，空间使用更加完整，在楼板层的设计中，必须仔细考虑各种设备管线的走向。

4. 满足建筑经济的要求

在一般情况下，多层建筑楼板的造价占建筑造价的 20%~30%。因此，应注意结合建筑物的质量标准、使用要求以及施工技术条件，选择经济合理的结构形式和构造方法，尽量减少材料的消耗和楼板层的自重，并为建造的工业化创造条件，以加快建设速度。

三、楼板的类型及选用

根据使用材料的不同，楼板分为木楼板、砖拱楼板、钢筋混凝土楼板、钢衬板楼板等，如图 8-2。

1. 木楼板

木楼板是在由墙或梁支承的木搁栅上铺钉木板并在木搁栅间设置增强稳定性的剪刀撑的楼板。木楼板具有自重轻、保温性能好、舒适、有弹性、节约钢材和水泥等优点，但易燃、易腐蚀、易被虫蛀、耐久性差，特别是需耗用大量木材，所以，对此种楼板的使用越来越少，一般只在木材产区使用。

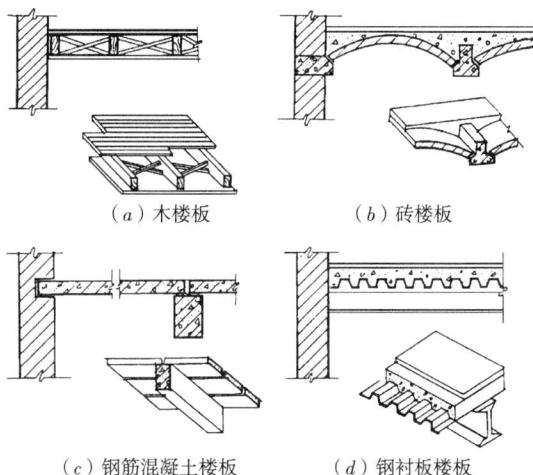

（a）木楼板　　　　（b）砖楼板

（c）钢筋混凝土楼板　　（d）钢衬板楼板

图 8-2　楼板的类型

2. 钢筋混凝土楼板

钢筋混凝土楼板具有强度高、防火性能好、耐久、便于工业化生产等优点。此种楼板形式多样，是我国应用最广泛的一种楼板。

3. 压型钢板组合楼板

这是一种在型钢梁上铺设压型钢板，再在其上整浇混凝土而构成的楼板。

第二节　钢筋混凝土楼板

从 1850 年法国人首先使用钢筋混凝土，到 1872 年建造世界上首幢钢筋混凝土建筑，至今，钢筋混凝土在建筑界取得了迅速、广泛的应用。

钢筋混凝土楼板的施工方法不同，可分为现浇式、装配式和装配整体式三种。现浇钢筋混凝土楼板整体性好、刚度大、利于抗震、梁板布置灵活，能适应各种不规则形状和需预留孔洞等有特殊要求的建筑。但现浇钢筋混凝土楼板施工时，模板材料的耗用量大，施工速度慢。装配式钢筋混凝土楼板能节省模板，并能改善工人制作构件时的劳动条件，有利于提高劳动生产率和加快施工进度，但楼板的整体性较差，房屋的刚度也不如现浇式的房屋刚度好。一些建筑为节省模板、加快施工进度和增强楼板的整体性，常做成装配整体式楼板。

一、现浇式钢筋混凝土楼板

现浇钢筋混凝土楼板根据受力和传力情况分为板式楼板、梁板式楼板、无梁楼板和钢衬板楼板几种。

1. 板式楼板

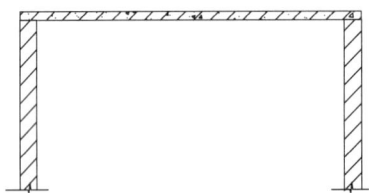

图8-3 板式楼板

在墙体承重建筑中，当房间尺度较小，楼板上的荷载可直接由楼板传给墙体，这种楼板称为板式楼板。板式楼板跨度一般为2~3m，板厚为80mm左右，适用于跨度较小的房间或走廊，如居住建筑的厨房、卫生间以及公共建筑的走廊等。板式楼板见图8-3。

2. 梁板式楼板

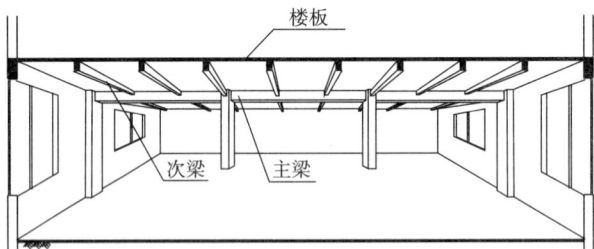

图8-4 梁板式楼板

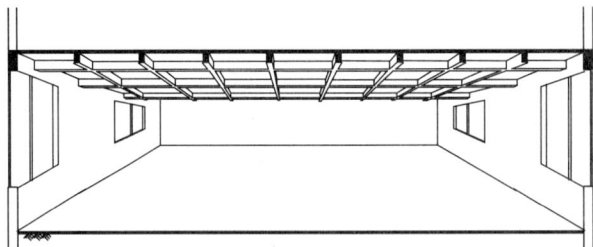

图8-5 井式楼板

当房间的空间尺度较大时，为了使楼板结构的受力与传力较为合理，常在楼板下设梁以增加板的支点，从而减小板的跨度，这样，楼板上的荷载是先由板传给梁，再由梁传给墙或柱，这种楼板结构称为梁板式楼板。梁有主梁、次梁之分。梁板式楼板主要有肋梁楼板（图8-4）、井式楼板（图8-5）等形式。

（1）现浇肋梁楼板

现浇肋梁楼板由板、次梁、主梁现浇而成。根据板的受力状况不同，分为单向板肋梁楼板、双向板肋梁楼板。图8-4所示为单向板肋梁楼板，板由次梁支承，次梁的荷载传给主梁。

1）楼板的特点

楼板依其受力特点和支撑情况分为单向板、双向板和悬臂板。

单向板的平面比例为 $L_2/L_1>2$（L_2 为板长，L_1 为板宽），受力以后，1/8的力传给长边，7/8传给短边，故认为这种板受力以后仅向短边传递。单向板的板厚为跨度的 1 / 30~1 / 40，通常板厚不小于 60mm。

双向板的平面比例为 $L_2 / L_1 \leq 2$，受力后，力向两个方向传递，短边受力大，长边受力小。双向板的板厚确定原则同于单向板。

悬臂板主要用于雨罩、阳台等部位。悬臂板只有一端支承，因而受力钢筋应摆在板的上部。板厚应按 1 / 12 的挑出尺寸取值，且根部应不小于 70mm。

2）梁的特点

现浇梁板式楼板的梁有单向梁（简支梁）、双向梁（主次梁）、井字梁等类型。

单向梁的梁高一般为跨度的 1 / 10~1 / 12，板厚包括在梁高之内，梁宽取梁高的 1 / 2~1 / 3，单向梁的经济跨度为 4~6m。

双向梁楼板又称肋形楼盖。其构造顺序为板支承在次梁上，次梁支承在主梁上，主梁支承在墙上或柱上。次梁的梁高为跨度的 1 / 10~1 / 15，主梁的梁高为跨度的 1 / 8~1 / 12，梁宽为梁高的 1 / 2~1 / 3。主梁的经济跨度为 5~8m。主梁或次梁在墙或柱上的搭接尺寸应不小于 240mm。梁高包括板厚。

在进行肋梁楼板布置时，还应考虑梁在顶棚上产生的阴影对房间采光和视觉的影响。如单向板肋梁楼板，其次梁较密，当次梁与窗口光线垂直时，次梁将在顶棚上产生较多分散的阴影，当次梁与光线平行时，主梁将在顶棚上形成较集中的阴影区。

（2）现浇井式楼板

当肋梁楼板两个方向的梁不分主次、高度相等、垂直相交、呈井字形时，称为井式楼板（如图 8-5）。因此，井式楼板实际是肋梁楼板的一种特例。井式楼板的板为双向板，所以，井式楼板也是双向板肋梁楼板。

井式楼板宜用于正方形平面，长短边之比小于等于 1.5 的矩形平面也可采用。梁与楼板平面的边线可正交也可斜交。此种楼板的梁板布置图案美观，有装饰效果，并且由于两个方向的梁互相支撑，为创造较大的建筑空间创造了条件，所以，一些大厅如北京西苑饭店接待大厅、北京政协礼堂等均采用了井式楼板，其跨度达 30~40m，梁的间距一般为 3m 左右。

3. 无梁楼板

当楼板不设梁，而将楼板直接支承在柱上时，则为无梁楼板（图 8-6）。通常在柱顶设置柱帽，特别是楼板承受的荷载较大时，为了提高楼板的承载能力和刚度，必须设置柱帽，以免楼板过厚。柱帽的形式有方形、多边形、圆形等。柱帽可设柱托，也有的不设柱托（图 8-7）。

无梁楼板采用的柱网通常为正方形或接近正方形，这样较为经济。常用的柱网尺寸为 6m 左右，板厚 170~190mm。采用无梁楼板的顶棚平整，有利于室内的采光、通风，视觉效果较好，且能减少楼

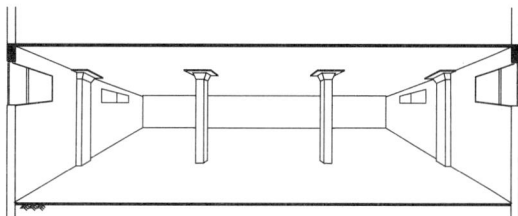

图8-6 无梁楼板

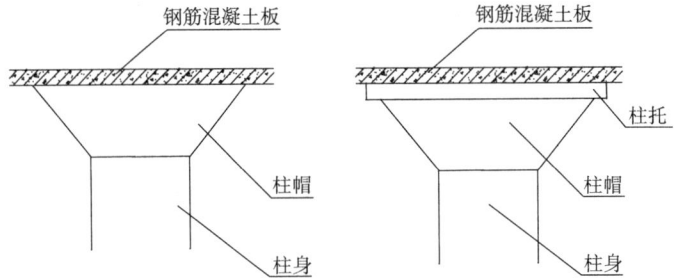

图8-7　无梁楼板的柱帽

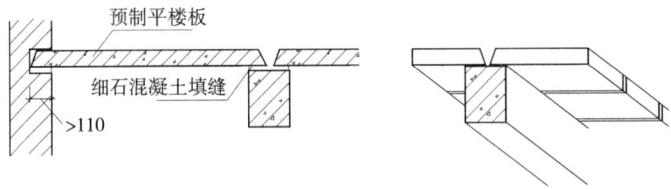

图8-8　预制钢筋混凝土平板

板所占的空间高度。无梁楼板常用于商场、仓库、多层车库等建筑。

二、预制钢筋混凝土楼板的构造

1. 预制楼板的类型

预制钢筋混凝土楼板因其整体性和抗震性较差，在民用建筑中较少使用，故只作简单介绍。

预制钢筋混凝土楼板大多为预制平板、空心板或槽形板。

（1）预制平板

当板的跨长在2.4m以内，常将板做成实心板，即平板。板面上下平整，制作简单，但自重较大，隔声效果差。平板常用于小跨度的房间，如走廊、卫生间和搁板、管道盖板等处，板厚为跨度的1/30，一般为50~80mm，板宽约为600~900mm（图8-8）。

（2）槽形板

当板的跨度较大时，为了减轻板的自重，根据板的受力情况，可将板做成由肋和板构成的槽形板，板跨为3~7.2m，板宽为600~1200mm，板肋高为120~240mm。

为提高板的刚度和便于搁置，常将板的两端以端肋封闭，当板跨达6m时，应在板的中部每隔500~700mm加设横肋一道。槽形板减轻了板的自重，具有省材料、便于在板上开洞等优点，但隔声效果差。当槽形板正放（肋朝下）时，板底不平整；槽形板倒放（肋向上）时，需在板上进行构造处理，使其平整。槽内可填轻质材料，起保温、隔声作用。槽形板正放常用于厨房、卫生间、库房等；当对楼板有保温、隔声要求时，可考虑采用倒放槽形板（图8-9）。

（3）空心板

根据板的受力情况，结合考虑隔声的要求，并使板面上下平整，可将预制板抽

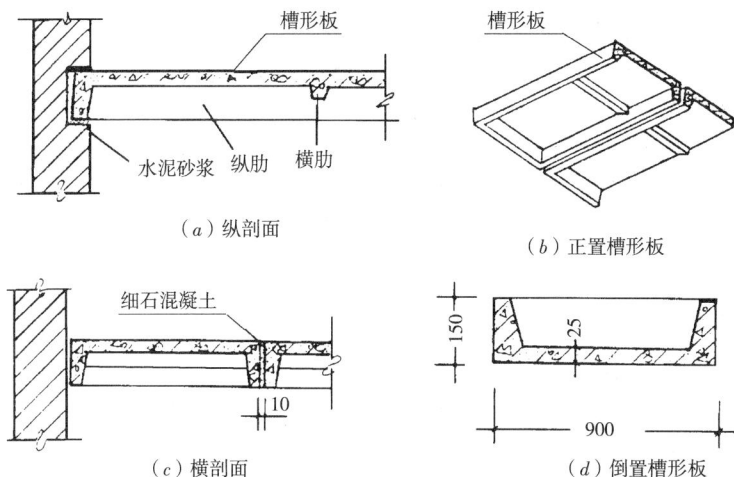

（a）纵剖面 　　　　　　　　　　（b）正置槽形板

（c）横剖面 　　　　　　　　　　（d）倒置槽形板

图8-9　预制钢筋混凝土槽形板

孔做成空心板。空心板的孔洞有矩形、圆形、椭圆形等。矩形孔较为经济,但抽孔困难,圆形孔的板刚度较好,制作也较方便,因此使用较广。根据板的宽度不同,孔数分单孔、双孔、三孔、多孔。目前我国预制空心板的跨度尺寸可以到 6m、6.6m、7.2m等。板的厚度为 120~300mm。当采用空心板作楼板时,板上不宜任意打洞,如需开孔洞,应在板制作时就预先留出孔洞位置。

空心板有中型板和大型板之分,中型板跨度在 4m 以下,板宽为 500~1500mm,板厚为 90~120mm,大型板板跨为 4~7.2m,板宽为 1200~1500mm,板厚为 150~250mm。空心板的两端孔内常以砖块或混凝土填塞,以保证在支座处不致被压坏（图 8-10）。

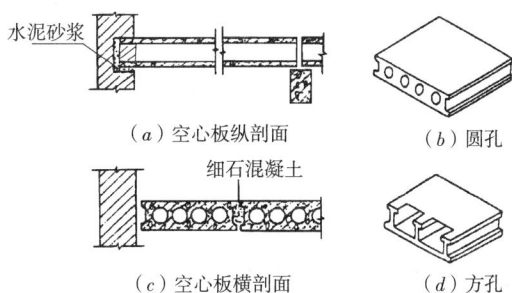

（a）空心板纵剖面 　　　　　（b）圆孔

（c）空心板横剖面 　　　　　（d）方孔

图8-10　预制钢筋混凝土空心板

2. 板的布置方式

板的布置方式应根据空间的大小、铺板的范围以及尽可能减少板的规格种类等因素综合考虑,以达到结构布置经济、合理的目的。

对一个房间进行板的结构布置时,首先应根据其开间、进深尺寸确定板的支承方式,然后根据板的规格进行布置。板的支承方式有板式和梁板式,预制板直接搁置在墙上的称板式布置,楼板支承在梁上,梁再搁置在墙上的称为梁板式布置。在确定板的规格时,应首先以房间的短边为板跨进行确定,一般要求板的规格、类型越少越好,因为板的规格多不仅使施工麻烦,而且容易搞错。狭长空间如走廊处,可沿走廊横向铺板,这种铺板方式采用的板跨尺寸小,板底平整;也可采用与房间开间尺寸相同的预制板沿走廊纵向铺设,但需设梁支承,当板底不做吊顶时,走廊内可见板底的梁。

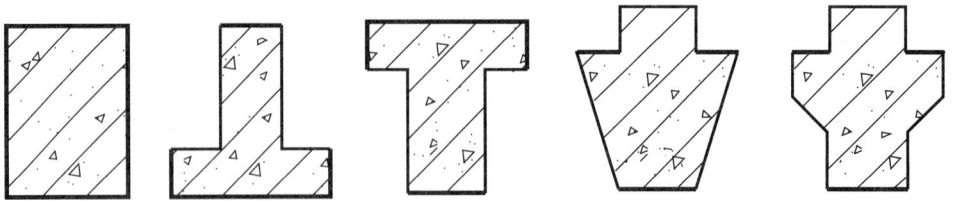

图8-11 预制的梁的截面形式

3. 梁的截面形式

梁的截面形式有矩形、"T"形、十字形、花篮形等，如图 8-11 所示。矩形截面梁外形简单，制作方便，"T"形截面梁较矩形截面梁自重轻。采用十字形或花篮形梁可减少楼板所占

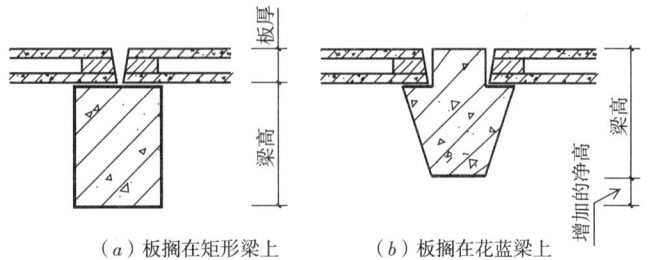

(a) 板搁在矩形梁上   (b) 板搁在花篮梁上
图8-12 板在梁上的搁置

的空间高度，如图 8-12 所示。通常，梁的跨度尺寸为 5~8m 较为经济。梁的支承长度不小于 240mm。

4. 楼板的细部构造

（1）板缝的处理

为了便于板的铺设，预制板之间应留有 10~20mm 的缝隙。为了加强装配式楼板的整体性，板缝内需灌入细石混凝土，并要求灌缝密实，避免在板缝处出现裂缝而影响楼板的使用和美观。

板间侧缝的形式有"V"形、"U"（单齿）形和槽（双齿）形，其中，双齿形有利于加强楼板的整体刚度，使相邻板能共同工作，但施工较麻烦。

板的排列受到板宽规格的限制，因此，排板后常出现较大的缝隙。根据排板数和缝隙的大小，可考虑采用调整板缝的方式解决。当板缝不大于 30mm 时，用细石混凝土灌实即可；当板缝大于等于 50mm 时，应在缝中加钢筋网片再灌细石混凝土；当板缝更大时，可采用钢筋混凝土现浇板带处理，如楼板为空心板，可将需穿越的管道设在现浇板带处。

（2）隔墙与楼板的关系

在装配式楼板上采用轻质材料做隔墙时，可将隔墙直接设置在楼板上。如采用自重较大的材料，如黏土砖做隔墙，则不宜将隔墙直接搁置在楼板上，特别应避免将隔墙的全部荷载集中在一块板上，通常需要设一根梁来支撑隔墙。当楼板为槽形板时，可将隔墙搁置于板的纵肋上。

（3）板的搁置及锚固

预制板搁置在墙上或梁上时，应保证有一定的搁置长度。在墙上的搁置长度不

小于90mm，在梁上的搁置长度不小于60mm，并且在搁置时还应采用M5砂浆坐浆10mm厚，以利于二者的连接。

为了增强楼板的整体刚度，特别是在地基条件较差的地区，应在板与墙以及板端与板端连接处设置锚固钢筋，一般用 ϕ6 的钢筋进行锚固，锚固筋的布置如图 8-13 所示。

三、装配整体式钢筋混凝土楼板

装配整体式钢筋混凝土楼板是将楼板中的部分构件预制，然后到现场安装，再整体浇筑其余部分而成的楼板。它兼有现浇与预制的双重优越性。

1. 密肋填充块楼板

密肋填充块楼板由密肋楼板和填充块叠合而成。

密肋楼板有现浇密肋楼板、预制小梁现浇楼板、带骨架芯板填充块楼板等（图 8-14）。

密肋楼板由布置得较密的肋（梁）与板构成。肋的间距及高应与填充物尺寸配合，通常肋的间距小于或等于700mm，肋宽为 60~120mm，肋高为 200~300mm，肋的跨度为 3.5~4m，不宜超过 6m，板的厚度为 50mm 左右，楼面荷载不宜太大。

密肋楼板间填充块常为陶土空心砖或焦渣空心砖。密肋填充块楼板板底平整，有较好的隔声、保温、隔热作用，在施工中，空心砖还可起到模板作用，也利于管道的铺设。

密肋填充块楼板由于肋的间距小，肋的截面尺寸不大，使楼板结构所占的空间较小。

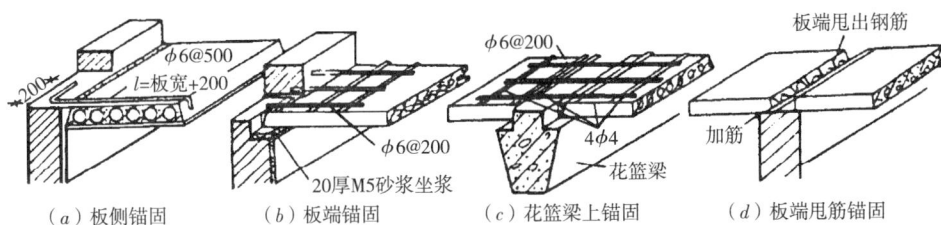

（a）板侧锚固　　（b）板端锚固　　（c）花篮梁上锚固　　（d）板端甩筋锚固

图8-13　板的加筋锚固

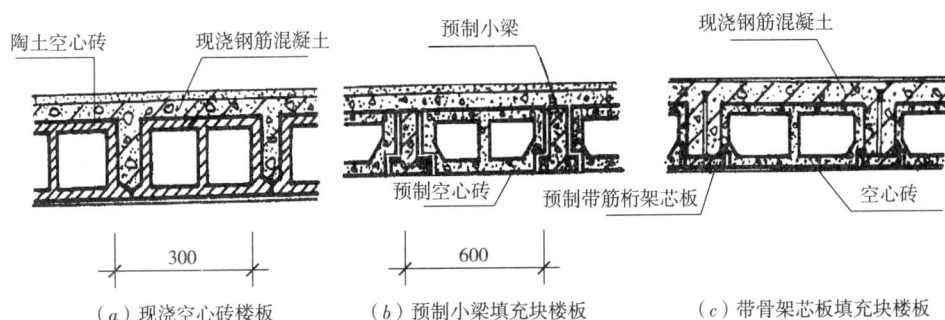

（a）现浇空心砖楼板　　（b）预制小梁填充块楼板　　（c）带骨架芯板填充块楼板

图8-14　密肋填充块楼板

2.叠合式楼板

现浇钢筋混凝土楼板的整体性好，但施工速度慢，耗费模板，不经济。装配式钢筋混凝土楼板的整体性差，但施工速度快，省模板。预制薄板与现浇混凝土面层叠合而成的装配整体式楼板，或称叠合式楼板，则既省模板，整体性又较好，但施工较麻烦。

叠合式楼板的预制钢筋混凝土薄板既是永久性模板，承受施工荷载，也是整个楼板结构层中的一个组成部分。预应力钢筋混凝土薄板内配以高强钢丝作为预应力筋，同时也是楼板的跨中受力钢筋，板面现浇混凝土叠合层只需配置一定的支座负弯矩钢筋。所有楼板层中的管线均预先埋在叠合层内。叠合式楼板的底面平整，可直接喷浆或粘贴装饰顶棚壁纸形成顶棚。叠合楼板目前已在住宅、宾馆、学校、办公楼、医院以及仓库等建筑中应用。

叠合楼板跨度一般为 4~6m，最大可达 9m，5.4m 以内较为经济。预应力薄板厚度根据结构计算确定，通常为 60~70mm，板宽为 1.1~1.8m，板间应留缝10~20mm。为了保证预制薄板与叠合层有较好的连接，薄板上表面需作处理，常见的有两种：一是在上表面作刻槽处理，刻槽直径 50mm，深 20mm，间距 150mm；另一种是在薄板上表面露出较规则的三角形的结合钢筋，见图 8-15。

现浇叠合层的混凝土强度等级为 C20，厚度一般为 70~120mm。叠合楼板的总厚度取决于板的跨度，一般为 150~250mm。

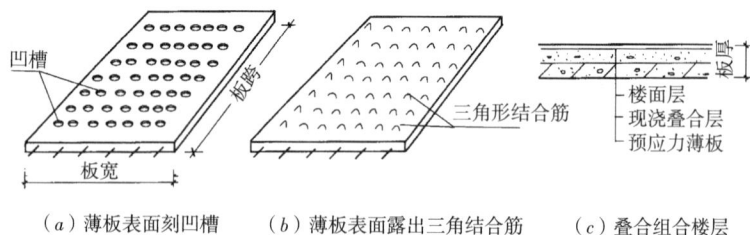

（a）薄板表面刻凹槽　　　　（b）薄板表面露出三角结合筋　　　　（c）叠合组合楼层

图8-15　叠合式楼板

第三节　地坪的构造

地坪是建筑物底层与土壤相接的构件，它承担建筑物底层的荷载，并将荷载均匀地传递给下面的土壤层。

一、地坪的构造组成

建筑物底层地坪的基本构造层次为面层、垫层和基层。对于有特殊需要的地坪，常在面层和垫层之间增加一些附加层次，见图 8-16。各构造层次的作用如下：

（1）面层：建筑地面层是直接承受各种物理和化学作用的表面层。

（2）结合层：面层与其下面的构造层之间的连接层。

（3）找平层：在垫层或楼板面上进行抹平找坡的构造层。

（4）隔离层：防止建筑地面上各种液体或地下水、潮气透过地面的构造层。

（5）防潮层：防止建筑地基或楼层地面下的潮气透过地面的构造层。

（6）填充层：在钢筋混凝土楼板上设置，起隔声、保温、找坡或暗敷管线等作用的构造层。

（7）垫层：在建筑地基上设置，承受并传递上部荷载的构造层。

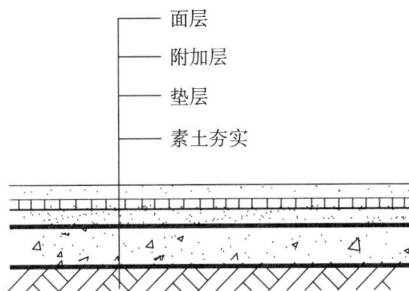

图8-16 地坪的构造层次

（8）基层：素土夯实层。

各构造层次的要求如下：

1. 面层

地坪面层与楼板面层一样，是人们日常生活、工作、生产时直接接触的地方，根据房间的使用性质的不同，对面层有不同的要求，面层应坚固耐磨、表面平整、光洁、易清洁、不起尘。对于居住和人们长时间停留的房间，还要求有较好的蓄热性和弹性；浴室、厕所则要求耐潮湿、不透水；厨房、锅炉房要求地面防水、耐火；实验室则要求耐酸碱、耐腐蚀等。此外，还要考虑经济性方面的要求，要尽量就地取材，以降低整个房屋的造价。

2. 垫层

垫层是承受并传递荷载给地基的结构层，垫层有刚性垫层和非刚性垫层之分。刚性垫层常用低强度等级混凝土，一般采用C10混凝土，其厚度为80~100mm；非刚性垫层常用50mm厚砂垫层、80~100mm厚碎石灌浆、50~70mm厚石灰炉渣、70~120mm厚三合土（石灰、炉渣、碎石）等。

刚性垫层用于地面要求较高及薄而性脆的面层，如水磨石地面、瓷砖地面、大理石地面等。

非刚性垫层常用于厚而不易断裂的面层，如混凝土地面、水泥制品块地面等。

对某些室内荷载大、地基较差并且有保温等特殊要求的，或面层装修标准较高的建筑，可在地基上先做非刚性垫层，再做一层刚性垫层，即复式垫层。

3. 基层

承受垫层传来的荷载，应具有一定的承载能力，土质较好时可直接将素土夯实作基层。土质较差时需对土壤进行灰土、碎石加固处理。

二、楼、地面层的做法

楼地面装修即对楼板层和地坪层的面层进行构造处理。面层通常包括面层和面层下面的找平层两部分。楼地面常以面层的材料和做法来命名，如面层为水磨石，则该地面称为水磨石地面，面层为木材，则称为木地面。

地面按其材料和做法的不同可分为四大类型，即整体地面、块料地面、塑料地面和木地面。

1. 整体地面

整体地面包括水泥地面、水磨石地面等现浇的地面。

（1）水泥地面

水泥地面是普通民用建筑中采用较多的一种地面。原因在于，水泥地面构造简单、坚固，能防潮、防水，造价低。但水泥地面蓄热系数大，冬天时使人感觉冷，空气湿度大时易产生凝结水，而且表面起灰，不易清洁。

水泥地面有以下几种做法：

水泥地面最简单做法是在混凝土垫层浇好后，用铁辊压浆，待水泥泛到表面时，再撒一层干水泥，然后用铁板抹光即成。这种做法称为随捣随抹，优点是很经济，但水泥表面薄，容易磨损和起壳。

（2）水泥砂浆地面

水泥砂浆地面是在混凝土垫层或结构层上抹水泥砂浆形成的地面，一般分单层和双层两种做法。

单层做法是只抹一层 20~25mm 厚 1∶2 或 1∶2.5 水泥砂浆。双层做法是增加一层 10~20mm 厚 1∶3 水泥砂浆找平层，表面只抹 5~10mm 厚 1∶2 水泥砂浆。双层做法虽增加了工序，但不易开裂。水泥砂浆地面见图 8-17。

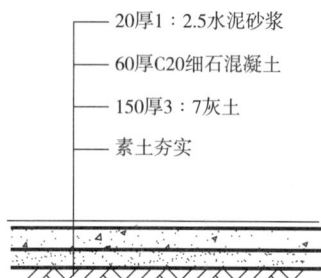

— 20厚1∶2.5水泥砂浆
— 60厚C20细石混凝土
— 150厚3∶7灰土
— 素土夯实

图8-17 水泥砂浆地面

（3）水泥石屑地面

水泥石屑地面是以石屑替代砂的一种水泥地面，亦称豆石地面或瓜米石地面。这种地面性能近似水磨石，表面光洁，不起尘，易清洁，但造价却仅为水磨石地面的 50%。水泥石屑地面构造也有单层和双层做法之分。单层做法是在垫层或结构层上直接做 25mm 厚 1∶2 水泥石屑层，并提浆抹光；双层做法是增加一层 15~20mm 厚 1∶3 水泥砂浆找平层，面层铺 15mm 厚 1∶2 水泥石屑层，提浆抹光。

（4）水磨石地面

水磨石地面一般分两层施工。在刚性垫层或结构层上用 10~20mm 厚 1∶3 水泥砂浆找平，面铺 10~15mm 厚 1∶1.5~1∶2 的水泥白石子，待面层达到一定强度后加水用磨石机磨光，打蜡即成。通常水磨石地面的水泥为普通水泥，所用石子为中等硬度的方解石、大理石、白云石屑等。

为适应地面变形可能引起的面层开裂以及施工和维修方便，做好找平层后，常用玻璃条、塑料或金属条（铜或铝条）等嵌条把地面分成若干小块，尺寸约为 1000mm。分块形状可以设计成各种图案。嵌条高度同于水磨石面层厚度，且用 1∶1 水泥砂浆固定。嵌固砂浆不宜过高，否则会使得面层在嵌条两侧仅有水泥而无石子，影响美观。图 8-18 是水磨石地面的做法。

如果将普通水泥换成白水泥并掺入不同颜料，可做成各种彩色的水磨石地面，称之为彩色水磨石地面，彩色水磨石地面有较好的装饰效果，但造价较普通水磨石地面高。

水磨石地面具有良好的耐磨性、耐久性、防水防火性，并具有质地美观、表面光洁、不起尘、易清洁等优点，通常应用于居住建筑的浴室、厨房、厕所和公共建筑的门厅、走道及主要房间的地面、墙裙等部位。

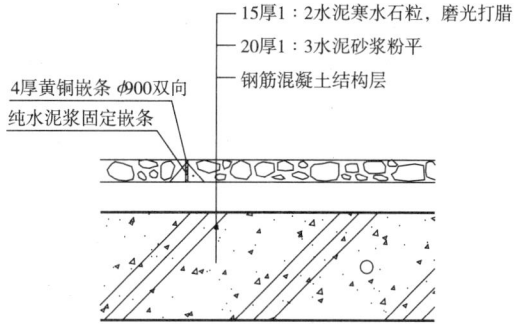

15厚1：2水泥寒水石粒，磨光打蜡
20厚1：3水泥砂浆粉平
钢筋混凝土结构层
4厚黄铜嵌条 φ00双向
纯水泥浆固定嵌条

图8-18　水磨石地面

2. 块料地面

块料地面是把地面材料加工成块（板）状，然后借助胶结材料粘贴或铺砌在结构层上。胶结材料既起胶结作用又起找平作用，也有先做找平层再做胶结层的。常用的胶结材料有水泥砂浆、沥青玛[琋]脂等，也有用细砂和细炉渣做结合层的。

块料地面种类很多，常用的有黏土砖、水泥砖、大理石、缸砖、陶瓷锦砖、陶瓷地砖等。

（1）黏土砖地面

黏土砖地面用普通砖铺设，有平砌和侧砌两种。这种地面施工简单，造价低廉，适用于要求不高或临时建筑的地面以及庭园小道等。

（2）水泥制品块地面

水泥制品块地面常见的有水泥砂浆砖块（尺寸常为边长150~200mm，厚10~20mm）、水磨石块、预制混凝土块（尺寸常为边长400~500mm，厚20~50mm）。

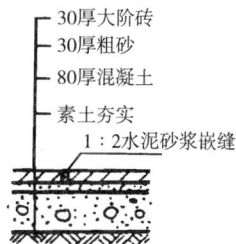

30厚大阶砖
30厚粗砂
80厚混凝土
素土夯实
1：2水泥砂浆嵌缝

图8-19　块材铺地地面

水泥制品块和基层的粘结有两种方式：当预制块尺寸较大且较厚时，常在板下干铺一层20~40mm厚细砂或细炉渣，待校正后，用1：2水泥砂浆嵌缝（图8-19）。这种做法施工简单，造价低，便于维修更换，但不易平整。城市人行道常按此方法施工。当预制块小而薄时，则采用12~20mm厚1：3水泥砂浆做结合层，铺好后再用1：2水泥砂浆嵌缝。这种做法坚实、平整，但施工较复杂，造价也较高。

（3）缸砖及陶瓷锦砖地面

缸砖是用陶土焙烧而成的一种无釉砖块，其形状有正方形（尺寸为100mm×100mm和150mm×150mm，厚10~19mm）、六边形、八边形等。颜色也有多种，但以红棕色和深米黄色居多。由不同形状和色彩可以组合成各种图案。缸砖背面有凹槽，使砖块和基层粘结牢固，铺贴时一般用15~20mm厚1：3水泥砂浆作为结合材料，要求平整，横平竖直。缸砖具有质地坚硬、耐磨、耐水、耐酸碱、易清洁等特点。

陶瓷锦砖又称马赛克，是以优质瓷土烧制而成的小尺寸瓷砖，其特点与面砖相似。陶瓷锦砖有不同的大小、形状和颜色，可以组合成各种图案，使饰面能达到一定的艺术效果。陶瓷锦砖块小缝多，主要用于防滑、卫生要求较高的卫生间、浴室等房间的地面，也可用于外墙面。

陶瓷锦砖同玻璃锦砖一样，出厂前已按各种图案反贴在牛皮纸上，以便于施工。

（4）地砖地面

地砖又称陶瓷地砖，其类型有釉面地砖、无光釉面砖和无釉防滑地砖及抛光同质地砖等。

陶瓷地砖有红、浅红、白、浅黄、浅绿、浅蓝等各种颜色。地砖色调均匀，表面平整，抗腐耐磨，施工方便，且块大缝少，装饰效果好，特别是防滑地砖和抛光地砖又能防滑，被越来越多地用于办公、商店、旅馆和住宅中。

陶瓷地砖一般厚6~10mm，其规格有300mm×300mm，400mm×400mm，600mm×600mm等。块越大，价格越高，装饰效果越好。图8-20是地砖地面与陶瓷锦砖的构造做法。

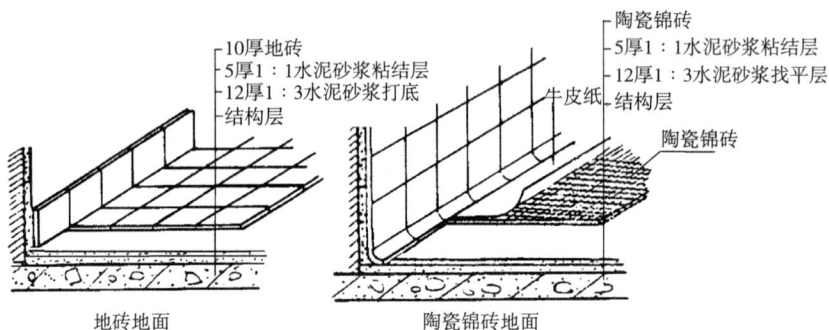

图8-20　地砖与陶瓷锦砖地面

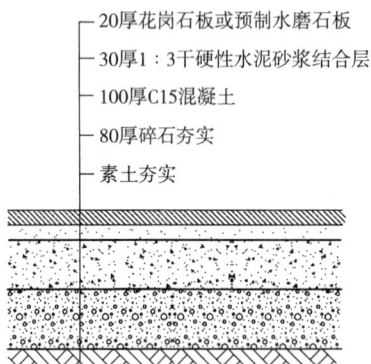

图8-21　人造石板和天然石板地面

（5）人造石板和天然石板地面

人造石板有人造水磨石板、人造大理石板。

天然石板包括大理石板、花岗石板，由于其质地坚硬，色泽艳丽、美观，属高档地面装修材料，一般多用作高级宾馆、公共建筑的大厅，影剧院、体育馆的入口处等地面。人造石板和天然石板地面的构造见图8-21。

3. 粘贴类地面

粘贴地面以粘贴卷材为主，常见的有塑料地毡、橡胶地毡以及多种地毯等。这些材料，表面美观、干净，装饰效果好，具有良好的保温、消声性能，适用于公共建筑和居住建筑。

橡胶地毡是以橡胶粉为基料，掺入软化剂，在高温、高压下解聚后，再加入着色补强剂，经混炼、塑化压延成卷的地面装修材料。具有耐磨、柔软、防滑、消声以及富有弹性等特点。价格低廉，铺贴简便，可以干铺，亦可用胶粘剂粘贴在水泥砂浆面层。

地毯类型较多,常见的有化纤无纺针刺地毯、黄洋麻纤维针刺地毯和纯羊毛无纺织地毯等。这类地毯加工精细,平整丰满,图案典雅,色调宜人,具有柔软舒适、清洁吸声、美观适用等特点,是装饰房间的上佳材料。有局部、满铺和干铺、固定等不同铺法。固定式一般用胶粘剂满贴或在四周用倒刺条挂住。

4. 涂料类地面

涂料地面是水泥砂浆或混凝土地面的表面涂刷涂料形成的地面,它对解决水泥地面的易起灰和美观问题起到了重要的作用。常用的涂料包括水乳型、水溶型和溶剂型涂料。水乳型地面涂料有氯—偏共聚乳液涂料、聚醋酸乙烯厚质涂料及 SJ82—1 地面涂料等;水溶型地面涂料有聚乙烯醇缩甲醛胶水泥地面涂料、109 彩色水泥涂料以及 804 彩色水泥地面涂料等。

这些涂料与水泥表面的粘结力强,具有良好的耐磨、抗冲击、耐酸、耐碱等性能,水乳型涂料与溶剂型涂料还具有良好的防水性能。它们对改善水泥砂浆地面的使用具有重要意义,例如环氧树脂厚质涂层和聚氨酯厚质地面涂层素有"树脂水磨石"之称。

此外,JA—1—1 型聚醚合成橡胶是一种新型高分子合成材料,它具有耐老化、耐水、耐磨、抗压强度大、绝缘性能好、无静电效应以及与其他材料粘结性强等特点,其综合性能亦优于其他涂料,特别适合于高级电子计算机房、配电房等处,是理想的地面材料。

涂料地面施工,要求水泥地面坚实、平整。涂料与面层粘结牢固,不得有掉粉、脱皮、开裂等现象。同时,涂层的色彩要均匀,表面要光滑、洁净,给人以舒适、明净、美观的感觉。

5. 木地面

木地面具有有弹性、导热系数小、不起尘、易清洁等特点,是理想的地面材料。但我国木材资源少,木地面的造价高。

木地面有空铺和实铺两种。由于空铺耗木料较多,现已少用。现以实铺木地面为主介绍木地面的构造。

实铺式木地面是直接在实体基层上铺设的地面。将木搁栅直接放在结构层上,因此搁栅截面小,一般为 50mm × 40mm,中距 300~400mm(图 8-22)。搁栅借预埋

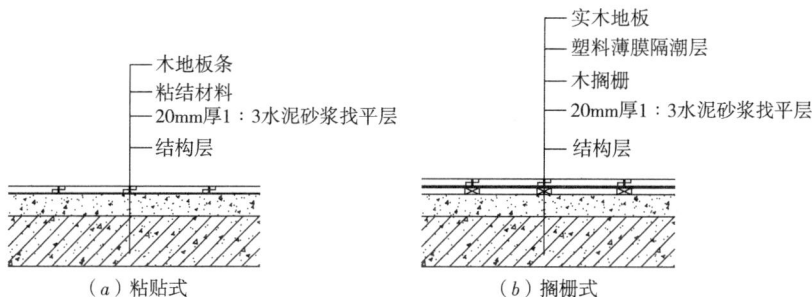

（a）粘贴式
- 木地板条
- 粘结材料
- 20mm厚1:3水泥砂浆找平层
- 结构层

（b）搁栅式
- 实木地板
- 塑料薄膜隔潮层
- 木搁栅
- 20mm厚1:3水泥砂浆找平层
- 结构层

图8-22 实铺木地面

在结构层内的"U"形铁件嵌固或用镀锌钢丝扎牢。底层地面为了防潮，须在结构层上涂刷冷底子油和热沥青各一道。为保证搁栅层通风干燥，常采取在踢脚板处开设通风口的办法解决。

实铺地面也可采用粘贴式做法，将木地板直接粘贴在找平层上。粘结材料一般有沥青玛琋脂、环氧树脂、乳胶等。粘贴地面具有防潮性能好、施工简便等优点。

在地面与墙面交接处，通常要做踢脚线，也称踢脚板。踢脚线的主要功能是保护墙面，以防止墙面因受外界的碰撞而损坏，或在清洗地面时脏污墙面。踢脚线的高度一般为120~150mm。其材料基本与地面一致，构造上须分层制作，通常比墙面抹灰凸出4~6mm。

木地面具有弹性好的优点，有时为了进一步增加木地面的弹性，可在搁栅的底部加设橡胶、金属弹片、软木等弹性材料，使之成为弹性木地面，如图8-23所示。

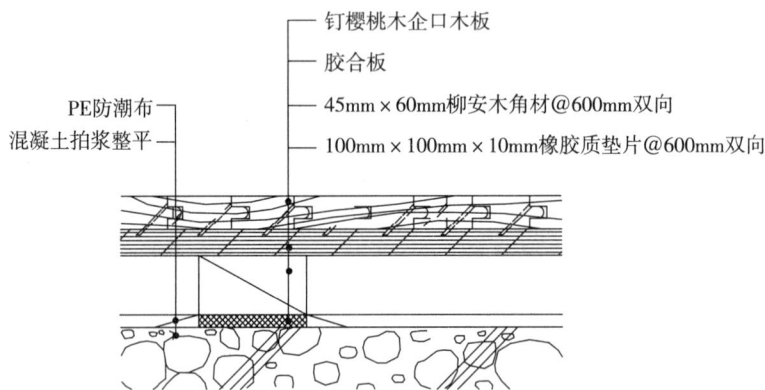

钉樱桃木企口木板
胶合板
45mm×60mm柳安木角材@600mm双向
100mm×100mm×10mm橡胶质垫片@600mm双向
PE防潮布
混凝土拍浆整平

图8-23　弹性木地面

三、地面变形缝

地面变形缝包括温度伸缩缝、沉降缝和防震缝。其设置的位置和大小应与屋面变形缝一致，大面积的地面还应适当增加伸缩缝。构造上要求从基层到饰面层脱开，缝内常用可压缩变形的玛琋脂、金属调节片、沥青麻丝等材料作封缝处理。为了美观，还应在面层和顶棚加设盖缝板，盖缝板应不妨碍构件之间的变形需要（伸缩、沉降）。此外，金属调节片要作防锈处理，盖缝板形式和色彩应和室内装修协调。地面变形缝将在第十二章中详细介绍。

第四节　顶棚构造

顶棚是建筑物室内顶部的饰面构件，顶棚要求表面光洁、美观，并能对光线有良好的反射作用，以改善室内的光环境，提高室内的照度。对某些有特殊要求的房间，顶棚还要求具有隔声、保温、隔热等方面的功能。

一、顶棚类型

顶棚多为水平式，但根据房间用途的不同，可做成弧形、凹凸形、高低形以及折线形等，依其构造方式的不同分为直接式顶棚和悬吊式顶棚。标准较高的建筑，由于室内使用功能的要求，常将设备管线等安装在顶棚内，故需要设计成吊顶棚。

1. 直接顶棚

直接顶棚是在楼板底面、屋面板底面直接喷刷、抹灰、贴面形成的顶棚。

2. 吊顶

在空间较大和装饰要求较高的房间中，因建筑声学、保温隔热、清洁卫生、管道敷设、室内美观等方面的要求，常用顶棚把屋架、梁板等结构构件遮盖起来，形成一个完整的表面。吊顶棚是采用悬吊方式支承于屋顶结构层或楼板层的梁板之下，所以称之为吊顶。

二、顶棚构造

1. 直接式顶棚

直接式顶棚包括直接喷刷涂料顶棚和直接抹灰顶棚及直接贴面顶棚三种做法。

（1）直接喷刷涂料顶棚

当要求不高或楼板底面平整时，可以直接在板底喷（刷）石灰浆或涂料各一道。

（2）直接抹灰顶棚

当楼板底面不够平整，或室内装修要求较高时，可在板底进行抹灰装修。抹灰分水泥砂浆抹灰、石灰砂浆抹灰和纸筋灰抹灰等。

水泥砂浆抹灰系先将板底打毛，然后刷 10~15mm 厚 1∶2 水泥砂浆，一次成活后再喷刷涂料。

纸筋灰抹灰系先以 10mm 厚混合砂浆打底，再以 3mm 厚纸筋灰粉面，然后喷（刷）涂料两道。

（3）贴面式装修

对于某些装修要求较高，或有保温、隔热、吸声要求的建筑物，如商店门面、公共建筑的大厅等，可在楼板底面直接粘贴适用于顶棚装饰的墙

底部抹灰刷白　　底部粘贴饰面材料
图8-24　直接式顶棚

纸、装饰吸声板以及泡沫塑胶板等。直接式顶棚如图 8-24 所示。

2. 吊顶棚

吊式顶棚又称吊天花，简称吊顶。利用吊式顶棚可以将建筑物的照明线路、给水排水管道、煤气管道、空调管、灭火器、感知器、广播设备等管线及其设备安装在顶棚内。

吊顶依所采用材料、装修标准以及防火要求的不同分为木质骨架吊顶和金属骨架吊顶。

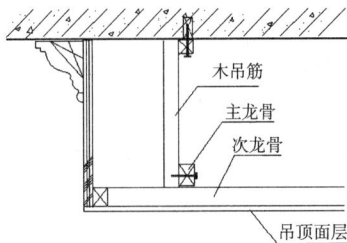

图8-25　木质吊顶

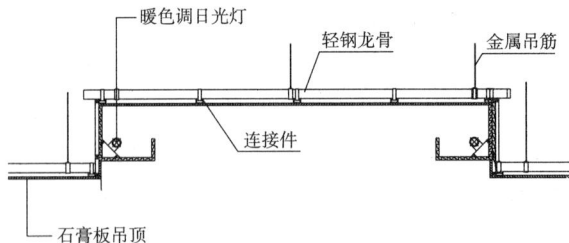

图8-26　金属骨架吊顶

（1）木质吊顶

木质吊顶主要是借预埋于楼板内的金属吊件或锚栓将吊筋（又称吊头）固定在楼板下部，吊筋间距一般为 900~1000mm，吊筋下端固定主龙骨，其截面约为 45mm×45mm 或 50mm×50mm。主龙骨下钉次龙骨，次龙骨截面为 40mm×40mm，间距约为 400~600mm。间距的确定应视其下面装饰面层的规格而定。当采用木板条抹灰时，其间距为 400mm，以利钉灰板条；当采用规格为 1800mm×900mm 的装饰板材时，其间距为 450mm；当采用规格为 2400mm×1200mm 的装饰板材时，其间距为 400mm 或 600mm。木质吊顶基本构造层次见图 8-25。

木质吊顶因所用材料具可燃性，加之安装多用铁钉固定，使顶棚表面很难做到平整，因此在一些重要的工程或防火要求较高的建筑中，不宜使用。

（2）金属骨架吊顶

根据防火规范要求，顶棚宜采用不燃材料。加之近年来各种金属吊顶材料大量出现，因此在一般大型公共建筑中，金属骨架吊顶已广泛使用。

金属吊顶主要由金属骨架基层与装饰面板所构成。金属骨架由吊筋、主龙骨、次龙骨和横撑组成。吊筋一般采用 $\phi 4$ 钢筋或 8 号铅丝或 $\phi 6$ 螺栓，中距 900~1200mm，固定在楼板下。吊筋与楼板的固结方式可分为吊钩式、钉入式和预埋件式。在吊筋的下端悬吊主龙骨。龙骨截面形式有"T"形、"U"形、长方形等。为铺钉装饰面板，可在龙骨之间增设横撑，横撑间距视面板规格而定。在吊顶次龙骨和横撑上铺钉装饰面板。金属骨架吊顶见图 8-26。

吊顶面板有各种人造板和金属板之分。人造板包括纸面石膏板、矿棉吸声板、各种穿孔板吸声板等。装饰面板可借沉头自攻螺钉固定在龙骨和横撑上，亦可搁置在"T"形龙骨的翼缘上。

第五节　阳台及雨篷

住宅建筑需要设置阳台，为人们提供户外活动和晾晒衣服的场所。阳台的设置对建筑物的外部形象也有重要的影响。

一、阳台的类型、组成及要求

根据阳台与建筑物外墙的关系，可分为挑（凸）阳台、凹阳台和半挑半凹阳台。

按阳台在外墙上所处的位置不同，有中间阳台和转角阳台之分。当阳台的长度占有两个或两个以上开间时，称为外廊。

阳台由承重结构（梁、板）和栏杆组成。阳台的结构及构造设计应满足以下要求：

1. 安全、坚固

挑阳台及半挑半凹阳台的出挑部分之承重结构均为悬臂结构，阳台挑出长度应满足结构抗倾覆的要求，阳台的挑出长度不宜超过1.5m，当挑出长度超过1.5m时，应做凹阳台或采取可靠的防倾覆措施，以保证结构安全。阳台栏杆、扶手构造应坚固、耐久，并给人们以足够的安全感，栏杆高度常取1050mm。

2. 适用、美观

阳台地面应低于室内地面60mm左右，以免雨水流入室内，阳台应做一定的排水坡度（1%~2%），使排水顺畅。阳台的排水分为有组织排水和无组织排水两种。无组织排水是在阳台板上面预留排水孔，用直径不小于32mm的金属管或塑料管穿过排水孔，伸出阳台外约80~100mm，形成"水舌"排水。有组织排水是在阳台排水坡的底部设地漏，用塑料管把流入地漏的水引入屋面排水系统的竖直雨落管。阳台的排水见图8-27。从美观方面考虑，阳台的板底面应抹灰刷白。阳台栏杆应结合地区气候特点，并满足立面造型的需要。

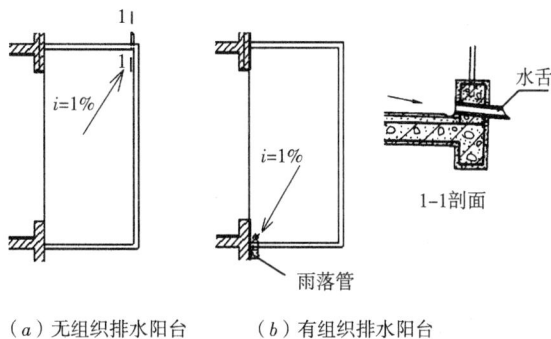

（a）无组织排水阳台　　（b）有组织排水阳台

图8-27　阳台排水

二、阳台承重结构的布置

阳台承重结构通常是楼板的一部分，因此阳台承重结构应与楼板的结构统一考虑，主要采用钢筋混凝土阳台板。钢筋混凝土阳台可采用现浇式、装配式或现浇与装配相结合的方式。

1. 凹阳台的结构布置

当为凹阳台时，阳台板可直接由阳台两边的墙支承，板的跨长与房屋开间尺寸相同。也可采用与阳台进深尺寸相同的板铺设。

2. 挑阳台的结构布置

挑阳台的结构布置可采取挑梁式和挑板式两种方式。

（1）挑梁式

挑梁式是在阳台的两端设置挑梁，挑梁上搁置阳台板。此种方式构造简单、施工方便，阳台板与楼板规格一致，是较常采用的一种方式。在处理挑梁与板的关系时有几种方式：一种是挑梁外露，阳台正立面上露出挑梁梁头。第二种是在挑梁梁头设置边梁，在阳台外侧边上加一边梁封住挑梁梁头，阳台底边平整，使阳台外形较简洁。第三种是设置"L"形挑梁，梁上搁置卡口板，使阳台底面平整，外形简洁、轻巧、美观，但增加了构件类型。

（2）挑板式

挑板式阳台的承重结构是由楼板挑出形成的。此种方式使阳台板底平整，造型简洁，阳台长度可以任意调整，但施工较麻烦。

三、阳台栏杆

1. 栏杆类型

根据阳台栏杆使用材料的不同，有金属栏杆、钢筋混凝土栏杆、砖栏板，还有不同材料组成的混合栏杆。金属栏杆有钢栏杆、铸铁栏杆、不锈钢栏杆等；砖栏板自重大，抗震性能差，且立面显得厚重；钢筋混凝土栏杆造型丰富，可虚可实，耐久性、整体性好，自重较砖栏板轻，且拼装方便。因此，钢筋混凝土栏杆应用较为广泛。

按阳台栏杆空透的情况不同，有实心栏板、空花栏杆和部分空透的栏杆。选择栏杆的类型应结合立面造型的需要、使用的要求、地区气候特点、人的心理要求、材料的供应情况等多种因素决定。图8-28是阳台栏杆的几种类型。图2-28中的1-1剖面至4-4剖面图见图2-29。

2. 钢筋混凝土栏杆构造

（1）栏杆压顶

钢筋混凝土栏杆通常设置钢筋混凝土压顶，并根据立面装修的要求进行饰面处理。预制钢筋混凝土压顶与下部的连接可采用预埋铁件焊接（图8-29E），也可采用榫接坐浆的方式，即在压顶底面留槽，将栏杆插入槽内，并用M10水泥砂浆坐浆填实，以保证连接的牢固性。还可以在栏杆上留出钢筋，现浇压顶（图8-29D），这种方式整体性好、坚固，但现场施工较麻烦。另外，也可采用钢筋混凝土栏板顶部加宽的处理方式，其上可放置花盆，当采用这种方式时，宜在压顶外侧采取防护措施，以防花盆坠落（图8-29A）。

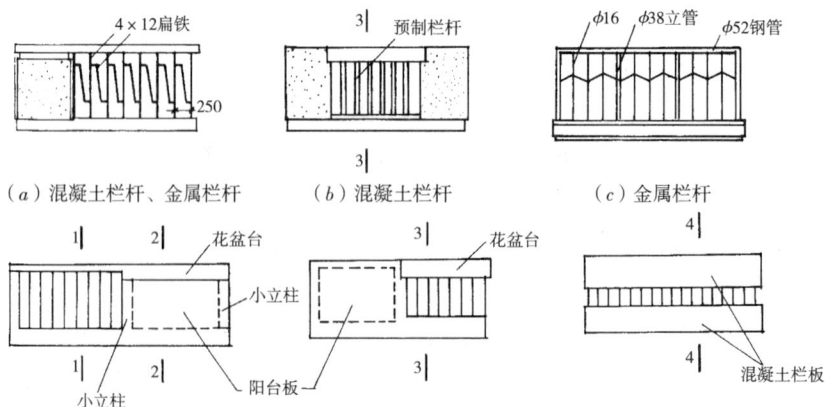

图8-28　阳台栏杆的形式

（2）栏杆与阳台板的连接

为了阳台排水的需要和防止物品由阳台板边坠落，栏杆与阳台板的连接处需采用 C20 混凝土沿阳台板边现浇挡水带。栏杆与挡水带采用预埋铁件焊接（图 8-29C），或预留孔洞榫接。如采用钢筋混凝土栏板，可设置预埋铁件直接与阳台板预埋件焊接（图 8-29G）。

（3）栏板的拼接

钢筋混凝土栏板的拼接有以下几种方式：一是直接拼接法，即分别在栏板和阳台板上预埋铁件焊接，构造简单，施工方便；二是立柱拼接法，由于立柱为现浇钢筋混凝土，柱内设有立筋并与阳台预埋件焊接，所以整体刚度好，但施工也较麻烦，这种方式在长外廊中采用得较多。

（4）栏杆与墙的连接

栏杆与墙的连接的一般做法是在砌墙时预留 240mm（宽）×180mm（深）×120mm（高）的洞，将压顶伸入锚固。采用栏板时，将栏板的上下肋伸入洞内，或在栏杆上预留钢筋伸入洞内，用 C20 细石混凝土填实。为了防止细石混凝土干实后使栏杆容易被拔出，一般将栏杆的端部做成燕尾形式（图 8-30a），或在栏杆的端部焊接一段横铁（图 8-30b）。

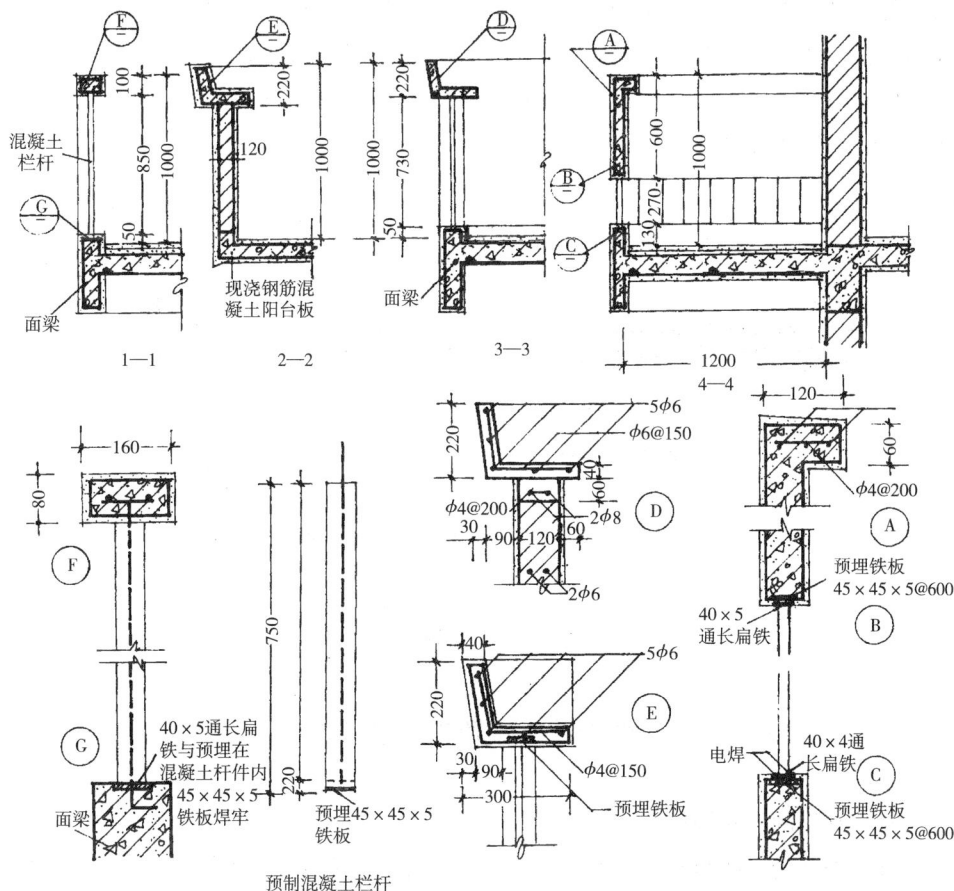

图8-29　阳台栏杆的连接

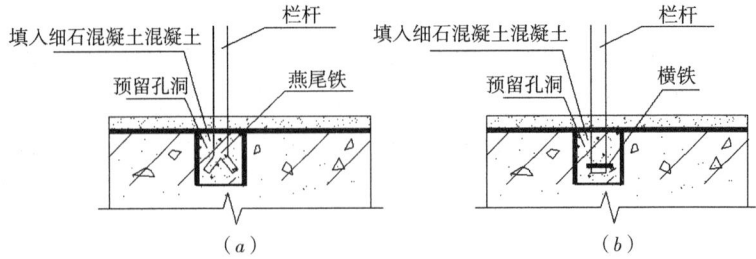

图8-30 栏杆预留孔洞榫接

四、雨篷

雨篷设在建筑出入口的上方，作用是防止雨天时人们在出入口处作短暂停留时被雨水淋湿，并起到保护大门和丰富建筑立面的作用。

由于建筑的性质，出入口的大小、位置，地区气候特点及立面造型的要求等因素的影响，雨篷的形式多种多样。根据雨篷板的支承方式不同，雨篷可采用门洞过梁悬挑的方式和墙或柱支承的方式。悬挑的方式又分为悬挑板式和悬挑梁板式（图8-31），悬挑雨篷挑出长度为1m左右，挑出尺寸较大者，应处理好防倾覆的问题。悬挑板的板面与过梁顶面可不在同一标高上，一般梁面标高较板面高，这样处理对防止雨水浸入墙体有利。由于雨篷上荷载不大，悬挑板的厚度较薄，通常做成变切面形式，板外沿厚为50~70mm。为了板面排水的组织和立面造型的需要，板外沿常作加高处理，采用混凝土现浇。板面需作防水处理，并在靠墙处做泛水，一般用防水砂浆沿墙身粉200mm高，形成泛水。

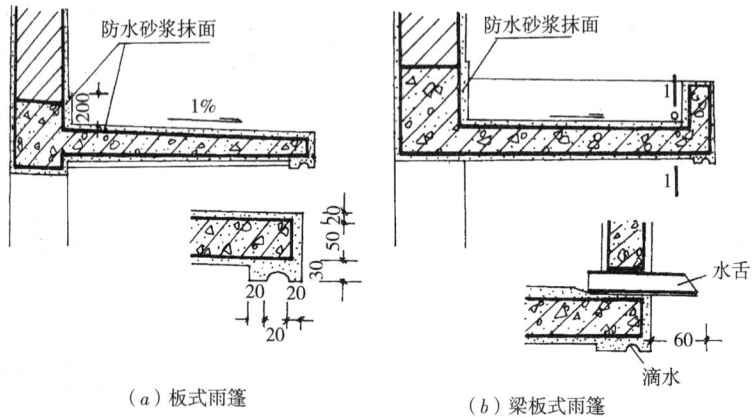

（a）板式雨篷 　　　　（b）梁板式雨篷

图8-31 雨篷构造

第六节 地面节能构造

一、地面的一般情况

地面按是否直接与土壤接触分为两类：一类是直接接触土壤的地面，另一类是不直接与土壤接触的地面。这种不直接与土壤接触的地面，按情况又可分为接触室外空气的地板和不采暖地下室上部的地板两种。

二、地面的热工要求

地面热工的第一个要求是避免与人体脚部接触的地面面层吸收人体过多的热量，使人体过度失热而不舒适。在我国《民用建筑热工设计规范》（GB 50176-93）中，地面面层的吸热性能用吸热指数 B 表示，根据 B 值的大小，地面的热工性能分为三类，见表8-1。几种地面的构造和相应的热工性能见表8-2。

地面热工性能分类　　　　　　　　　　表8-1

类　别	吸热指数B $[W/(m^2 \cdot h^{-1/2} \cdot K)]$	适用的建筑类型
I	<17	高级居住建筑、托幼、医疗建筑
II	17～23	一般居住、办公、学校建筑等
III	>23	临时逗留及室温高于23℃的采暖房间

注：表中B值是反映地面从人体脚部吸收热量多少和速度的一个指数。厚度为3~4mm面层材料的热渗透系数对B值的影响最大。热渗透系数$b=\sqrt{\lambda c \rho}$，故面层宜选择密度、比热容和导热系数小的材料。

几种地面的吸热指数B及热工性能　　　　　　表8-2

名称	地　面　构　造	B值	热工性能类别
硬木地面	1. 硬木地板 2. 粘贴层 3. 水泥砂浆 4. 素混凝土	9.1	I
厚塑料地面	1. 聚氯乙烯地板 2. 粘贴层 3. 水泥砂浆 4. 素混凝土	8.6	I
薄塑料地面	1. 聚氯乙烯地板 2. 粘贴层 3. 水泥砂浆 4. 素混凝土	18.2	II
水泥砂浆轻骨料混凝土地面	1. 水泥砂浆面层 2. 轻骨料混凝土（ρ<1500）	20.5	II

续表

名称	地 面 构 造	B 值	热工性能类别
水泥砂浆地面	1. 水泥砂浆面层 2. 混凝土	23.5	Ⅲ
水磨石地面	1. 水磨石面层 2. 水泥砂浆 3.. 混凝土	24.3	Ⅲ

三、地面的节能构造

1. 直接与土壤接触的地面的节能构造

对于直接与土壤接触的地面，由于建筑室内地面下部土壤温度的变化情况与地面的位置有关，对建筑室内中部地面下的土壤层，温度的变化范围不太大。一般冬、春季的温度有 10℃ 左右，夏、秋季的温度也只有 20℃ 左右，且变化十分缓慢。因此，对一般性的民用建筑，房间中部的地面可以不作保温隔热处理。但是，靠近外墙四周边缘部分的地面下部的土壤，温度变化是相当大的。在严寒地区的冬季，靠近外墙周边地面下土壤层的温度很低。因此，对这部分地面必须进行保温处理，否则大量的热能会

图8-32 外墙周边地面的保温构造

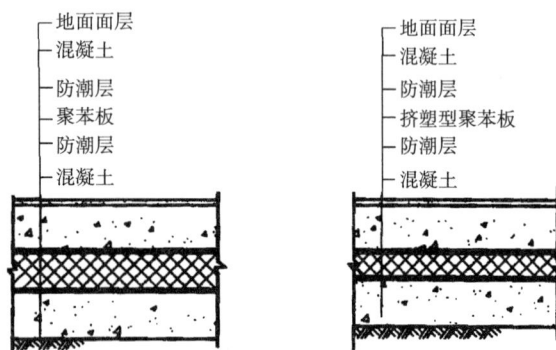

图8-33 地面的保温构造

由这部分地面损失掉，同时使这部分地面出现冷凝现象。常见的保温构造方法是在距外墙周边 2m 的范围内设保温层，如图 8-32 所示。

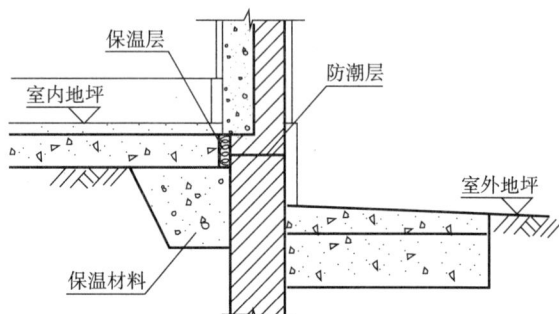

对特别寒冷的地区或保温性能要求高的建筑，可对整个地面进行保温处理，图 8-33 是利用聚苯板和挤塑型聚苯板对地面进行保温的构造做法。图 8-34 是国外几种典型的地面保温构造。

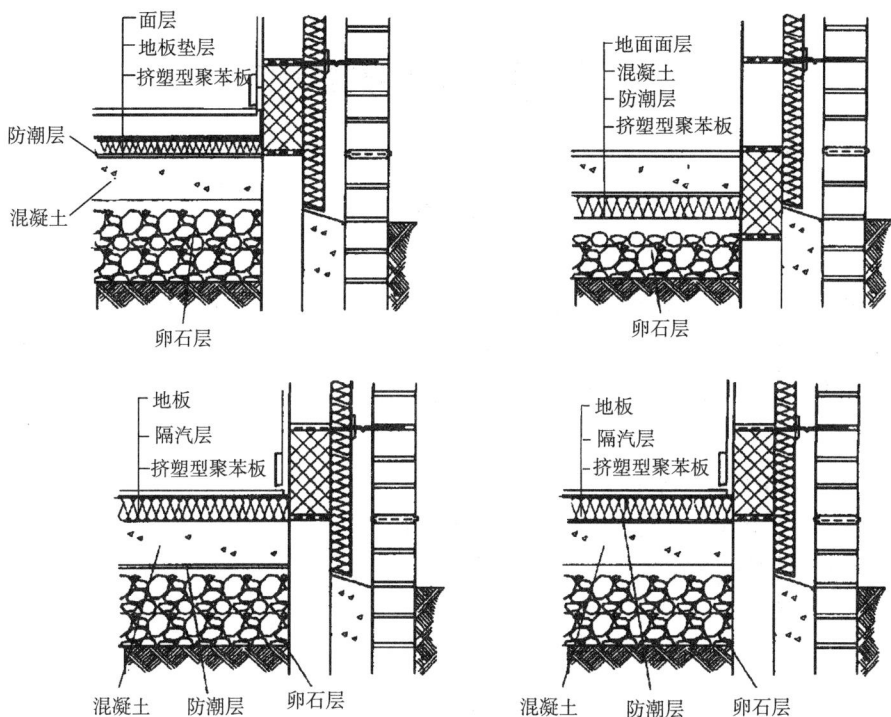

图8-34 国外几种典型的地面保温构造

2. 与室外空气接触的地板的节能构造

对直接与室外空气接触的地板（如骑楼、过街楼的地板）以及不采暖地下室上部的地板等，应采取保温隔热措施，使这部分地板满足建筑节能的要求。图 8-35 是一种与室外空气接触的地板的节能构造做法。

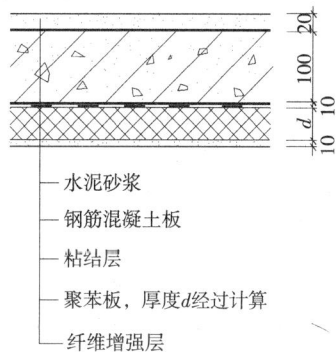

图8-35 与室外空气接触地板的节能构造

第九章　楼梯构造

第一节　概　述

建筑各个不同高度之间的联系，需要有供上下交通联系的设施，垂直交通联系的设施有楼梯、电梯、自动扶梯、爬梯以及坡道等。电梯用在层数较多或有特种需要的建筑物中，设有电梯或自动扶梯的同时也必须设置楼梯。

一、楼梯数量的确定

公共建筑和走廊式住宅一般应设两部楼梯，单元式住宅可以例外。

2~3 层的建筑（医院、疗养院、托儿所、幼儿园除外）符合表 9-1 要求时，可设一个疏散楼梯。

设置一个楼梯的条件　　　　　　　　　　　　　　表9-1

耐火等级	层数	每层最大建筑面积（m²）	人数
一、二级	二、三层	500	第二层与第三层人数之和不超过100人
三级	二、三层	200	第二层与第三层人数之和不超过50人
四级	二层	200	第二层人数不超过30人

九层和九层以下，每层建筑面积不超过 300m²，且人数不超过 30 人的单元式住宅可设一个楼梯。

二、楼梯位置的确定

（1）楼梯应放在明显和易于找到的部位。

（2）楼梯不宜放在建筑物的角部和边部，以便于荷载的传递。

（3）楼梯间应有直接的采光和自然通风。

（4）五层及以上的建筑物的楼梯间，底层应设出入口；四层及以下的建筑物，楼梯间与出入口的距离应不大于 15m。

三、楼梯的设计要求

1. 功能方面的要求

楼梯的数量、宽度、平面式样、细部做法等均应满足功能要求。

2. 结构构造方面的要求

楼梯应有足够的承载能力（住宅按 1.5kN/m²，公共建筑按 3.5kN/m² 考虑）、足够的采光能力（窗地面积比不应小于 1/12）、较小的变形（允许挠度值为 1/400）等。

3. 防火、安全方面的要求

楼梯的间距、楼梯的数量均应符合相关的规范要求。此外，楼梯四周至少有一面墙体为耐火墙体，以保证疏散安全。

4. 施工和经济方面的要求

在选择装配做法时，要求使用的构件重量适当，便于施工。

四、楼梯的组成

楼梯一般由梯段、平台、栏杆扶手三部分组成，如图9-1所示。

1. 梯段

梯段是联系两个不同标高平台的倾斜构件，有板式梯段和梁板式梯段两种。为了减轻疲劳，梯段的踏步步数一般不宜超过18级，但也不宜少于3级，因为步数太少不易为人们察觉，容易摔倒。

2. 平台

根据平台所处位置和高度的不同，有中间平台和楼层平台之分。两楼层之间的平台称为中间平台，用来供人们在行走时调节体力和改变行进方向。与楼层地面标高齐平的平台称为楼层平台，除起着中间平台的作用外，还起到分配从楼梯到达各楼层人流的作用。

3. 栏杆扶手

栏杆扶手是设在梯段及平台边缘的安全保护构件。当梯段宽度不大时，只需在梯段临空面设置。当梯段宽度较大时，非临空面也应加设靠墙扶手。当梯段宽度很大时，还需在梯段中间加设中间扶手。

五、楼梯形式

楼梯的形式很多，图9-2是几种常见的楼梯形式。建筑设计时选取哪种形式的楼梯取决于楼梯所处的位置、楼梯间的平面形状与大小、楼层高低与层数、人流多

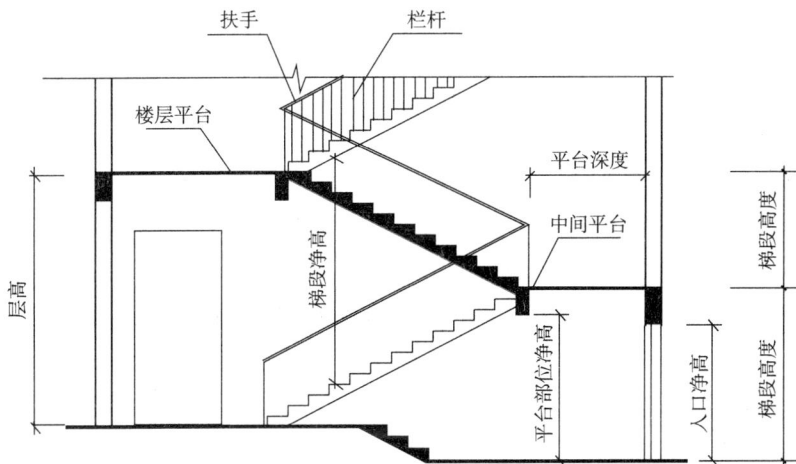

图9-1 楼梯的组成

少与坡度缓急等因素。

1. 直行单跑楼梯

这种楼梯无中间平台，由于单跑梯段踏步数一般不超过 18 级，故仅能用于层高不大的建筑。

2. 直行多跑楼梯

这种楼梯是直行单跑楼梯的延伸，仅增设了中间平台，将单梯段变为多梯段。一般为双跑梯段，适用于层高较大的建筑。

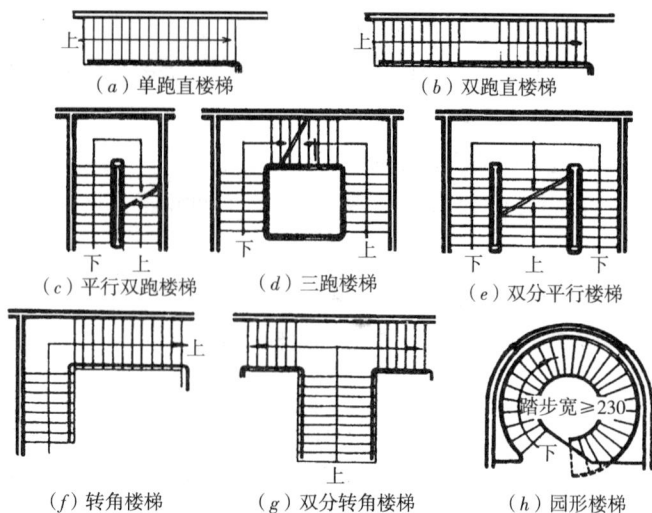

(a) 单跑直楼梯　　(b) 双跑直楼梯

(c) 平行双跑楼梯　(d) 三跑楼梯　(e) 双分平行楼梯

(f) 转角楼梯　(g) 双分转角楼梯　(h) 园形楼梯

图9-2　楼梯的形式

直行多跑楼梯给人以直接、顺畅的感觉，导向性强，在公共建筑中常用于人流较多的大厅。但是，由于缺乏方位上回转上升的连续性，当用于层数较多的建筑时，会增加交通面积并加长人流行走距离。

3. 平行双跑楼梯

平行双跑楼梯由于上完一层楼刚好回到原起步方位，与楼梯上升的空间回转往复性吻合，比直跑楼梯节约面积并缩短人流行走的距离，是最常用的楼梯形式。

4. 转角楼梯

转角楼梯是由平行双跑楼梯变化产生的，区别在于第二个梯段不是与第一个梯段平行，而是与第一个梯段相交一定的角度，大多数相交为直角。转角楼梯可用于门厅中，形成一定的室内景观效果。

5. 双分平行楼梯

这种楼梯形式是在平行双跑楼梯基础上演变产生的。其梯段平行而行走方向相反，且第一跑在中部上行，然后自中间平台处往两边以第一跑的 1 / 2 梯段宽各上一跑到楼层面。通常在人流多，梯段宽度较大时采用。由于其造型的对称严谨性，可用作办公类建筑的主要楼梯。

6. 三跑楼梯

三跑楼梯中部形成较大梯井，在设有电梯的建筑中，可利用楼梯井作为电梯井位置。由于有三跑梯段，常用于层高较大的公共建筑中。当楼梯井未作为电梯井时，因楼梯井较大，安全性较差，所以在供少年儿童使用的建筑中不能采用此种楼梯。

此外，还有双分转角楼梯、圆形楼梯、弧形楼梯等多种楼梯形式。

六、楼梯的细部尺寸

1. 踏步尺寸

踏步是供人们上下楼梯时的脚踏构件，踏步的水平面叫踏面，垂直面叫踢面。

踏步的尺寸应根据人体的跨步尺度和建筑物的使用性质来决定。踏步的尺寸决定了楼梯的坡度。在建筑工程中，楼梯的坡度大致为 20°~45°，坡度在 20° 以下，宜设置坡道，坡度在 45° 以上，设置为爬梯。在 20°~45° 的范围中，舒适的坡度为 26°34'，即踏步高与踏面宽之比为 1/2。

楼梯设计时，踏面宽常用 b 表示，踏步高常用 h 表示（图9-3），b 和 h 应符合以下关系之一。

$$b+h=450mm$$

$$b+2h = 600~620mm$$

踏步尺寸还与建筑的使用性质有关，不同使用类型的建筑物，踏步的尺寸要求不相同。常见建筑类型的楼梯踏步尺寸要求见表9-2。

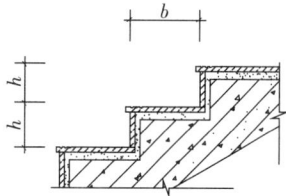

图9-3 楼梯踏步尺寸表示

踏步尺寸					表9-2
尺寸（mm） 建筑类型	住宅共用楼梯	幼儿园、小学校等楼梯	电影院、剧场、体育馆、商场、医院、旅馆、大中学校	其他建筑楼梯	专用疏散楼梯
最小宽度值	260	260	280	260	250
最大高度值	175	150	160	170	180

注：本表选自《民用建筑设计通则》（GB 50352—2005）。

2. 梯井

两个楼梯段之间的空隙叫梯井，公共建筑的梯井宽度以不小于150mm为宜（依消防要求而定）。

3. 楼梯段

楼梯段是楼梯中连接上下两个平台的倾斜构件，楼梯段的宽度取决于通行人数和消防要求。按通行人数考虑时，每股人流的宽度为人的平均肩宽（550mm）再加少许提物尺寸（0~150mm），即550mm+（0~150）mm。按消防要求考虑，每个楼梯段必须保证两人能同时上下，故要求最小宽度为1100~1400mm，室外疏散楼梯最小宽度为800~900mm。楼梯段的最少踏步数为3步，最多踏步数不得超过18步。

梯段的水平投影长度为踏步数减1再乘以踏步宽，即 $L=b×(n-1)$，n 为踏步数。

4. 楼梯栏杆和扶手

楼梯在靠近梯井处应加栏杆或栏板，在顶部做扶手。

扶手表面的高度与楼梯坡度有关，其计算点应从踏步前沿起算。

楼梯的坡度为15°~30°时，扶手表面的高度取900mm，30°~45°时，取850mm，60°~75°时，取750mm。

水平护身栏杆的高度应不小于1050mm。

楼梯段的宽度大于1650mm时，应增设靠墙扶手，楼梯段的宽度大于2200mm时，增设中间扶手。

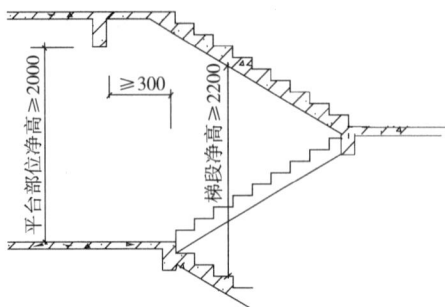

图9-4 楼梯净高

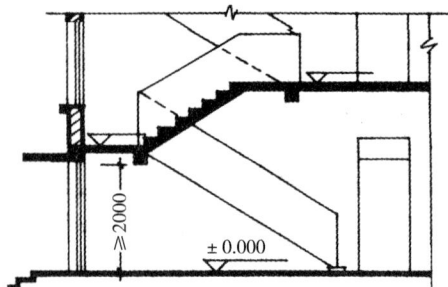

图9-5 一层楼梯长短跑

5. 平台宽度

平台宽度分为中间平台宽度和楼层平台宽度，对于平行和折行多跑等类型的楼梯，其转向处的中间平台宽度应不小于梯段宽度，并不得小于1.2m。医院建筑还应保证担架在平台处能转向通行，其中间平台宽度应不小于1800mm。对于直行多跑楼梯，其中间平台宽度等于梯段宽，或者不小于1000mm。楼层平台宽度则应比中间平台更宽松一些，以便人流分配和停留。

6. 楼梯净高尺寸

楼梯休息平台梁底与下部通道处的净高尺寸不应小于2000mm。楼梯之间的净高不应小于2200mm（图9-4）。

当在平行双跑楼梯底层中间平台的下部需设置出入通道时，满足平台下通行的净高要求是楼梯设计的关键，一般可采用以下方式解决这个问题：

（1）在底层变等跑梯段为长短跑梯段。起步第一跑为长跑，以提高中间平台标高（图9-5）。这种方式仅能在楼梯间进深较大、底层平台宽度富余时适用。

（2）局部降低底层中间平台下方的地坪标高，使其低于底层室内地坪标高，以满足净空高度要求。但降低后的中间平台下方的地坪标高仍应高于室外地坪标高，以免雨水内溢（图9-6）。这种处理方式可保持等跑梯段，使构件统一，但中间平台下方地坪标高的降低，常依靠底层室内地坪标高绝对值的提高来实现，可能会增加回填土方量或将底层地面架空。

（3）综合以上两种方式，在采取长短跑梯段的同时，又降低一层中间平台下方地坪标高（图9-7）。这种处理方式可兼有前两种方式的优点，减少前两种方式的缺

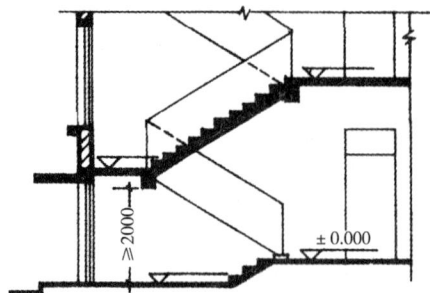

图9-6 局部降低平台下地坪标高

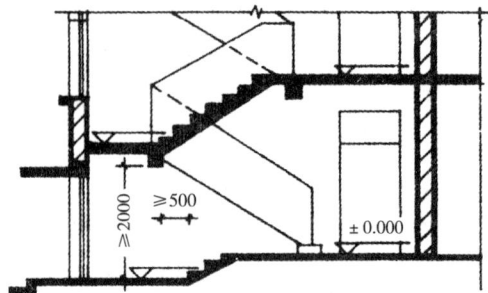

图9-7 局部降低平台下地坪标高与长短跑相结合

点，是建筑工程中使用较多的一种方式。

（4）底层用直行单跑或直行双跑楼梯直接从室外上至二层楼（图9-8）。这种方式常用于住宅建筑，设计时需注意入口处雨篷底面的位置，保证净空高度在2m以上。

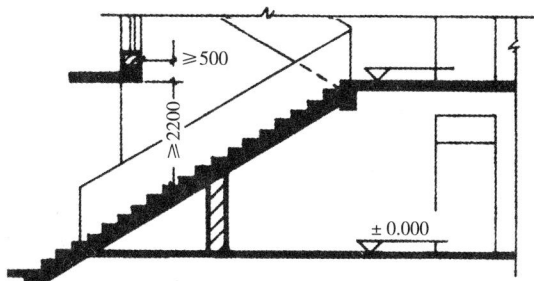

图9-8　一层用直跑楼梯

在楼梯间顶层，当楼梯不上屋顶时，为避免局部净空高度大、空间浪费，可在满足楼梯净空要求的情况下对局部加以利用，例如做成小储藏间、播音室等房间。

第二节　钢筋混凝土楼梯构造

钢筋混凝土楼梯具有坚固耐久、节约木材、防火性能好、可塑性强等优点，得到了广泛的应用。按其施工方式可分为预制装配式和现浇整体式。

一、预制装配式钢筋混凝土楼梯

预制装配式钢筋混凝土楼梯主要为梁承式楼梯。它主要由预制梯段（板式或梁板式梯段）、平台梁、平台板三部分组成，如图9-9所示，现分别介绍如下：

1. 梯段

（1）梁板式梯段

梁板式梯段由楼梯斜梁和踏步板组成。一般在踏步板两端各设一根梯斜梁，踏步板支承在梯斜梁上。由于构件小型化，不需大型起重设备即可安装，施工简便（图9-9）。

踏步板断面形式有一字形、"L"形、"⌐"形、三角形等，断面厚度根据受力情况不同大约为40~80mm。一字形断面踏步板制作简单，踢面可漏空或填实，但其受力不太合理，仅用于简易楼梯、小楼梯或室外梯等。"L"形与"⌐"形断面踏步板较一字形断面踏步板受力合理、用料省、自重轻，为平板带肋形，其缺点是底面呈折线形，梯段的下底不平整。三角形断面踏步板使梯段底面平整、简洁，解决了前几种踏步板底面不平整的问题。为了减轻自重，常将三角形断面踏步板抽空，形成空心构件。

梯斜梁一般为矩形断面，为了减少结构所占空间，也可做成"L"形断面，但构件制作较复杂。用于搁置一字形、"L"形、"⌐"形断面踏步板的梯斜梁为锯齿形变断面构件。用于搁置三角形断面踏步板的梯斜梁为矩形断面构件。楼梯斜梁一般按 $L/12$ 估算其断面有效高度（L 为楼梯斜梁的水平投影长度）。

（2）板式梯段

板式梯段为整块或数块带踏步单向条板，其上下端直接支承在平台梁上。

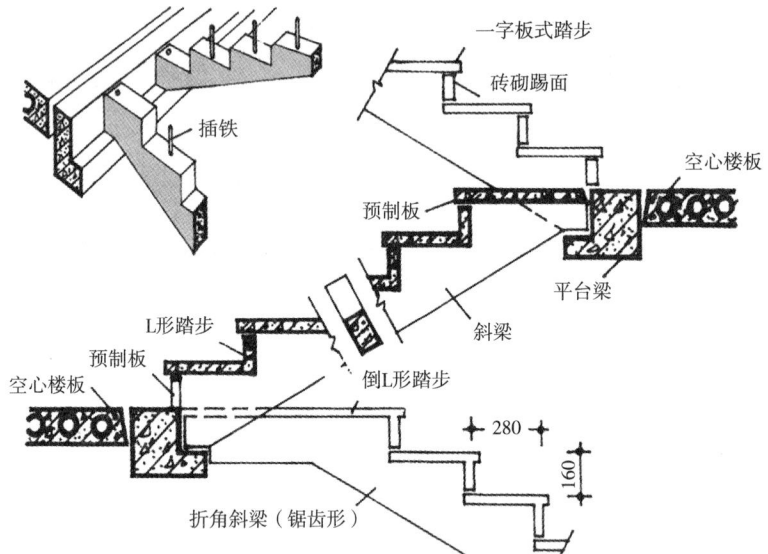

图9-9　楼梯预制构件

由于没有梯斜梁，梯段底面平整，结构厚度较小，其有效断面厚度可按 $L/30$ ~ $L/20$ 估算。由于板厚小，又无楼梯斜梁，使平台梁相应抬高，增大了平台下净空高度。

为了减轻梯段板自重，也可做成空心构件，有横向抽孔和纵向抽孔两种方式。横向抽孔较纵向抽孔合理易行，较为常用。当吊装机械起重能力较小时，可将梯段板分解成几块条板预制。

2. 平台梁

为了便于支承梯斜梁或梯段板，平衡梯段的水平分力并减少平台梁所占结构空间，一般将平台梁做"L"形断面，其构造高度按 $L/12$ 估算（L 为平台梁跨度）。

3. 平台板

平台板可根据需要采用钢筋混凝土空心板、槽板或平板。需要注意的是，在平台上有管道井处，不宜布置空心板。平台板一般平行于平台梁布置，以利于加强楼梯间整体刚度。当将它垂直于平台梁布置时，常采用小平板。

4. 构件连接

楼梯是主要交通部件，对楼梯的坚固耐久、安全可靠有较高的要求，这一点对地震区的建筑更为重要。由于梯段为倾斜的构件，需切实做好构件之间的连接，提高楼梯的整体性能。

（1）踏步板与梯斜梁的连接

通常在梯斜梁支承踏步板处以水泥砂浆坐浆连接，如需加强，可在梯斜梁上预埋插筋，与踏步板支承端预留孔插接，用高强度等级的水泥砂浆填实。

（2）梯斜梁或梯段板与平台梁的连接

在支座处除了用水泥砂浆坐浆外，应在连接端预埋钢板进行焊接。

（3）梯斜梁或梯段板与梯基础的连接

在楼梯底层起步处，梯斜梁或梯段板下应做梯基础，梯基础常用砖或混凝土材料（图9-10）。

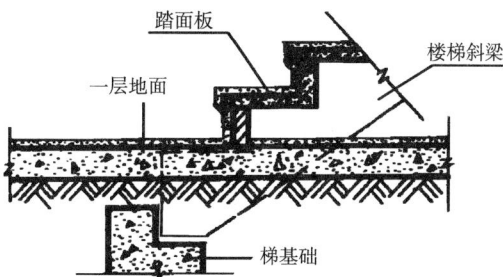

图9-10　一层楼梯斜梁与楼梯基础

二、现浇整体式钢筋混凝土楼梯

现浇整体式钢筋混凝土楼梯结构整体性能好，能适应各种楼梯间平面和众多的楼梯形式，充分发挥了钢筋混凝土的可塑性。但由于需要现场支模，模板耗费较大，施工周期较长。现浇整体式钢筋混凝土楼梯有板式楼梯、梁板式楼梯，其构造特点如下：

1. 板式楼梯

板式楼梯是将楼梯作为一块板考虑，板的两端支承在休息平台的边梁上，休息平台支承在墙上。板式楼梯的结构简单，板底平整，施工方便。

2. 现浇梁板式（梁承式、斜梁式楼梯）

梁板式楼梯是由斜梁支承踏步板，斜梁支承在平台梁上，平台梁再支承在墙上，斜梁可以在踏步板的下面，也可以在踏步板的上面（图9-11）

斜梁在踏步板上面时，可以阻止垃圾或灰尘从梯井中落下，而且梯段底面平整，便于粉刷，缺点是，梁占据梯段的一段。斜梁在踏步的下边时，板底不平整，抹面比较费工。

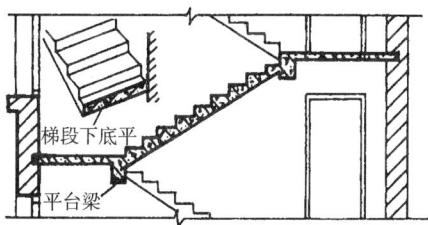

1-1剖面

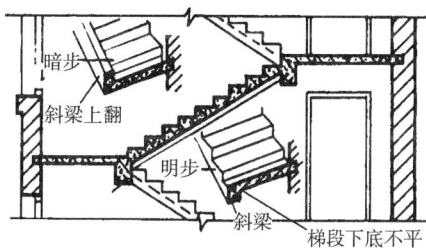

2-2剖面

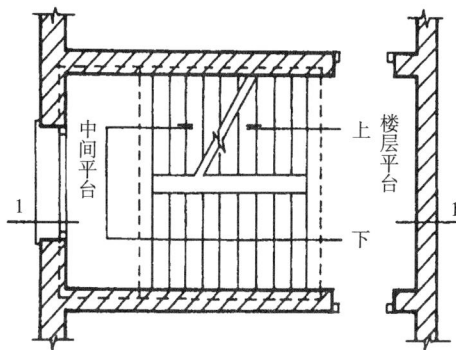

（a）现浇板式楼梯

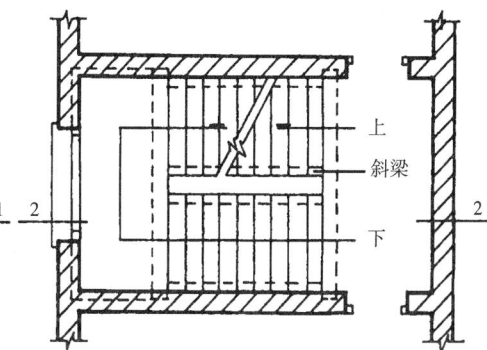

（b）现浇梁板式楼梯

图9-11　板式与梁板式楼梯

第三节 楼梯的细部构造

一、踏步面以及防滑措施

踏步的上表面要求耐磨，便于清洁。现浇楼梯拆模后表面粗糙，不仅影响美观，更不利于行走，所以要用水泥砂浆抹面，也可做成水磨石或缸砖贴面的踏步，有些建筑标准较高的楼梯也可以用大理石、花岗石等高档材料做踏步的面层。为了增加踏步的行走舒适感，可将踏步凸出 20mm 做成凸缘。

底层楼梯的第一个踏步可做成特殊的样式，或方或圆，以增加美感。楼梯的栏杆或栏板有多种变化，设计时应综合考虑安全性以及室内装饰艺术等方面的因素。

踏步表面应注意防滑处理。常用的做法与踏步表面是否抹面有关，如一般水泥砂浆抹面的踏步常不作防滑处理，而水磨石预制板或现浇水磨石面层一般采用水泥金刚砂、金属条、陶瓷锦砖或防滑缸砖等做防滑条，花岗石踏面可在踏步的边缘开三条凹槽作为防滑条，防滑条宜高出踏面 2~3mm（图 9-12）。

二、栏杆和栏板

栏杆或栏板是在梯段与平台的临空一边所设的安全设施，也是建筑中装饰性较强的构件。栏杆的上沿设扶手，供行走时依扶。较宽的楼梯，要在靠墙一边安装靠墙扶手。栏杆与扶手组合后应有一定的强度，能经受必要的侧向冲击力。

楼梯栏杆有空花栏杆、实心栏板以及两者的组合。空花栏杆一般采用钢铁料如扁钢、圆钢、方钢及管料做成。方钢的断面在 16mm×16mm~20mm×20mm 之间，圆钢应采用 $\phi 16$~$\phi 18$ 的圆钢为宜。金属栏杆的安装连接大多采用电焊或螺栓连接。栏杆构件间的空花尺寸不能过大，一般为 120~150mm，避免发生安全事故。图 9-13 是部分楼梯栏杆的样式。

栏板式取消了杆件，免去了空花栏杆的不安全因素，节约钢材，且无锈蚀问

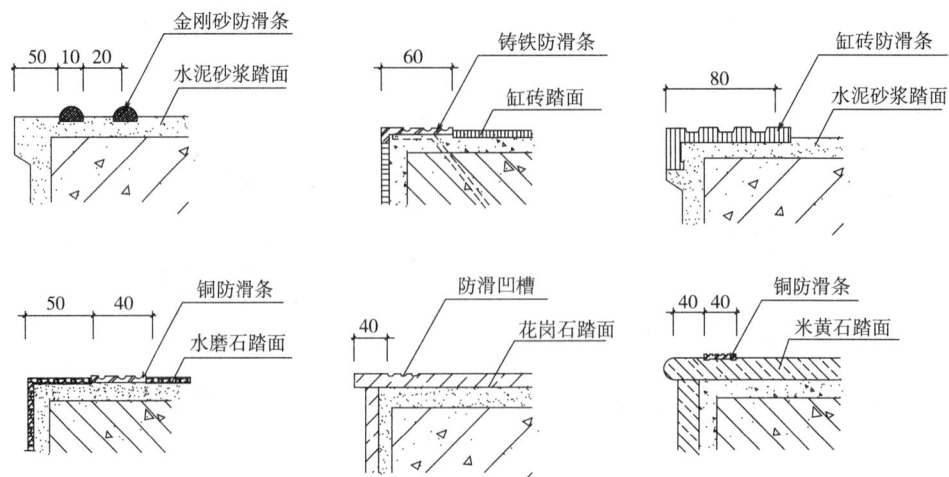

图9-12 楼梯踏面的防滑措施

图9-13 楼梯栏杆的形式

题，但板式构件应能承受侧向推力。栏板可以与踏步同时浇筑，厚度一般不小于80~100mm。栏板材料常为砖、钢丝网水泥抹灰、钢筋混凝土等，多用于室外楼梯或受到材料、经济限制时的室内楼梯。

砖砌栏板厚度太大会影响梯段的有效宽度，并增加自重，故通常采用高强度等级水泥砂浆砌筑1/2或1/4砖栏板。为了加强其抗侧向冲击的能力，应在砌体中加设拉结筋，并在栏板顶部现浇钢筋混凝土通长扶手。砖砌栏板表面需根据装修标准作面层处理。

钢丝网（或钢板网）水泥抹灰栏板以钢筋作为骨架，然后将钢丝网或钢板网与钢筋绑扎，用高强度等级水泥砂浆双面抹灰。这种做法需注意，钢筋骨架与梯段构件要有可靠的连接。

钢筋混凝土栏板与钢丝网水泥栏板类似，多采用现浇处理，比前者牢固、安全、耐久，但栏板厚度以及造价和自重增大。钢筋混凝土栏板的构造见图9-14。

混合式是指空花式和栏板式两种栏杆形式的组合，栏杆竖杆作为主要的抗侧力的构件，栏板则作为防护和美观装饰构件，其栏杆竖杆常采用钢材或不锈钢等材料，其栏板部分常采用轻质美观材料制作，如木板、塑料贴面板、铝板、有机玻璃板和钢化玻璃板等。

三、扶手形式

楼梯扶手常用木材、塑料、金属管材（钢管、铝合金管、铜管和不锈钢管等）制作。木扶手和塑料扶手具有手感舒适、断面形式多样的优点，使用较为广泛。木扶手常采用硬木制作。塑料扶手可选用生产厂家的定型产品，也可另行设计加工制作。金属管材扶手由于其可弯性，常用于螺旋形、弧形楼梯的扶手，但其断面形式单一。钢管扶手表面涂层易脱落，铝管和不锈钢管扶手使用较为普遍。

扶手断面形式和尺寸的选择既要考虑人体尺度和使用要求，又要考虑与楼梯的

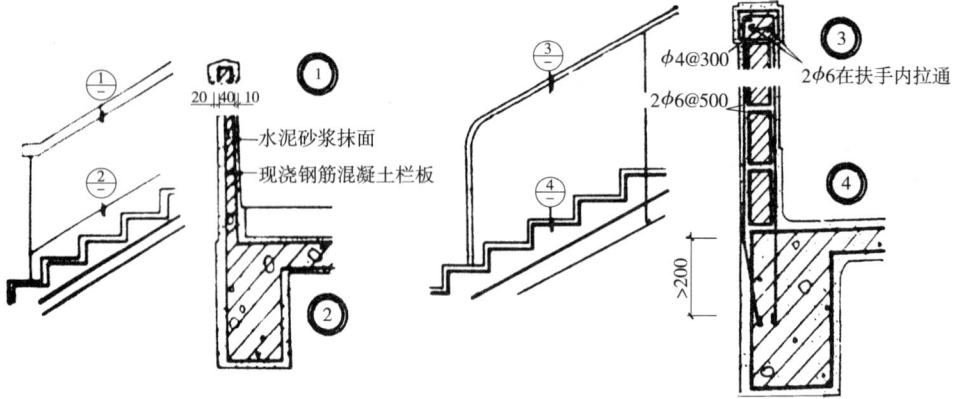

图9-14 钢筋混凝土栏板与砖砌栏板

尺度关系和加工制作的可行性。

四、栏杆扶手连接构造

1. 栏杆与扶手的连接

空花式和混合式栏杆当采用木材或塑料扶手时，一般在栏杆竖杆顶部设通长扁钢与扶手底面或侧面槽口榫接，用木螺钉固定，如图9-15所示。金属管材扶手与栏杆竖杆连接一般采用焊接或铆接，采用焊接时需注意扶手与栏杆竖杆用材一致。

2. 栏杆与梯段、平台的连接

栏杆竖杆与梯段、平台的连接方式主要有在梯段和平台上预埋钢板焊接、在梯段和平台上预留孔插接和用膨胀螺栓连接等几种。为了保护栏杆免受锈蚀和增强美观，常在竖杆下部装设套环，覆盖住栏杆与梯段或平台的接头处，如图9-16所示。

3. 扶手与墙面连接

当直接在墙上装设扶手时，扶手应与墙面保持100mm左右的距离，以便抓扶扶手。扶手端部与墙体的连接方法，一般是在砖墙上留洞，将扶手连接杆件伸入洞内，用细石混凝土嵌固。当扶手与钢筋混凝土墙或柱连接时，一般采取预埋钢板焊接或采用膨胀螺栓连接。

4. 梯段转折处栏杆扶手的处理

在梯段转折处，由于梯段间的高差关系，为了保持栏杆高度一致和扶手的连续性，需根据不同情况进行不同的处理。当上下梯段齐步时，上下扶手在转折处同时向平台延伸半步，使两扶手高度相等，连接自然，但这样做缩小了平台的有效深度。如扶手在转折处不伸入平台，下跑梯段扶手在转折处需上弯形成鹤颈扶手。若考虑鹤颈扶手制作较麻烦，也可改用直线转折的硬接方式。当上下梯段错开一步时，扶手在转折处不需向平台延伸即可自然连接。当长短跑梯段错开几步时，将出现一段水平栏杆。

五、顶层水平栏杆

顶层的楼梯间应加设水平栏杆，以保证人身的安全。顶层扶手与墙体的连接方法与前述相同。

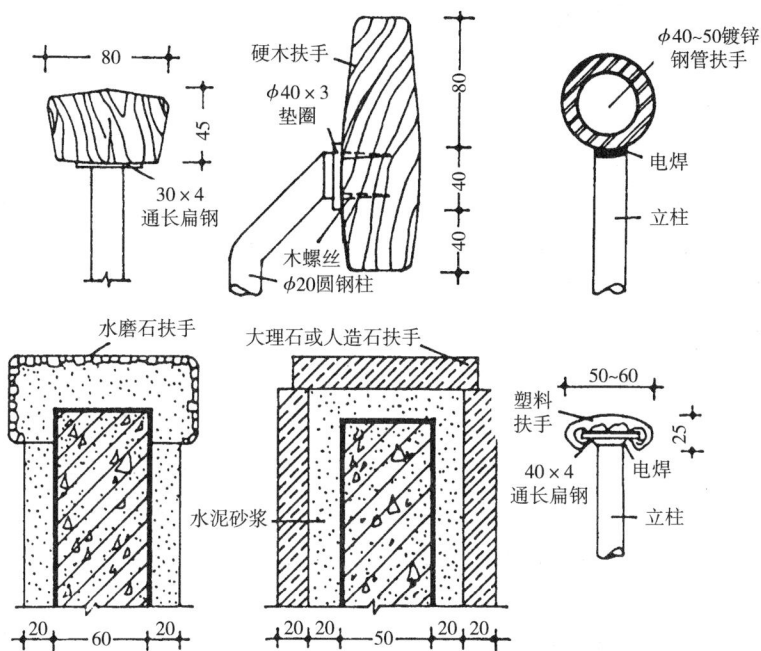

图9-15 栏杆与扶手连接

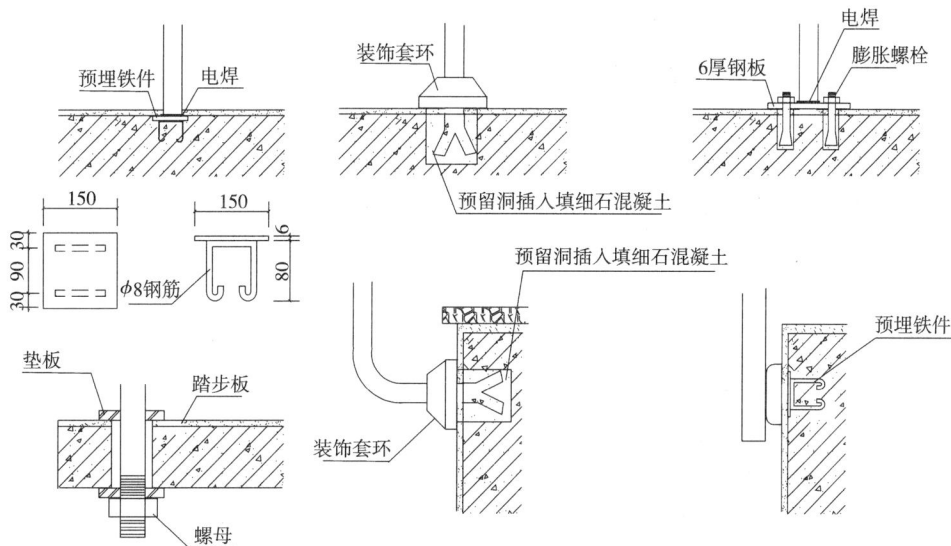

图9-16 楼梯栏杆与梯段的连接方式

第四节 楼梯设计要点

楼梯设计是本门课程的重点和难点，为了加强对楼梯设计相关内容的理解和掌握，有必要对楼梯设计中的一些关键问题进行梳理和归纳，使初次接触到楼梯相关知识的同学能加深理解，并顺利地完成楼梯设计。

一、楼梯设计的基本步骤

1. 根据建筑物的使用性质、防火要求确定楼梯的数量和位置

楼梯的数量和位置与建筑物的使用性质和防火要求有关，详细内容见民用建筑设计原理中的相关知识。

2. 根据楼梯人流的多少和安全疏散的需要确定楼梯的形式和梯段的最小宽度

楼梯的形式和梯段的最小宽度与使用楼梯的人流多少和建筑物的安全疏散要求有关，通常满足双股人流上下的楼梯的梯段宽度不小于 1100mm，满足三股人流上下的楼梯的梯段宽度不小于 1500mm。

3. 根据建筑物的层高和规范要求确定楼梯的踏步数

楼层间楼梯的踏步数与建筑物的层高及楼梯踏步的规范要求有关，踏步的尺寸要求见表 9-2。由建筑的层高除以表 9-2 中规定的每个踏步的最大高度值，可以初步计算出楼层间的最少踏步数，经过进一步调整后，可以得出楼层间的楼梯踏步数（对于使用较多的平行双跑楼梯，由于每上一层楼需要两个梯段，因此，每层楼的楼梯踏步数宜取双数）。

4. 由楼梯的踏步数目和规范要求的最小平台宽度可以计算出楼梯间的最小进深尺寸

楼梯间的最小进深尺寸与楼梯平台的最小宽度及梯段的水平投影长度有关。由于梯段与平台之间也有一个踏步的高差，因此，在楼梯平面图中，如果梯段有 n 个踏步的话，该梯段的水平投影长度为踏步深 b 值的（$n-1$）倍，即梯段的水平投影长度 $=b \times (n-1)$。

5. 楼梯的平面设计与剖面设计要相互验证，避免平面图与剖面图不吻合。同时，要注意楼梯间的净高要求，特别是对于一层楼梯间的中间平台下部设置出入口的楼梯，应检验其通行的可行性。

6. 绘制楼梯的平面图和剖面图，标注相关的尺寸、标高、剖切符号、各层平面图图名、剖面图图名、绘图比例和上下行线等

各层平面图的剖切位置大致在各层楼面以上约 1.5m 处，因此，在底层楼梯平面图中，一般只有上行段。中间层楼梯的上行段表示方法与底层同，下行段的水平投影线的可见部分至上行段的剖切线处为止。顶层楼梯只有下行一个方向，在平面图中不出现剖切线。要在平面图中用箭头标明上下行的方向，并注上文字。要在底层楼梯平面图中用剖切符号标出剖面图的剖切位置。

尺寸的标注原则上要在平面图中标注清楚所有平面各方向上的相关尺寸，包括平台的宽度、踏步的宽度、踏步的数目以及梯段的宽度、梯井的宽度等。在剖面图中标注高度方向上的相关尺寸，包括踏步的高度、踏步的数目以及各个楼层的层高和标高等。

二、楼梯设计实例分析

有一普通的五层住宅楼，该建筑的层高为 2.9m，墙厚 240mm，室内外高差

（a）一层楼梯平面详图

（b）二层楼梯平面详图

（c）三至四层楼梯平面详图

（d）五层楼梯平面详图

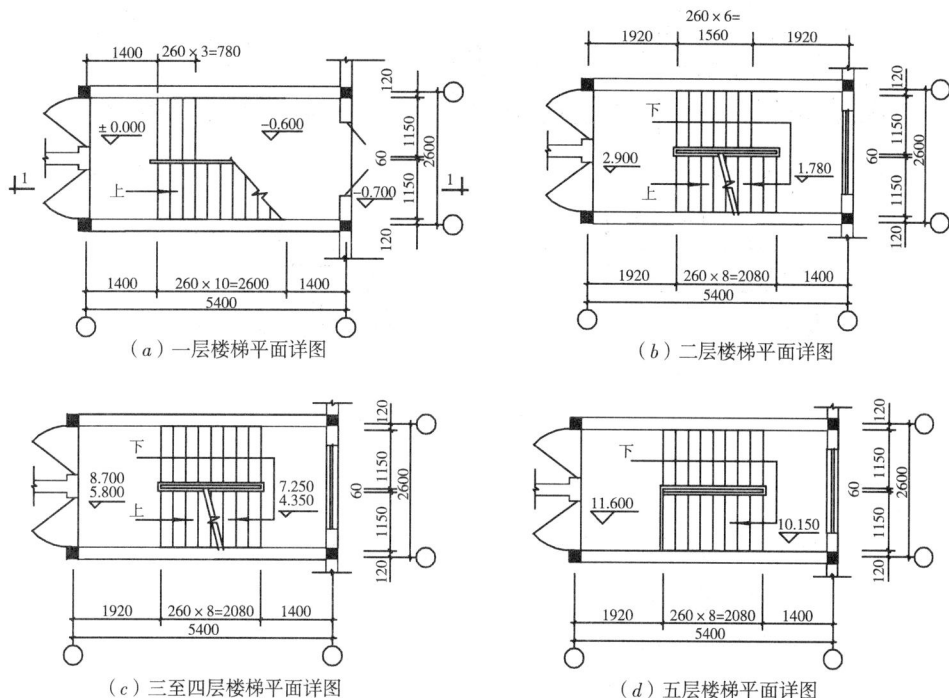

图9-17　某住宅楼梯间平面图

600mm。根据建筑的使用性质，设计时选择平行双跑楼梯。根据该建筑2.9m的层高和住宅建筑踏步最大高度不得大于175mm的规定，计算得到楼层间的踏步数应大于16。由于采用的是平行双跑楼梯，故踏步数宜取双数，因此确定每层楼的楼梯踏步数为18。图9-17所示为该住宅楼的楼梯间平面设计图，图9-18为其剖面图。

第五节　台阶与坡道构造

一、台阶

通常建筑物的室内地面都高于室外地面，为了便于出入，须根据室内外的高差来设置台阶。在台阶和出入口之间一般设置平台，作为缓冲之处，平台表面应向外倾斜约1%~4%的坡度，以利排水。台阶踏步的高宽比应较楼梯平缓，每级高度一般为100~150mm，踏面宽度为300~400mm。

台阶应采用抗冻性好和表面结实耐磨的材料，如混凝土、天然石、缸砖等。普通砖的抗水性和抗冻性较差，用来砌筑台阶时，整体性差，极易损坏。若表面用水泥砂

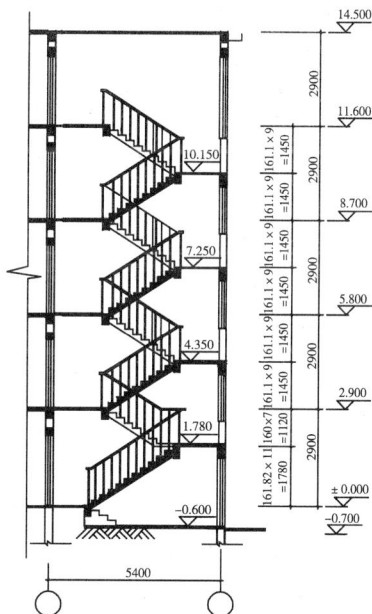

图9-18　某住宅楼梯间剖面图

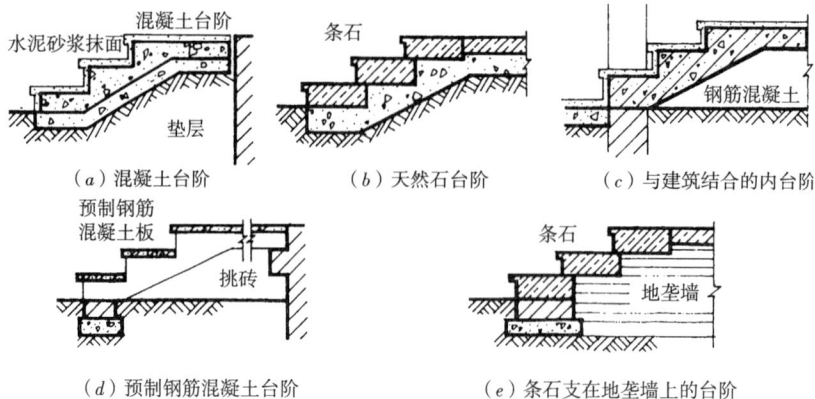

（a）混凝土台阶　　　　　（b）天然石台阶　　　　（c）与建筑结合的内台阶

（d）预制钢筋混凝土台阶　　　　　（e）条石支在地垄墙上的台阶

图9-19　台阶构造

浆抹面，虽有帮助，但也很容易脱落。大量性的民用建筑常采用混凝土台阶（图9-19）。

台阶的基础，一般情况下较为简单，只要挖去腐殖土做一垫层即可，但要注意两种情况对台阶造成的危害：

1. 地质沉降不均匀产生的危害

由于建筑的下沉，可能造成台阶倒泛水甚至破坏，对此，可采用下列措施：

（1）把台阶与建筑物的内外墙结构做成一体，使它随同建筑物一起沉降。

（2）把台阶连同它的基础与建筑物分离。台阶的施工最好放在最后，在主体建筑物有一定的沉降后再做台阶，这对减少台阶变形有一定的作用。

2. 在严寒地区，冰冻对台阶的危害

在严寒地区，如果建筑建造在冰冻后容易引起建筑物损坏的土层上（如黏土及亚黏土）。可采用换土法以保证台阶的稳定性。

二、坡道

在车辆经常出入或不适宜做台阶的部位，可采用坡道来进行室内和室外的联系。坡道的坡度为 $1/10\sim1/5$。一般安全疏散口，如剧场太平门的外面必须做坡道，而不允许做台阶。为了防滑，坡道面层可以做成锯齿形（图9-20）。

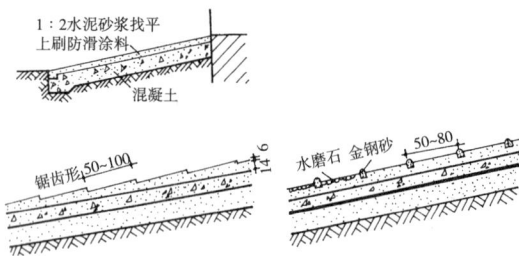

图9-20　坡道的构造

在人员和车辆同时出入的地方，可以将台阶与坡道同时设置，让人员和车辆各行其道。建筑物室内外高差在两步及两步台阶高度以下者，宜用坡道；当室内外高差在三步及三步以上台阶高度时，应采用台阶。室内坡道坡度为 $1/8$，室外坡道坡度为 $1/10$。

第十章 屋顶构造

第一节 屋顶的形式及设计要求

一、屋顶的功能

屋顶是房屋最上层的外围护结构，其主要作用是抵御自然界的风、霜、雨、雪、太阳辐射、气温变化和外界的不利影响，使屋盖下的室内空间有一个较好的使用环境。同时，屋顶又是建筑体形的一个重要部分，其形式对建筑物的造型有很大的影响，建筑设计中应充分注意屋顶的美观问题。在满足其他设计要求的同时，力求创造出造型美观有特色的建筑屋顶形式。

二、屋顶的形式

按所使用的材料，屋顶可分为钢筋混凝土屋顶、瓦屋顶、金属屋顶、玻璃屋顶等；按屋顶的外形和结构形式，又可分为平屋顶、坡屋顶、悬索屋顶、薄壳屋顶、拱屋顶、折板屋顶等形式的屋顶。

1. 平屋顶

大量性民用建筑一般采用混合结构或框架结构，结构空间与建筑空间多为矩形，这种情况下，采用与楼盖基本类同的屋顶结构，形成了平屋顶的形式。平屋顶易于协调统一建筑与结构的关系，较为经济合理，是广泛采用的一种屋顶形式。平屋顶的建筑如图10-1所示。

平屋顶既是承重构件，又是围护结构。为满足多方面的功能要求，屋顶构造具有多种材料叠合、多层法的特点。

平屋顶也应有一定的排水坡度，通常把坡度小于5%的屋顶称为平屋顶。在实际工程中，平屋顶常用的坡度为2%~5%。

2. 坡屋顶

坡屋顶是我国传统建筑的屋顶形式，广泛应用于民居、府衙、庙宇等建筑。现代的某些公共建筑考虑景观环境或建筑风格的要求也常采用坡屋顶。

坡屋顶的常见形式有：单坡、双坡屋顶，硬山及悬山屋顶，四坡歇山及庑殿屋

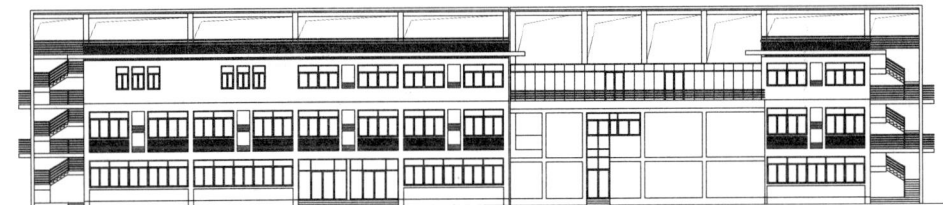

图10-1 平屋顶的建筑

顶，圆形或多角形攒尖屋顶等。

坡屋顶的屋面防水材料多为瓦材。坡屋顶的坡度与屋面防水材料尺寸和性能有关，金属瓦屋面的坡度多数为 10% ~20%，波形瓦屋顶的坡度多数为 20% ~40%，多数中小型瓦屋面的坡度在 40%以上。坡屋顶的结构大多数为屋架支撑的有檩体系，该屋顶的受力情况较平屋顶复杂。

3. 其他形式的屋顶

民用建筑通常采用平屋顶或坡屋顶，有时也采用曲面或折面等其他形状特殊的屋顶，如拱屋顶、折板屋顶、薄壳屋顶、桁架屋顶、悬索屋顶、网架屋顶等。

这些屋顶的结构形式独特，其传力系统、材料性能、施工及结构技术等都有一系列的理论和规范，再通过结构设计形成结构覆盖空间。建筑设计应在此基础上进行艺术处理，以创造出新颖的建筑形式。常见屋顶的外形如图 10-2 所示。

（a）单坡顶	（b）硬山顶	（c）悬山顶	（d）四坡顶
（e）庑殿	（f）歇山	（g）攒尖	（h）平屋顶
（i）平屋顶	（j）平屋顶	（k）拱顶	（l）双曲拱顶
（m）筒壳	（n）扁壳	（o）扭壳	（p）鞍形壳
（q）抛物面壳	（r）球壳	（s）折板	（t）辐射折板
（u）平板网架	（v）曲面网架	（w）轮辐式悬索	（x）鞍形悬索

图10-2 屋顶的外形

三、屋顶的设计要求

1. 防水要求

作为围护结构，屋顶最基本的功能是防止渗漏，因而屋顶构造设计的主要任务就是解决防水问题。一般通过采用不透水的屋面材料及合理的构造处理来达到防水的目的。屋面在处理防水问题时，应兼顾"导"和"堵"两个方面。所谓"导"，就是要将屋面积水顺利排除，因而应该有足够的排水坡度及相应的一套排水设施。所谓"堵"，就是将屋面积水阻止在防水层以外，因而屋面防水材料应该有足够的防渗透能力，同时防水材料之间要做好上下左右的相互搭接，使之形成一个封闭的防水覆盖层。屋顶的防水是一项综合性的技术，它涉及建筑与结构的形式、防水材料、屋顶坡度、屋面构造处理等问题，需综合考虑。屋顶设计中应遵循防水与排水相结合的原则解决好屋顶的防漏问题。

我国现行的《屋面工程技术规范》（GB 50345—2004）根据建筑物的性质、重要程度、使用功能要求及防水耐久年限等，将屋面防水划分为四个等级，各等级均有不同的设防要求，详见表10-1。

屋面防水等级和设防要求　　　　　　　　　表10-1

项　目	屋面防水等级			
	I	II	III	IV
建筑物类别	特别重要的民用建筑和对防水有特殊要求的工业建筑	重要的工业及民用建筑、高层建筑	一般的工业及民用建筑	非永久性的建筑
防水层耐用年限（年）	25	15	10	5
防水层选用材料	宜选用合成高分子防水卷材、高聚物改性沥青防水卷材、合成高分子防水涂料、细石混凝土等材料	宜选用高聚物改性沥青防水卷材、合成高分子防水卷材、合成高分子防水涂料、高聚物改性沥青防水涂料、细石混凝土、平瓦等材料	应选用三毡四油沥青防水卷材、高聚物改性沥青防水卷材、高聚物改性沥青防水涂料、合成高分子防水涂料、沥青基防水涂料、刚性防水涂料、平瓦、油毡等材料	可选用二毡三油沥青防水卷材、高聚物改性沥青防水涂料、沥青基防水涂料、波形瓦等材料
设防要求	三道或三道以上防水设防，其中应有一道合成高分子防水卷材，且只能有一道厚度不小于2mm的合成高分子防水涂膜	二道防水设防，其中应有一道卷材。也可采用压型钢板进行一道设防	一道防水设防，或两种防水材料复合使用	一道防水设防

2. 保温隔热要求

屋顶还有保温隔热的功能，特别是在寒冷地区的冬季，室内一般都需要采暖，屋顶应有良好的保温性能，以保持室内温度，并有利于建筑节能。屋顶的保温性能不好，不仅造成能源的浪费，还可能产生室内表面结露或内部受潮等一系列问题。

在南方夏热冬暖地区，应做好屋顶的隔热设计，减少夏季建筑物的空调能耗。在处于严寒地区与夏热冬暖地区之间的夏热冬冷地区，也要根据建筑节能标准的要求做好屋顶的保温与隔热设计。

随着社会经济的发展和人民生活水平的提高，在我国的夏热冬暖地区和夏热冬冷地区的建筑，普遍采用空调设备来改善室内的热环境质量，为了减少通过屋顶而损失的优质的电能，减少建筑的采暖和制冷费用，要求屋顶围护结构具有良好的热工性能。

对屋顶的保温，通常采用导热系数小的保温材料进行保温处理，在构造上有内保温、外保温和设有封闭空气层的保温构造等方式。对屋顶的隔热则可以设置通风屋顶，利用屋顶通风把太阳辐射到屋顶的热量带走，也可以采用导热系数小的材料作隔热处理，减少通过屋顶传入室内的热量。

3. 结构要求

屋顶要承受风、雨、雪等荷载及其自重，如果是上人的屋顶，则还要承受人和家具等活荷载。屋顶将这些荷载传递给墙、柱等构件，与它们共同构成建筑的结构体系，因而屋顶也是承重构件，应有足够的强度和刚度，以保证建筑的结构安全。从防水的角度考虑，也不允许屋顶受力后有过大的结构变形，否则易使防水层开裂，造成屋面渗漏。

4. 建筑艺术要求

屋顶是建筑外部形体的重要组成部分，其形式对建筑物的性格特征具有很大的影响。屋顶设计还应满足建筑艺术的要求。中国古典建筑以其优美的屋顶造型，在世界建筑史上谱写出了极其辉煌的篇章。世界众多著名建筑由于重视屋顶的建筑艺术处理而带给了人们美好的精神享受。

5. 其他要求

除了上述方面的要求外，社会的进步及建筑科技的发展还对建筑的屋顶提出了更高的要求。

随着人们生活水平的提高和环境意识增强，人们要求其工作和居住的建筑空间与自然环境高度协调，避免建筑物对自然环境过多影响和破坏。这就提出了利用建筑的屋顶开辟园林绿化空间的要求。国内外的一些建筑如美国的华盛顿水门饭店、香港葵芳花园住宅、广州东方宾馆、北京长城饭店等，利用屋顶或天台铺筑屋顶花园，不仅拓展了建筑的使用空间，美化了屋顶环境，也改善了屋顶的保温隔热性能，取得了很好的综合效益。

再如现代超高层建筑，出于消防救援和疏散的需要，要求屋顶设置直升飞机停机坪等设施。某些有幕墙的建筑要求在屋顶设置擦窗机轨道。某些"节能型"建筑要求利用屋顶安装太阳能集热器等。

屋顶设计时应对多方面的要求加以考查研究，协调好与屋顶基本要求之间的关系，以期最大限度地发挥屋顶的综合效益。

第二节　屋顶的排水

一、屋顶的排水坡度

1. 屋顶排水坡度的表示方法

排水坡度的表示方法有角度法、斜率法和百分比法等。

（1）角度法

角度法是用屋面与水平面的夹角表示屋面的坡度，如图 10-3a 所示。通常用于坡屋顶。表示方法为：$\alpha=26°$、$30°$ 等。

（2）斜率法

斜率法是用屋顶高度与坡面的水平长度之比表示屋面的排水坡度，即 $H:L$，如 $1:3$、$1:20$、$1:50$。斜率法可用于坡屋顶也可用于平屋顶，如图 10-3b 所示。

（3）百分比法

百分比法用屋顶的高度与坡面水平投影长度的百分比来表示排水坡度，如 $i=1\%$、$i=2\%$，主要用于平屋顶。如图 10-3c 所示。

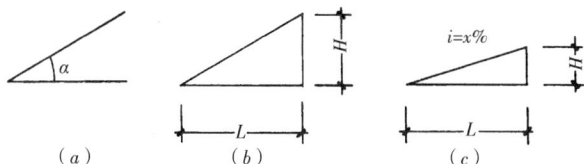

图10-3　排水坡度的表示方法

2. 影响屋面排水坡度大小的因素

（1）防水材料尺寸大小的影响

防水材料的尺寸小，接缝必然较多，容易产生缝隙渗漏，因而屋面应有较大的排水坡度，以便将屋面积水迅速排除。

《屋面工程技术规范》（GB 50345—2004）中，针对不同防水材料提出了应选取的坡度。

1）卷材防水屋面

这里提到的卷材包括合成高分子卷材、高聚物改性沥青防水卷材。用于平屋顶时，材料找坡宜为 2%，结构找坡宜为 3%，最大坡度不宜超过 25%，当不能满足要求时，应采取防止卷材下滑的措施。水落口周围直径 500mm 内坡度应不小于 5%。

2）涂膜防水屋面

这里提到的涂膜包括沥青基防水涂料、合成高分子防水涂料和高聚物改性沥青防水涂料。排水坡度基本上与卷材防水屋面相似。

3）刚性防水屋面

这里提到的刚性防水指的是以掺入防水剂的防水水泥砂浆或细石混凝土为防水层的屋面。排水坡度为 2% ~3%，并应采用结构找坡。

4）保温隔热屋面

这里提到的保温隔热屋面指架空隔热屋面、蓄水屋面、种植屋面。排水坡度分别为：架空隔热屋面为 5%，蓄水屋面为 0.5%，种植屋面不宜大于 3%。

5）瓦屋面

这里提到的瓦包括平瓦、波形瓦、油毡瓦和压型钢板瓦。排水坡度分别为：平瓦屋面 20% ~50%，波形瓦屋面 10% ~50%，油毡瓦屋面不小于 20%，压型钢板瓦 10% ~35%。

各种屋面防水材料的常见坡度见图 10-4。

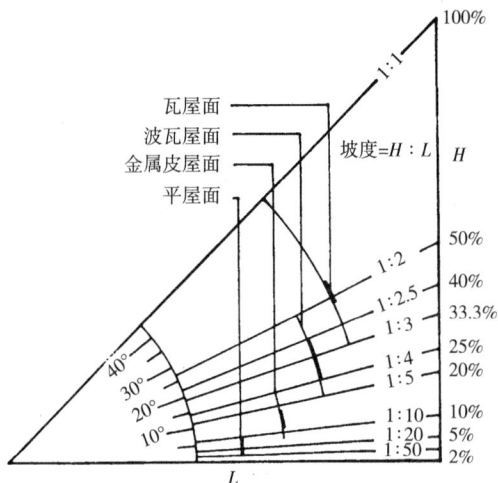

图10-4 屋面材料与坡度

（2）年降雨量的影响

降雨量的大小对屋面防水的影响很大。降雨量大，屋面渗漏的可能性较大，屋面坡度就应适当加大。我国南方地区年降雨量较大，北方地区年降雨量较小，因而在屋面防水材料相同时，一般南方地区的屋面坡度比北方的大。

（3）其他因素的影响

其他一些因素也可能影响屋面坡度的大小，如建筑造型的要求，屋顶有上人活动的要求，屋顶蓄水等。对上人屋顶和蓄水屋顶，坡度可适当小一些。

3. 屋面排水坡度的形成

屋面排水坡度的形成方式有材料找坡和结构找坡两种，找坡时应考虑建筑构造做法的合理性、建筑室内外空间的视觉要求、屋面荷载的增加情况、结构经济合理和施工方便等方面的因素。

（1）材料找坡

将屋面板水平搁置，其上用轻质材料垫置起坡，这种方法叫做材料找坡。常见的找坡材料有水泥焦渣、石灰炉渣、蛭石混凝土等轻质的保温材料。通常情况下，找坡材料的强度和平整度都较低，故应在其上加设水泥砂浆找平层。采用材料找坡的房屋，室内可获得水平的顶棚面，但找坡层会加大结构荷载，当房屋跨度较大时尤为明显。材料找坡适用于坡度在 5% 以内、跨度不大的平屋顶，如图 10-5。

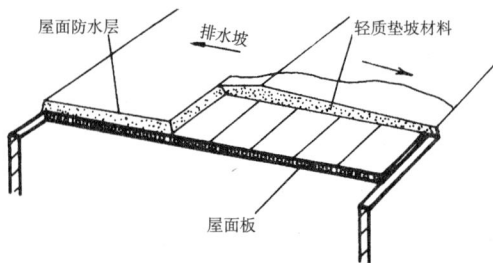

图10-5 材料找坡

（2）结构找坡

将平屋顶的屋面板倾斜搁置，形成所需排水坡度，不在屋面上另加找坡材料，这种方法叫做结构找坡，如图 10-6。结构找坡省工省料，

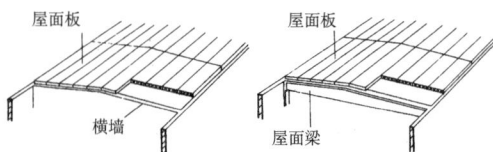

图10-6 结构找坡

构造简单，不足之处是室内顶棚呈倾斜状。结构找坡适用于室内美观要求不高，或房屋跨度较大使用材料找坡不够经济合理的房屋。坡屋顶属于结构找坡，由屋架结构形成排水坡度。

二、屋顶排水方式

屋顶排水方式分为无组织排水和有组织排水两类。

1. 无组织排水

无组织排水又称自由落水，是指屋面雨水自由地从檐口落至室外地面。自由落水构造简单，造价低廉，缺点是自由下落的雨水会溅湿墙面。这种方法适用于一般低层或少雨地区的建筑，标准较高的低层建筑或临街建筑都不宜采用自由落水方式。无组织排水如图 10-7 所示。

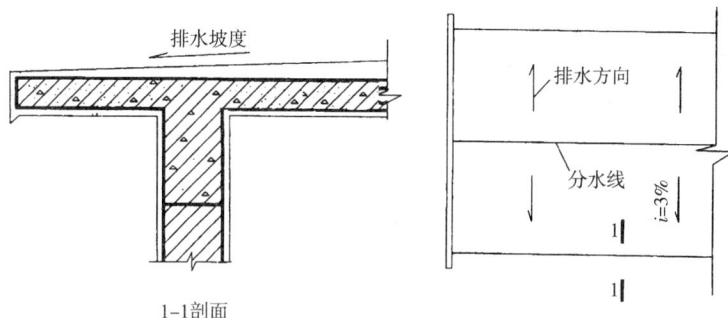

1-1剖面

图10-7　无组织排水

2. 有组织排水

有组织排水是通过排水系统，将屋面积水有组织地排至地面。设计时，要把屋面划分成若干排水区，让每个排水区的雨水有组织地排到檐沟中，檐沟内的雨水经过水落口进入水落管，再经水落管排到室外，最后排往城市地下排水管网系统，如图 10-8。

有组织排水又可分为内排水和外排水两种方式。内排水的水落管设于室内，构造复杂，极易渗漏，维修不便，常用于寒冷地区以及多跨或高层建筑的屋顶。一般民用建筑应尽量采用有组织外排水方式。

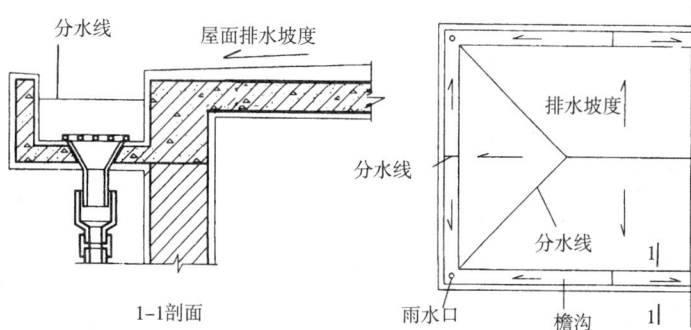

1-1剖面

图10-8　有组织排水

有组织排水方式的采用还跟降雨量的大小及房屋的高度有关。在年降雨量大于900mm的地区,当檐口高度大于8m时,或年降雨量小于900mm地区,檐口高度大于10m时,应采用有组织排水。

有组织排水广泛应用于多层及高层建筑,高标准的低层建筑、临街建筑及严寒地区的建筑也应采用有组织的排水方式。

采用有组织排水方式时,应使屋面流水线路短捷,檐沟或天沟流水通畅,雨水口的排水负荷适当且布置均匀。对排水系统还有如下要求:

(1)屋面流水线路不宜过长,如果屋面宽度较小,可做成单坡排水。屋面宽度大于12m以上时,宜采用双坡排水。

(2)水落口的排水负荷按每个水落口排除150~200m²屋面集水面积的雨水量计算。当屋面有高差时,如高处屋面的集水面积小于100m²,可将高处屋面的雨水直接排在低屋面上,但出水口处应采取防护措施。如高处屋面面积大于100m²,高屋面则应自成排水系统。

为了简化计算,常用水落口的间距来控制其负荷。一般建筑的水落口间距宜为18~24m。外檐沟排水通畅,可取其上限,采用封檐口或内排水时宜取其下限。

(3)檐沟或天沟应有纵向坡度,使沟内雨水迅速排至水落口。纵坡的坡度一般为1%,可用石灰炉渣等轻质材料垫置起坡。

(4)檐沟净宽不小于200mm,分水线处最小深度大于120mm。

(5)水落管的管径有75mm、100mm、125mm等几种,常用100mm的。管材有铸铁、石棉、水泥、塑料、陶瓷等。水落管安装时离墙面距离不小于20mm,管身用管箍卡牢,管箍的竖向间距不大于1.2m。

三、有组织排水的常用方案

有组织排水通常采用檐沟外排水、女儿墙外排水及内排水方案。

1. 檐沟外排水

(1)平屋顶挑檐沟外排水

这种方案通常采用钢筋混凝土檐沟,由于它是悬挑构件,为了防止倾覆,通常采取檐沟与屋面板整体现浇的方式,如图10-9所示。

檐沟外排水是使屋面雨水直接流入挑檐沟内,再由沟内纵坡流入水落口。此种方案排水通畅,但施工较为麻烦。设计时檐沟的高度可随建筑体形而定。平屋顶挑檐沟外排水是一种常用的排水形式,如图10-8所示。

(2)坡屋顶檐沟外排水

坡屋顶檐沟外排水的排水檐

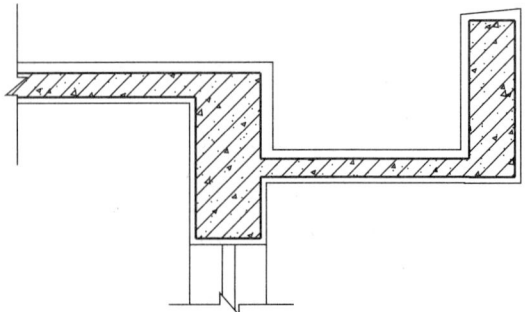

图10-9 檐沟与屋面板现浇

沟悬挂在坡屋顶的挑檐处，如图10-10，采用镀锌铁皮或石棉水泥等轻质材料制作，水落管则仍可用铸铁、塑料、陶瓦、石棉水泥等材料。檐沟的纵坡一般由檐沟斜挂形成，不宜在沟内垫置材料起坡。采用镀锌薄钢板作外檐沟，耐久性能较差。目前，对长期使用的建筑宜采用坡屋面结构层与外檐沟整体现浇的形式，如图10-11。

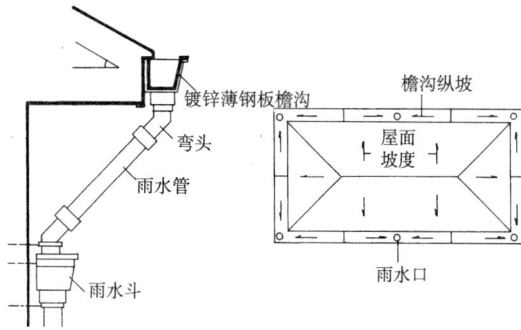

图10-10　坡屋顶檐沟外排水

2. 女儿墙外排水

房屋周围的外墙高于屋面时即形成封檐，高于屋面的这段外墙又称做女儿墙。如在女儿墙与屋面交接处做出坡度为1%的纵坡，让雨水沿此纵坡流向弯管式水落口，再流入墙外的雨水斗及雨落管，就形成了女儿墙外排水。

平屋顶女儿墙外排水方案施工较为简便，经济性较好，建筑体形简洁，是一种常用的形式，

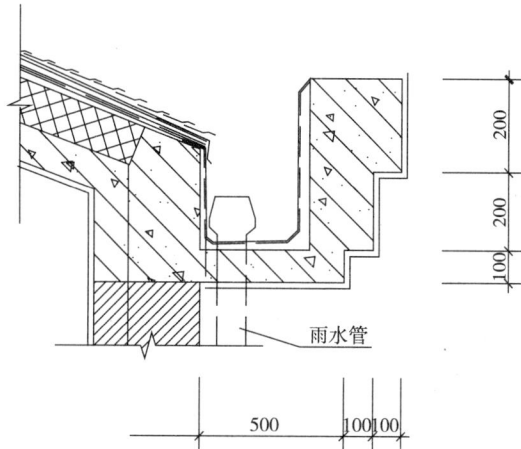

图10-11　坡屋顶檐沟外排水

如图10-12所示。坡屋顶女儿墙外排水的内檐沟排水不畅，极易渗漏，宜慎用。

3. 檐沟女儿墙外排水

在屋面外排水方式中，除上述介绍的檐沟外排水和女儿墙外排水外，应用较多的还有檐沟女儿墙外排水，它是前面两种排水方式的组合，在屋面上既有檐沟又有女儿墙，雨水口设置的檐沟里，雨水穿过设在女儿墙底部的过水孔进入檐沟，再经设在檐沟里的雨水口引到地面（图10-13）。

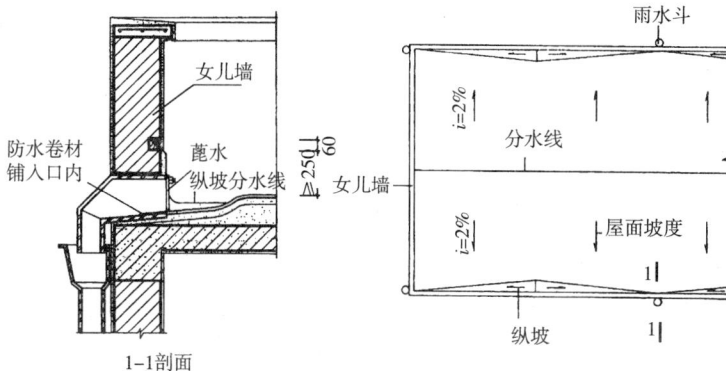

图10-12　女儿墙外排水

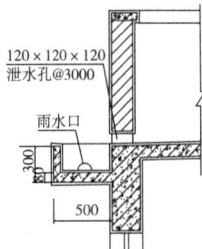

图10-13 檐沟女
儿墙外排水

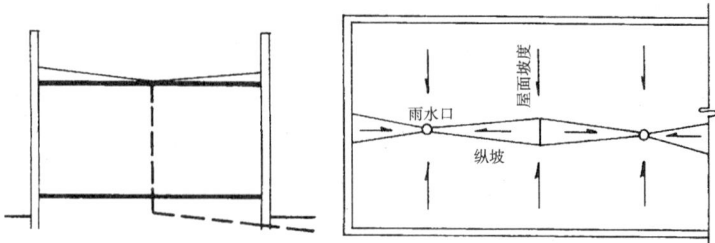

图10-14 内排水

4. 内排水

内排水方案的屋面向内倾斜，坡度方向与外排水相反，如图 10-14 所示。屋面雨水汇集到中间天沟内，再沿天沟纵坡流向水落口，最后排入室内水落管，经室内地沟排往室外。内排水方案的水落管在室内接头甚多，易渗漏，多用于不宜采用外排水的建筑屋顶，如高层及多跨建筑等。

5. 其他排水方案

上述几种排水方案是最基本的形式。在实践中还可根据需要派生出各种不同的排水形式，如蓄水屋面常用的檐沟女儿墙外排水方案、为使水落管隐蔽而做的外墙暗管排水或管道井暗管内排水等。

第三节　卷材防水屋面

卷材防水屋面是用防水卷材与胶粘剂结合在一起，形成连续致密的构造层，从而达到防水的目的。常见类型有沥青类卷材防水屋面、高聚物改性沥青类防水卷材屋面、高分子类卷材防水屋面。卷材防水屋面由于防水层具有一定的延伸性和适应变形的能力，故而又被称为柔性防水屋面。

卷材防水屋面较能适应温度、振动、不均匀沉陷等因素的变化作用，能承受一定的水压，整体性好，不易渗漏。严格遵守施工操作规程就能保证防水质量，但施工操作较为复杂，技术要求较高。

卷材防水屋面适用于防水等级为 I~ IV 级的屋面防水。

一、卷材防水屋面的材料

1. 卷材

（1）沥青防水卷材

沥青防水卷材指的是用原纸、纤维织物、纤维毡等胎体材料浸涂沥青，表面撒布粉状、粒状或片状材料制成的可卷曲片状材料。传统上用得较多的是纸胎石油沥青油毡。纸胎油毡是将纸胎在热沥青中渗透浸泡两次制成，其强度等级按纸胎每平方米的重量（g）而定，用于屋面防水工程时不宜低于 350 号。

（2）高聚物改性沥青类防水

高聚物改性沥青防水卷材是以高分子聚合物改性沥青为涂盖层，纤维织物或纤维毡为胎体，粉状、粒状、片状或薄膜材料为覆面材料制成的可卷曲的片状防水材料，如 SBS 改性沥青油毡、再生胶改性沥青聚酯油毡、铝箔塑胶聚酯油毡、丁苯橡胶改性沥青油毡等。

（3）高分子类防水卷材

凡以各种合成橡胶或合成树脂或二者的混合物为主要原料，加入适量化学助剂和填充料加工制成的弹性或弹塑性卷材，均称为高分子防水卷材。常见的有三元乙丙橡胶防水卷材、氯化聚乙烯防水卷材、聚氯乙烯防水卷材、氯丁橡胶防水卷材、再生胶防水卷材、焦塑防水柔毡、聚乙烯橡胶防水卷材、丙烯酸树脂卷材等。

高分子防水卷材具有重量轻（2kg／m²）、适用温度范围宽（−20~80℃）、耐候性能好、抗拉强度高（2~18.2MPa）、延伸率大等特点，近年来在国内的各种防水工程中得到推广应用。

2. 卷材胶粘剂

用于沥青卷材的胶粘剂主要有冷底子油、沥青胶等。

冷底子油是将沥青稀释溶解在煤油、轻柴油或汽油中制成，涂刷在水泥砂浆或混凝土基层表面作粘接打底之用。

沥青胶又称为玛瑞脂，系在沥青中加入填充料如滑石粉、云母粉、石棉粉、粉煤灰等加工而成。沥青胶又分为冷热两种，每种又分为石油沥青胶及煤沥青胶两类。石油沥青胶适于粘结石油沥青类卷材，煤沥青胶适于粘结煤沥青类卷材。

用于高聚物改性沥青防水卷材和高分子防水卷材的胶粘剂主要为各种与卷材配套使用的溶剂型胶粘剂。如适用于改性沥青类卷材的 RA—86 型氯丁胶胶粘剂、SBS 改性沥青胶粘剂等；三元乙丙橡胶卷材防水屋面的基层处理剂有聚氨酯底胶，粘合剂有以氯丁橡胶为主体的 CX—404 胶；氯化聚乙烯橡胶卷材的胶粘剂有LYX—603、CX—404 胶等。

3. 找平层

铺贴卷材的找平层可采用水泥砂浆、细石混凝土或沥青砂浆等。水泥砂浆找平层宜掺微膨胀剂，其要求应遵守下列规定：

（1）找平层的厚度和技术要求应符合下表 10-2 的规定。

屋面找平层的厚度和技术要求　　　　　　　　　　　　表10-2

类　别	基层种类	厚度（mm）	技术要求
水泥砂浆找平层	整体混凝土	15 ~ 20	1∶2.5 ~ 1∶3（水泥∶砂）体积比，水泥强度不低于32.5级
	整体或板状材料保温层	20 ~ 25	
	装配式混凝土板、松散材料保温层	20 ~ 30	
细石混凝土找干层	松散材料保温层	30 ~ 35	混凝土强度等级不低于C20
沥青砂浆找平层	整体混凝土	15 ~ 20	质量比为1∶8（沥青∶砂）
	装配式混凝土板、整体或板状材料保温层	20 ~ 25	

（2）找平层宜设分格缝，缝宽宜为 20mm，并嵌填密封材料。当分格缝兼作排汽屋面的排汽道时，可适当加宽，并应与保温层连通。

分格缝应设在板端缝处，其纵横缝的最大间距为：找平层采用水泥砂浆或细石混凝土时，不宜大于 6m；找平层采用沥青砂浆时，不宜大于 4m。

4. 找坡层

一般采用 1:0.2:3.5（重量比）——水泥:粉煤灰:页岩陶粒、1:0.2:3.5（重量比）——水泥:粉煤灰:浮石以及 1:1:6（体积比）——水泥:砂子:焦渣，找坡层要求振捣密实，表面抹光，最低处 30mm 厚。

5. 隔汽层

对有保温设计要求的屋面，为了避免室内水蒸气渗透进入保温材料，使保温材料的保温性能大为降低，需要在保温层的下部设置隔汽层。

设置隔汽层时，在屋面与墙面连接处，隔汽层应沿墙面向上连续铺设，高出保温层上表面的高度不得小于 150mm。

隔汽层可采用气密性好的单层卷材或防水涂料。采用卷材时，可用空铺法施工，卷材搭接宽度不得小于 70mm；采用沥青基防水涂料时，其耐热度应比室内或室外的最高温度高出 20~25℃。

隔汽层一般可以采用以下做法：

（1）1.5mm 厚聚合物水泥基复合防水涂料。

（2）2mm 厚氯丁橡胶改性沥青防水涂料。

（3）2mm 厚 SBS 改性沥青防水涂料。

（4）1.2mm 厚聚氨酯防水涂料。

（5）0.8mm 厚硅橡胶防水涂料。

（6）1.2mm 厚聚氯乙烯防水卷材（有较高要求时）。

6. 保温层

保温层的材料很多，选择时应根据材料的来源、经济条件、结构层的条件及地区的气温因素综合分析。保温层的厚度应满足建筑节能标准的要求，节能建筑工程中使用的保温材料的厚度应经过建筑节能计算确定。详细内容见"屋顶建筑节能构造"一节。

二、卷材防水屋面构造

1. 构造组成

（1）基本层次

卷材防水屋面由多层材料叠合而成，按各层的作用的不同分为：结构层、找平层、结合层、防水层、保护层等，如图 10-15 所示。

1）结构层：结构层一般为钢筋混凝土屋面板，可以是现浇板，也可以是预制板。

2）找平层：卷材防水层要求铺贴在坚固

保护层：粒径3-5绿豆砂
防水层：卷材防水层
结合层：冷底子油二道
找平层：20厚1:3水泥砂浆
结构层：钢筋混凝土板

图10-15 卷材防水屋面基本层次

而平整的基层上，以防止卷材凹陷或断裂，因而在松软材料上应设找平层。在施工中，铺设屋面板难以保证平整，所以在预制屋面板上也应设找平层。找平层一般采用20mm 厚 1：3 水泥砂浆，也可采用 1：8 沥青砂浆等。找平层宜留分格缝，缝宽一般为 20mm，纵横间距一般不宜大于 6m。

3）结合层：结合层的作用是在基层与卷材胶粘剂间形成一层胶质薄膜，使卷材与基层胶结牢固。沥青类卷材通常用冷底子油作结合层；高分子卷材则多采用配套基层处理剂，也有采用冷底子油或稀释乳化沥青作结合层的。

4）防水层

沥青卷材防水层：沥青油毡防水层由多层油毡和沥青玛琋脂交替粘合而成。做法为：在找平层上刷冷底子油一道，将调制好的沥青胶均匀地涂刷在找平层上，边刷边铺油毡，铺好后刷沥青胶再铺油毡，如此交替进行至防水所需要的层数为止。最后一层油毡面上仍需刷一层沥青胶。

非永久性简易建筑的屋面防水层采用两层油毡和三层沥青胶，简称二毡三油，一般工业及民用建筑应做三毡四油。

油毡一般平行于屋脊，从檐口到屋脊层层向上铺贴。油毡间的短边搭缝满贴时不小于 100mm，空铺或点贴时不小于 150mm；长边搭缝满贴时不小于 70mm，空铺或点贴时不小于 100mm。铺贴时应注意使接头顺着主导风向，以免油毡被风掀开，沥青玛琋脂的厚度应控制在 1~1.5mm 之间，过厚时沥青会产生凝聚现象，发生龟裂。

高聚物改性沥青防水层：高聚物改性沥青防水卷材的铺贴做法有冷粘法和热熔法两种。冷粘法是用胶粘剂将卷材粘结在找平层上，或利用某些卷材的自粘性进行铺贴。铺贴卷材时，注意平整顺直、搭接尺寸准确、不扭曲，应排除卷材下面的空气并辊压粘结牢固。热熔法施工时，用火焰加热器将卷材均匀加热至表面光亮发黑，然后立即滚铺卷材使之平展，并辊压牢实。

高分子卷材防水层：对于三元乙丙卷材防水层，应先在找平层上涂刮基层处理剂（如 CX—404 胶等），要求薄而均匀，干燥不粘手后即可铺贴卷材。卷材一般应由屋面低处向高处铺贴，并按水流方向搭接。卷材可垂直或平行于屋脊方向铺贴，铺贴时要求保持自然松弛的状态，不能拉得过紧。卷材长边应保持搭接 50mm，短边保持搭接 70mm，铺好后立即用工具辊压密实，搭接部位用胶粘剂均匀涂刷粘合。

卷材防水层与突出屋面的结构（女儿墙、立墙、天窗壁、变形缝、烟囱等）的连接处以及基层的转角（水落口、檐口、天沟、檐沟、屋脊等），均应做成圆弧，并在连接处铺附加卷材一层，如图 10-16 所示。圆弧半径应根据卷材种类按表 10-3 选用。内部排水的水落口

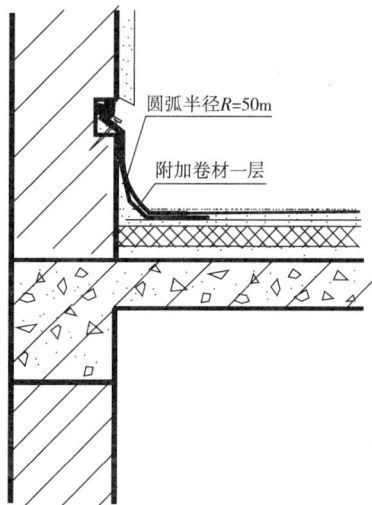

图10-16 连接处铺附加卷材

圆弧半径R=50m
附加卷材一层

周围应做成略低的凹坑。

卷材种类	圆弧半径 （mm）
沥青防水卷材	100～150
高聚物改性沥青防水卷材	50
合成高分子防水卷材	20

5）保护层

设置保护层的目的是保护防水层，使卷材不致在阳光和大气的作用下迅速老化，同时，保护层还可以防止沥青类卷材中的沥青过热流淌，防止暴雨对沥青的冲刷。保护层的构造做法应视屋面的利用情况而定。

不上人时，沥青油毡防水屋面一般在防水层上撒粒径为3~5mm的小石子作为保护层，称为绿豆砂保护层；高分子卷材如三元乙丙橡胶防水屋面等通常是在卷材面上涂刷水溶型或溶剂型浅色保护层，如氯丁银粉胶等。

上人屋面的保护层有着双重作用：既是防水层的保护又是供人们行走踩踏的面层，因而要求保护层平整耐磨。上人屋面保护层的构造做法通常有：①用沥青砂浆铺贴缸砖、大阶砖、混凝土板等块材；②在防水层上现浇30~40mm厚细石混凝土。板材保护层或整体保护层均应设分格缝，位置是：屋顶坡面的转折处，屋面与突出屋面的女儿墙、烟囱等的交接处。保护层分格缝应尽量与找平层分格缝错开，缝内用油膏嵌封。上人屋面做屋顶花园时，水池、花台等构造均应在屋面保护层上设置。

（2）辅助层次

辅助层次是根据屋顶的使用需要或为提高屋面性能而补充设置的构造层，如保温层、隔热层、隔蒸汽层、找坡层等。

2. 屋面的细部构造

卷材防水层是一个封闭的整体，如果在屋顶开设孔洞，有管道出屋面，或屋顶边缘封闭不牢，都可能破坏卷材屋面的整体性，形成防水的薄弱环节而造成渗漏。因此，必须对这些细部加强防水处理。

（1）泛水构造

泛水是指屋面与垂直墙面相交处的防水处理。女儿墙、山墙、烟囱、变形缝等屋面与垂直墙面相交部位，均需作泛水处理，防止交接处出现漏水。泛水的构造要点及做法有：

1）将屋面的卷材继续铺至垂直墙面上，形成卷材泛水，泛水高度不小于250mm。

2）在屋面与垂直墙面的交接缝处，砂浆找平层应抹成圆弧形或45°斜面，上刷卷材胶粘剂，使卷材铺贴牢实，避免卷材架空或折断，并加铺一层卷材。

3）做好泛水上口的卷材收头固定，防止卷材在垂直墙面上下滑。一般做法是：①对砖墙，可在垂直墙中留出通长凹槽，将卷材收头压入凹槽内，用防水压条钉压后再用密封材料嵌填封严，外抹水泥砂浆保护，凹槽上部的墙体亦应作防水处理。②对混凝土墙，可用金属压条将卷材收头固定在混凝土墙面上，并在卷材收头的上部用金属板覆盖卷材收头口，对卷材收头的贴墙部位与金属覆盖板的贴墙部位均用密封材料处理，如图10-17所示。

（2）挑檐口构造

挑檐口按排水形式可分为无组织排水和檐沟外排水两种。其防水构造的要点仍然是做好卷材的收头处理，使屋顶四周的卷材封闭，避免雨水渗入。无组织排水檐沟的收头处通常用油膏嵌实，因为油膏有一定弹性，能适应卷材的温度变形。同时，应抹好檐口的滴水，使雨水迅速垂直下落（图10-18）。

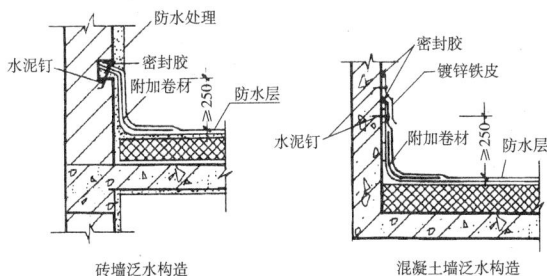

图10-17　泛水构造

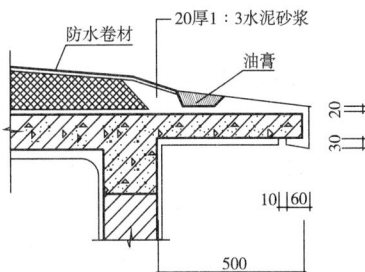

图10-18　挑檐口构造

挑檐沟的卷材收头处理通常是在檐沟边缘用水泥钉钉压条将卷材压住，再用油膏或砂浆盖缝。此外，檐沟内转角处水泥砂浆应抹成圆弧形，以防卷材断裂；檐沟外侧应做好滴水，沟内可加铺一两层卷材以增强防水能力，见图10-19。

（3）水落口构造

水落口是为将屋面雨水排至水落管而在檐口或檐沟开设的洞口。构造上要求排水通畅，不易渗漏和堵塞。有组织外排水最常用的是檐沟及女儿墙水落口两种构造形式。有组织内排水的水落口设在天沟上，其构造与外檐沟相同。

1）檐沟外排水水落口构造：在檐沟板预留的孔中安装铸铁或塑料连接管，就形成了水落口。为防止水落口四周漏水，应将防水卷材铺入连接管内100mm，周围用油膏嵌缝，水落口上用定型铸铁罩或钢丝球盖住，防止杂物落入水落口中，如图10-20。

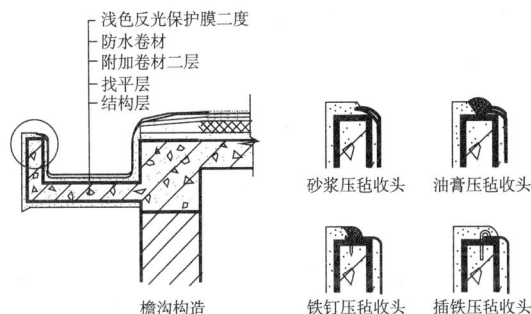

图10-19　檐沟与檐沟收头构造

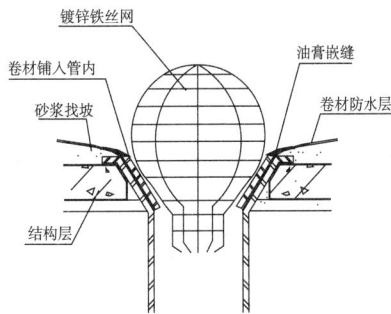

图10-20　檐沟外排水水落口构造

水落口连接管的固定形式常见的有两种：一种是采用喇叭形连接管卡在檐沟板上，再用普通管箍固定在墙上；另一种则是用带挂钩的圆形管箍将其悬吊在檐沟板上。水落口过去一般用铸铁制作，易锈不美观。现在多改为硬质聚氯乙烯塑料（PVC）管，具有质轻、不锈、色彩多样等优点，已逐渐取代铸铁管。水落管内径不应小于 75mm，一根水落管的屋面最大汇水面积宜小于 $200m^2$，水落管距离墙面不应小于 20mm，其排水口距散水坡的高度不应大于 200mm。

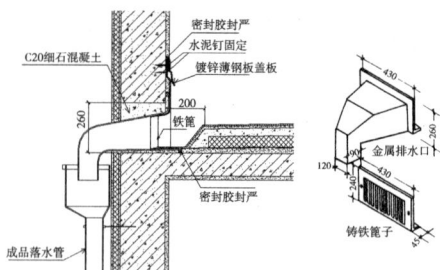

图10-21　女儿墙外排水水落口构造

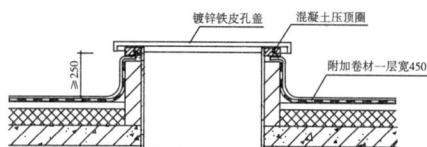

图10-22　屋面检修孔构造

2）女儿墙外排水水落口构造：构造做法如图 10-21，在女儿墙上的预留孔洞中安装水落口构件，使屋面雨水穿过女儿墙排至墙外的水落斗中。为防止水落口与屋面交接处发生渗漏，也需将屋面卷材铺入水落口内 100mm，水落口上还应安装铁箅，以防杂物落入造成堵塞。

（4）屋面变形缝构造

屋面变形缝的构造处理原则是既要保证屋顶有自由变形的可能，又能防止雨水经由变形缝渗入室内。屋面变形缝的详细构造见第十二章。

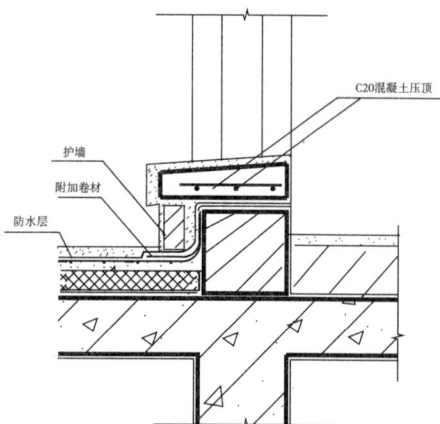

图10-23　屋面出入口构造

（5）屋面检修孔、屋面出入口构造

不上人屋面需设屋面检修孔，检修孔四周的孔壁可用砖立砌，也可在现浇屋面板时将混凝土上翻制成，高度一般为 300mm。壁外的防水层应做成泛水并将卷材用镀锌薄钢板盖缝并压、钉好（图 10-22）。

出屋面的楼梯间一般需设屋面出入口，最好在设计中让楼梯间的室内地坪与屋面间留有足够的高差，以利防水，否则需在出入口处设门槛挡水，并在门槛下部的泛水处设护墙保护防水卷材，如图 10-23。

第四节　刚性防水屋面

一、一般规定

（1）刚性防水屋面主要适用于防水等级为Ⅲ级的屋面防水，也可用作Ⅰ、Ⅱ级屋面多道防水设防中的一道防水层，不适用于设有松散材料保温层的屋面以及受较大振动或冲击的建筑屋面和基础有较大不均匀沉降的建筑。

（2）刚性防水屋面的结构层宜为整体现浇的钢筋混凝土，当屋面结构层采用装配式钢筋混凝土板时，应用细石混凝土灌缝，其强度等级不应小于C20，灌缝的细石混凝土宜掺微膨胀剂。当屋面板板缝宽度大于40mm或上窄下宽时，板缝内应设置构造钢筋，板端缝应进行密封处理。

（3）刚性防水层与山墙、女儿墙以及突出屋面结构的交接处均应作柔性密封处理。

（4）细石混凝土防水层与基层间宜设置隔离层。

（5）防水层的细石混凝土宜掺膨胀剂、减水剂、防水剂等外加剂，并应用机械搅拌，机械振捣。

（6）刚性防水层应设置分格缝，分格缝内应嵌填密封材料。

（7）天沟、檐沟应用水泥砂浆找坡，找坡厚度大于20mm时，宜采用细石混凝土。

（8）刚性防水层内严禁埋设管线。

（9）刚性防水层施工气温宜为5~35℃，并应避免在负温度或烈日暴晒下施工。

二、刚性防水屋面的构造层次及做法

刚性防水屋面的构造如图10-24所示，一般的构造层次有防水层、隔离层、找平层、结构层等，刚性防水屋面应尽量采用结构找坡。

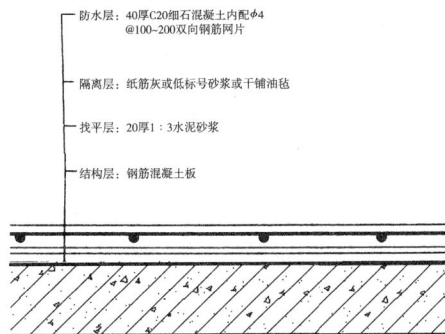

防水层：40厚C20细石混凝土内配$\phi 4$ @100~200双向钢筋网片

隔离层：纸筋灰或低标号砂浆或干铺油毡

找平层：20厚1：3水泥砂浆

结构层：钢筋混凝土板

图10-24 刚性防水屋面

1. 防水层

刚性防水屋面的坡度宜为2%~3%，应采用结构找坡。防水层采用不低于C20的细石混凝土整体现浇而成，其厚度不小于40mm。为防止混凝土开裂，可在防水层中配直径4mm、间距100~200mm的双向钢筋网片，钢筋的保护层厚度不小于10mm。

为提高防水层的抗裂和抗渗性能，可在细石混凝土中掺入适量的外加剂，如膨胀剂、减水剂、防水剂等。

2. 隔离层

隔离层位于防水层与结构层之间，其作用是减少结构变形对防水层的不利影响。

结构层在荷载作用下会产生挠曲变形，在温度变化作用下会产生胀缩变形。由于结构层较防水层厚，刚度较大，当结构层产生上述变形时容易将刚度较小的防水层拉裂。因此，宜在结构层与防水层间设一层隔离层使二者脱开。隔离层可采用铺纸筋灰、低强度等级砂浆，或干铺一层油毡等做法。

3. 找平层

当结构层为预制钢筋混凝土板时，其上应用1：3水泥砂浆作找平层，厚度为20mm。若屋面板为整体现浇混凝土结构时则可不设找平层。

4.结构层

屋面结构层一般采用预制或现浇的钢筋混凝土屋面板。结构层应有足够的刚度，以免结构变形过大而引起防水层开裂。

三、混凝土刚性防水屋面的细部构造

刚性防水屋面也需处理好泛水、天沟、檐口、水落口等处的细部构造。此外，对刚性防水屋面，还要做好防水层的分格缝构造。

1.分格缝构造

分格缝（又称分舱缝）是一种设置在刚性防水层中的变形缝，其作用有二：

（1）大面积的整体现浇混凝土防水层受气温影响产生的温度变形较大，容易导致混凝土开裂，设置一定数量的分格缝将单块混凝土防水层的面积减小，从而减少其伸缩变形，可有效地防止和限制裂缝的产生。

（2）在荷载作用下屋面板会产生挠曲变形，支承端翘起，易于引起混凝土防水层开裂，如在这些部位预留分格缝就可避免防水层开裂。

为了满足变形的需要，分格缝应设置在下列位置：①装配式结构屋面板的支承端，②屋面转折处，③刚性防水层与立墙的交接处。分格缝应与板缝对齐。分格缝的纵横间距不宜大于6m。在横墙承重的民用建筑中，分格缝的位置可如图10-25所示。屋脊是屋面转折的界线，故此处应设一纵向分格缝，横向分格缝每开间设一条，并与装配式屋面板的板缝对齐，沿女儿墙四周的刚性防水层与

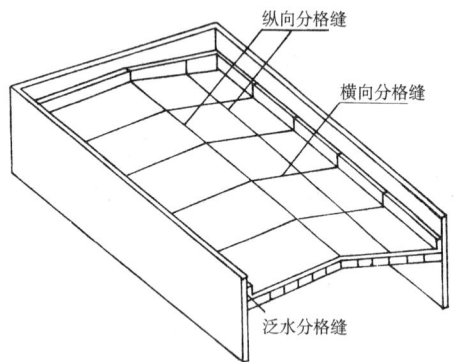

图10-25 分格缝的位置

女儿墙之间也应设分隔缝。因为刚性防水层与女儿墙的变形不一致，所以，刚性防水层不能紧贴在女儿墙上，它们之间应作柔性封缝处理以防女儿墙或刚性防水层开裂而引起渗漏。

其他突出屋面的结构物四周都应设置分格缝。

分格缝的构造可参见图10-26。设计时还应注意：

1）防水层内的钢筋在分格缝处应断开。

2）分格缝用浸过沥青的木丝板等密封材料嵌填，缝口用油膏等嵌填。

3）缝口表面用防水卷材铺贴盖缝，卷材的宽度为200~300mm。

4）在屋脊和平行于流水方向的分格缝处，可将防水层做成翻边泛水，用盖瓦单边坐浆固定覆盖。

2.泛水构造

刚性防水屋面的泛水构造要点与卷材屋面相同的地方是：泛水应有足够高度，一般不小于250mm，泛水应嵌入立墙上的凹槽内并用压条及水泥钉固定。不同的地

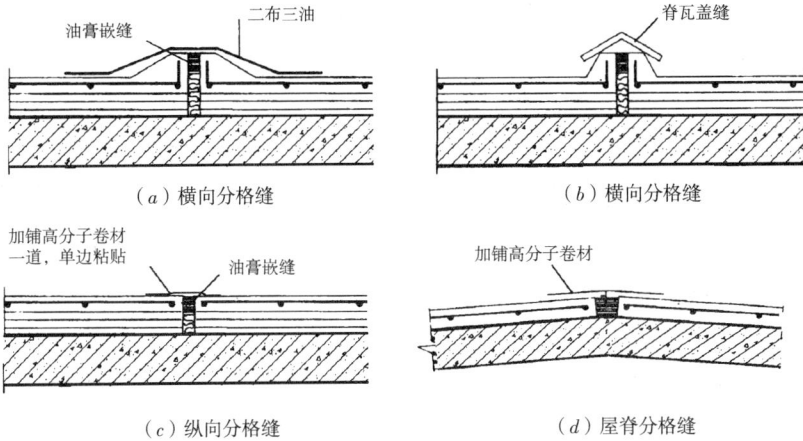

（a）横向分格缝　　　　　（b）横向分格缝

（c）纵向分格缝　　　　　（d）屋脊分格缝

图10-26　分格缝的构造

方是：刚性防水层与屋面突出物（女儿墙、烟囱等）间须留分格缝，另铺贴附加卷材盖缝形成泛水。下面以女儿墙泛水、变形缝泛水和管道出屋面构造为例说明其构造做法。

（1）女儿墙泛水

女儿墙与刚性防水层间留分格缝，使混凝土防水层在收缩和温度变形时不受女儿墙的影响，可有效地防止其开裂。分格缝内用油膏嵌缝，缝外用附加卷材铺贴至泛水所需高度并做好压缝收头处理，以免雨水渗进缝内，如图10-27。

（2）变形缝泛水

变形缝分为高低屋面变形缝和横向变形缝两种情况，详细构造做法见第十二章。

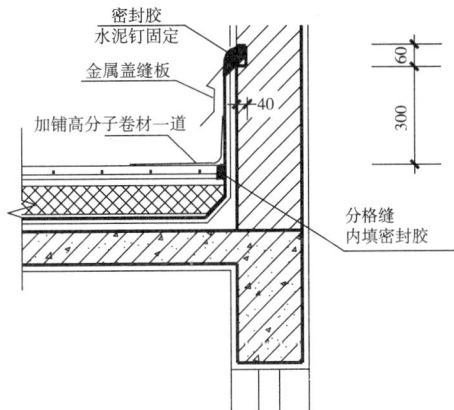

图10-27　刚性防水屋面的泛水构造

3. 挑檐沟构造

采用挑檐沟有组织外排水时，一般采用檐沟板与圈梁以及屋面板整体现浇的方式，檐沟的断面为槽形，沟内设纵向坡度，水落口设置在纵坡的沟底，刚性防水层伸入沟内，如图10-28所示。

4. 水落口构造

刚性防水屋面的水落口常见的做法有两种，一种是用于天沟或檐沟的水落口，另一种是用于女儿墙外排水的水

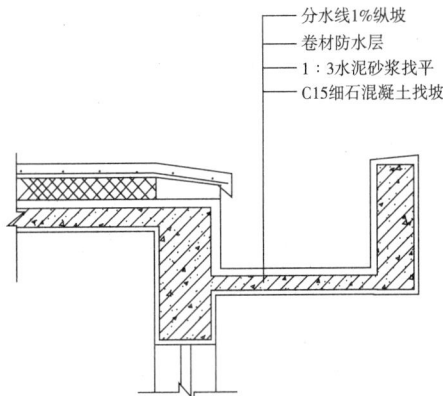

图10-28　挑檐沟构造

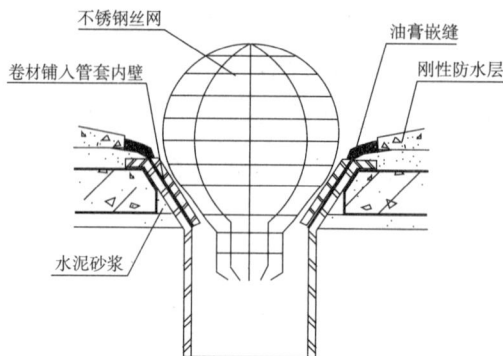

图10-29　直管式水落口

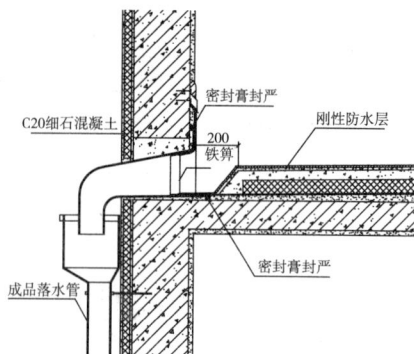

图10-30　弯管式水落口

落口。前者为直管式，后者为弯管式。

（1）直管式水落口

这种水落口的构造如图 10-29 所示。安装时为了防止雨水从水落口套管与檐沟底板间的接缝处渗漏，应在水落口的四周加铺宽度约 200mm 的二布三油或二布六涂附加卷材，卷材应铺入套管内壁中，天沟内的混凝土防水层应盖在卷材的上面，防水层与水落口的接缝用油膏嵌填密实。

（2）弯管式水落口

弯管式水落口多用于女儿墙外排水，水落口可用铸铁或塑料做弯头，如图10-30。

第五节　涂膜防水屋面

一、一般规定

（1）涂膜防水屋面主要适用于防水等级为Ⅲ级、Ⅳ级的屋面防水，也可用作Ⅰ级、Ⅱ级屋面多道防水设防中的一道防水层。

（2）涂膜防水层的厚度：沥青基防水涂膜在Ⅲ级防水屋面上单独使用时不应小于 8mm，　在Ⅳ级防水屋面上或复合使用时不宜小于 4mm；高聚物改性沥青防水涂膜不应小于 3mm，在Ⅲ级防水屋面上复合使用时，不宜小于 1.5mm；合成高分子防水涂膜不应小于 2mm，在Ⅲ级防水屋面上复合使用时，不宜小于 1mm。

（3）当屋面结构层采用装配式钢筋混凝土板时，板缝内应浇灌细石混凝土，其强度等级应不小于 C20，灌缝的细石混凝土中宜掺微膨胀剂。宽度大于 40mm 的板缝或上窄下宽的板缝中，应加设构造钢筋。板端缝应进行柔性密封处理。

（4）基层施工，应符合卷材防水屋面的有关规定。

（5）防水涂膜应分层分遍涂布。待先涂的涂层干燥成膜后，方可涂布后一遍涂料。需铺设胎体增强材料，当屋面坡度小于 15% 时，胎体增强材料平行于屋脊铺设；当屋面坡度大于 15% 时，垂直于屋脊铺设，并由屋面最低处向高处铺设。胎体长边搭接宽度不得小于 50mm，短边搭接宽度不得小于 70mm。采用两层胎体增强材料时，其间距不应小于幅宽的 1/3。

（6）天沟、檐沟、檐口、泛水等部位，均应加铺有胎体增强材料的附加层。水落口周围与屋面交接处，应作密封处理，并加铺两层有胎体增强材料的附加层。涂膜伸入水落口的深度不得小于 50mm。

涂膜防水层的收头应用防水涂料多遍涂刷或用密封材料封严。

（7）在涂膜干实前，不得在防水层上进行其他施工作业。涂膜防水屋面上不得直接堆放物品。

二、材料

主要有各种涂料和胎体增强材料两大类。

1. 涂料

防水涂料的种类很多，按其溶剂或稀释剂的类型可分为溶剂型、水溶性、乳液型等类，按施工时涂料液化方法的不同则可分为热熔型、常温型等。

2. 胎体增强材料

某些防水涂料（如氯丁胶乳沥青涂料）需要与胎体增强材料配合，以增强涂层的贴附覆盖能力和抗变形能力。目前，使用较多的胎体增强材料为中性玻璃纤维网格布或中碱玻璃布、聚酯无纺布等。

三、涂膜防水屋面的构造及做法

1. 氯丁胶乳沥青防水涂料屋面

氯丁胶乳沥青防水涂料以氯丁胶乳和石油沥青为主要原料，选用阳离子乳化剂和其他材料，经软化和乳化而成，是一种水乳型涂料。其构造做法为：

（1）找平层

先在屋面板上用 1：2.5~1：3 的水泥砂浆做 15~20mm 厚的找平层并设分格缝，分格缝宽 20mm，其间距不大于 6m，缝内嵌填密封材料。找平层应平整、坚实、洁净、干燥，方可作为涂料施工的基层。

（2）底涂层

用稀释涂料均匀涂布于找平层上作为底涂，干后再刷 2~3 度涂料。

（3）中涂层

中涂层为加胎体增强材料的涂层，要铺贴玻纤网格布，有干铺和湿铺两种施工方法：干铺法是在已干的底涂层上干铺玻纤网格布，展开后加以点粘固定，当铺过两个纵向搭接缝以后依次涂刷防水涂料 2~3 度，待涂层干后按上述做法铺第二层网格布，然后再涂刷 1~2 度涂料，干后在其表面刮涂增厚涂料。湿铺法是在已干的底涂层上边涂防水涂料边铺贴网格布，干后再刷涂料。一布二涂的厚度通常大于 2mm，二布三涂的厚度大于 3mm。

（4）面层

面层根据需要可做细砂保护层或涂覆着色层。细砂保护层是在未干的中涂层上抛撒 20 目浅色细砂并辊压，使砂牢固地粘结于涂层上；着色层可使用防水涂料或耐老化的高分子乳液作胶粘剂，加上各种矿物颜料配制成着色剂，涂布于中涂层表面，见图 10-31。

2. 焦油聚氨酯防水涂料屋面

焦油聚氨酯防水涂料又名 851 涂膜防水胶，是以异氰酸酯为主剂的双组分高分子涂膜防水材料，其甲、乙两液混合后经化学反应能在常温下形成一种耐久的橡胶弹性体，从而起到防水的作用。做法是：将找平以后的基层面吹扫干净并待其干燥后，用配制好的涂液（甲、乙两液的重量比为 1∶2）均匀涂刷在基层上。不上人屋面可待涂层干后在其表面刷银灰色保护涂料；上人屋面在最后一遍涂料未干时撒上绿豆砂，三天后在其上做水泥砂浆或浇混凝土贴地砖保护层。

3. 塑料油膏防水屋面

塑料油膏以废旧聚氯乙烯塑料、煤焦油、增塑剂、稀释剂、防老化剂及填充材料等配制而成。做法是：先用预制油膏条冷嵌于找平层的分格缝中，在油膏条与基层的接触部位和油膏条相互搭接处刷冷粘剂 1~2 遍，然后按产品要求的温度将油膏热熔液化，按基层表面涂油膏、铺贴玻纤网格布、压实、表面再

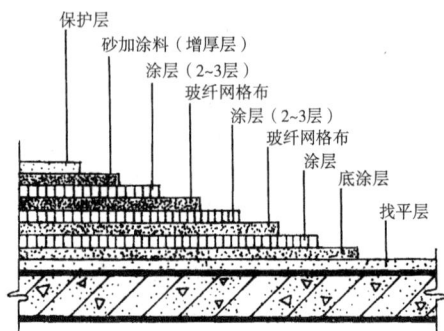

图10-31　氯丁胶乳沥青防水涂料屋面

刷油膏、刮板收齐边沿的顺序进行。根据设计要求可做成一布二油或二布三油。

涂膜防水屋面的细部构造要求及做法类同于卷材防水屋面。

第六节　坡屋顶的构造

屋面坡度大于 1∶7 的屋顶叫坡屋顶。坡屋顶的坡度大，雨水容易排除，屋面防水问题比平屋顶容易解决，在隔热和保温方面，也有其优越性。在我国的传统建筑中，坡屋顶是主要的屋顶形式。在现代建筑中，由于建筑高度和层数的不断增大，钢筋混凝土的普遍使用以及建筑木材紧缺等方面的原因，大多数建筑采用了平屋顶形式。但是，由于景观建设的需要，在施工过程中建筑钢材或其他材料对木材的代替作用以及钢筋混凝土坡屋顶施工工艺的发展，坡屋顶建筑有不断增加的趋势。因此，本节对坡屋顶的构造做一些介绍。

坡屋顶的构造包括两大部分：一部分是承重结构，承重结构由屋架、檩条、屋面板组成；另一部分是屋面面层，它由挂瓦条、油毡层、瓦等组成。

一、瓦屋面的一般规定

1. 平瓦屋面适用于防水等级为Ⅱ级、Ⅲ级、Ⅳ级的屋面防水；油毡瓦屋面适用于防水等级为Ⅲ级、Ⅳ级的屋面防水；压型钢板屋面适用于防水等级为Ⅱ级的屋面

防水；波形瓦屋面适用于防水等级为Ⅳ级的屋面防水。

2. 平瓦、油毡瓦可铺设在钢筋混凝土或木基层上；波形瓦、压型钢板可直接铺设在檩条上。

3. 平瓦、油毡瓦屋面与山墙及突出屋面结构等的交接处，均应作泛水处理。

4. 在大风或地震地区，应采取措施使瓦与屋面基层固定牢固。

5. 瓦屋面完工后，应避免屋面受物体冲击，严禁在屋面上堆放物件或随意上人。

6. 瓦屋面的排水坡度，应根据屋架形式、屋面基层类别、防水构造形式、材料性能以及当地气候条件等因素综合考虑确定，并宜符合表10-4的规定。

坡屋顶的屋面材料与排水坡度　　　　　表10-4

材料种类	屋面排水坡度
平瓦	20% ~ 50%
波形瓦	10% ~ 50%
油毡瓦	≥20%
压型钢板	10% ~ 35%

二、坡屋顶的承重结构

坡屋顶的承重结构形式很多，承重结构形式的选择应根据建筑物的结构形式、对跨度的要求、屋面材料、施工条件以及对建筑形式的要求等因素综合考虑决定。经常采用的结构形式有：

1. 三角形屋架结构形式

如图10-32a，三角形木屋架是常用的一种屋架形式，适合于跨度为15m及15m以下的建筑物中。木屋架的高度与跨度之比约在1/4~1/5之间，木料可以用圆木或方木，断面尺寸宽为120~150mm，高为180~240mm。这种屋架可以做成两坡和四坡顶，应用比较广泛。

2. 山墙承檩结构形式

如图10-32b，当房屋采用小开间横墙承重的结构布置时，将横向承重墙的上部按屋顶要求的坡度砌筑，上面铺钢筋混凝土屋面板或加气混凝土屋面板，也可以在横墙上搭承檩条，然后铺放屋面板，再做屋面，这种做法也称"硬山搁檩"。硬山承重体系将屋架省略，构造简单，施工方便，因而采用较多。在山墙承檩的结构形式中，山墙的间距即为檩条的跨度，因而房屋横墙的间距宜尽量一致，使檩条的跨度保持在比较经济的尺度以内。

3. 梁架结构

如图10-32c，民间传统建筑多采用由木柱、木梁、木枋构成的这种结构，又被称为穿斗结构。

4. 空间结构

主要用于大跨度建筑，如网架结构和悬索结构等。

5. 钢筋混凝土折板结构

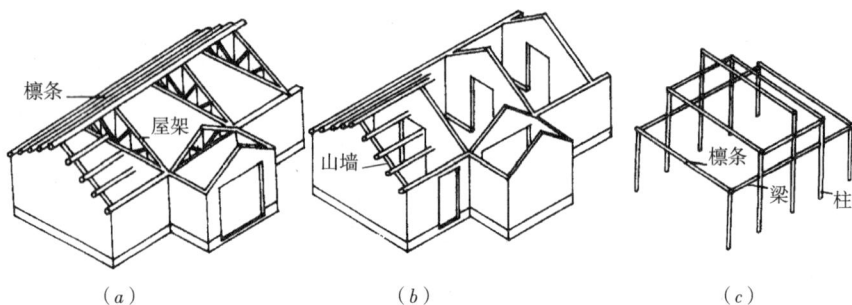

檩条
屋架
山墙
檩条
梁 柱

（a） （b） （c）

图10-32 坡屋顶的承重结构形式

对空间跨度不大的民用建筑，钢筋混凝土折板结构是目前坡屋顶建筑使用较为普遍的一种结构形式，如图 10-33 所示。这种结构形式无需采用屋架、檩条等结构构件，而且整个结构层整体现浇，提高了坡屋顶建筑的防雨、防渗性能。在这种结构形式中，屋面瓦直接用水泥砂浆粘贴于结构层上，除防水作用外，屋面瓦还起造型和装饰的作用。

对于跨度较大的坡屋顶建筑，屋架和檩条仍然是屋顶结构的主要构件。檩

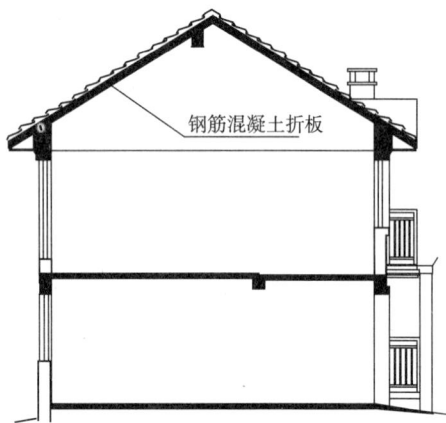

钢筋混凝土折板

图10-33 钢筋混凝土折板结构屋顶

条常用木材、型钢或钢筋混凝土制作。木檩条的跨度一般在 4m 以内，断面为矩形或圆形，大小须经结构计算确定，木檩条的间距一般为 700~900mm。钢筋混凝土檩条的跨度一般为 4m，有的也可达 6m。木檩条在山墙上的支承端应涂以沥青等材料防腐，并垫以混凝土或防腐木垫块。檩条支承在屋架上弦上，用三角形木块（俗称"檩托"）固定就位。檩条的位置最好放在屋架节点上，以使受力合理。檩条上可以直接钉屋面板；如檩条间距较大，也可以垂直于檩条铺放椽子。椽子的间距为 500mm 左右。其截面尺寸为 50mm×50mm 或 Φ50 的圆木。檩条的截面常采用 50mm×70mm~80mm×140mm。

对有檩结构的坡屋顶，屋面承重结构的布置方式可采用如图 10-34 所示形式。

对双坡屋顶，一般按开间尺寸为间距布置屋架；四坡顶、歇山顶、丁字形交接的屋顶和转角屋顶的布置则较复杂。图 10-34a 为四坡顶的屋架布置，其屋顶尽端的三个斜面呈 45° 相交，该处的屋架不用全屋架，而采用斜大梁或半屋架作为承重结构。斜大梁和半屋架的一端支承在外墙上，另一端支承在尽端全屋架上，因而该屋架承受的荷载大于别处的屋架。图 10-34b 是歇山顶的屋架布置，它和四坡顶的布置大同小异，区别之处在于将尽端全屋架朝端墙挪动了一段距离，从而露出了歇山顶的小山花。图 10-34c 是转角屋顶的屋架布置，在转角处沿 45° 方向布置对角屋架，然后将半屋架搭在对角屋架上。图 10-34d 和图 10-34e 均为"T"形交接处

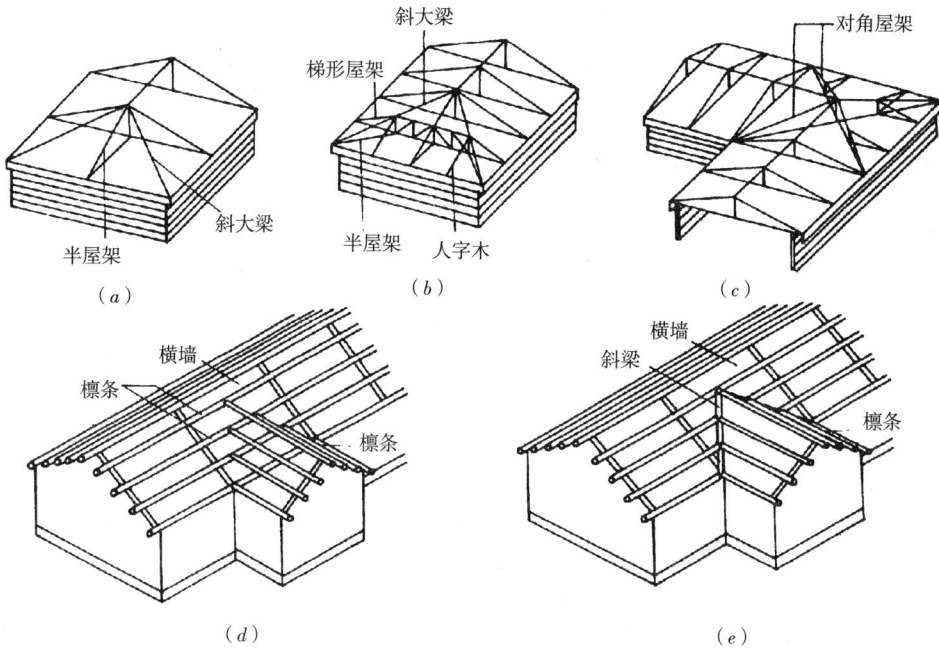

图10-34 有檩结构形式的坡屋面承重结构布置方式

屋顶的结构布置，其中图 10-34d 为垂直相交的两屋顶檩条相互搭接，搭接点的连线呈 45° 的斜沟，图 10-34e 的布置方式是将两屋顶的檩条同时支承在斜梁上。

三、瓦屋面的基层和防水层

瓦屋面的防水层是各种瓦材，在有檩体系中，瓦通常铺设在由檩条、屋面板、挂瓦条等组成的基层上，无檩体系的瓦屋面基层由钢筋混凝土板构成。

瓦屋面的名称随瓦的种类而定，如平瓦屋面、小青瓦屋面、石棉水泥瓦屋面等。基层的做法则随瓦的种类和房屋的质量要求而定。

1. 平瓦屋面

平瓦一般由黏土烧结而成。瓦宽 230mm，长 380~420mm，瓦的四边有榫（俗称爪）和沟槽。铺瓦时，每张瓦的上下左右利用榫、槽相互搭扣密合，避免雨水从搭接缝处渗入。屋脊部位用脊瓦铺盖。为了防止雨水从瓦缝处倒灌进室内，平瓦屋面的坡度不宜小于 1∶2（约 26°），多雨地区还应酌情加大。

（1）平瓦屋面的做法

根据基层的不同，有三种常见做法：冷摊瓦屋面、木（或混凝土）望板瓦屋面、钢筋混凝土挂瓦板瓦屋面。

冷摊瓦平瓦屋面做法是：先在檩条上顺水流方向钉木椽条，椽条一般是断面为40mm×60mm 或 50mm×50mm 的方木条，也可用圆木或半圆木条，中距400mm 左右，然后在椽条上垂直于水流方向钉挂瓦条，最后盖瓦。挂瓦条的断面尺寸一般为30mm×30mm，中距330mm，如图 10-35a。

冷摊瓦屋面的基层只有木椽条和木挂瓦条两种构件，构造较简单，但风雪等易

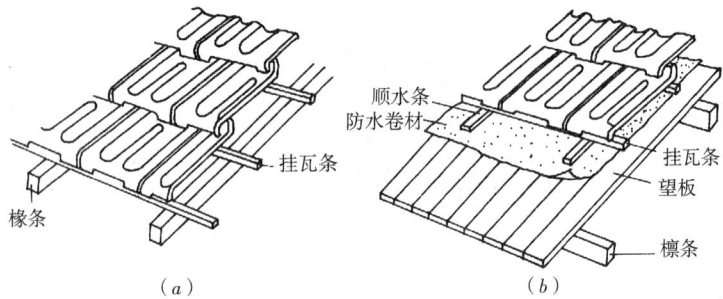

图10-35 木望板平瓦屋面做法

从瓦缝飘入室内，因而通常用于标准不高的建筑。

木望板平瓦屋面做法见图10-35b，屋面板也叫"望板"，一般采用15~20mm厚的木板钉在檩条上。屋面板的接头应在檩条上，不得悬空。屋面板的接头应错开布置，不得集中于一根檩条上。为了使屋面板结合严密，可以做成企口缝。这种屋面由于有木望板和油毡，所以避风保温效果优于前一种做法。木望板铺钉时可采用密铺法（不留缝），也可采用稀铺法（望板间留25mm宽缝）。然后在望板上干铺一层防水卷材，卷材须平行于屋脊铺设并顺水流方向钉木压毡条，这样即使有少量雨水从瓦缝间渗下，也可顺卷材表面流到檐口。因而压毡条又称为顺水条，其断面尺寸为30mm×15mm，中距500mm。挂瓦条平行于屋脊钉在顺水条上面，其断面和中距与冷摊瓦屋面相同。

根据构造做法的不同，现浇钢筋混凝土折板平瓦屋面有挂瓦式和水泥砂浆粘贴式两种。图10-36a为挂瓦式的构造层次。为了提高屋面的防水性能，在平瓦屋面下做了一层弹性涂膜防水层。图10-36b为水泥砂浆粘贴式钢筋混凝土折板平瓦屋面的构造层次，平瓦防水层用水泥砂浆粘贴在结构层上。

（2）平瓦屋面的细部构造

平瓦屋面应做好檐口、天沟、屋脊等部位的构造处理。

1）檐口构造：檐口分为纵墙檐口和山墙檐口。

纵墙檐口根据造型要求可做成挑檐或封檐，图10-37是挑檐口的几种构造方

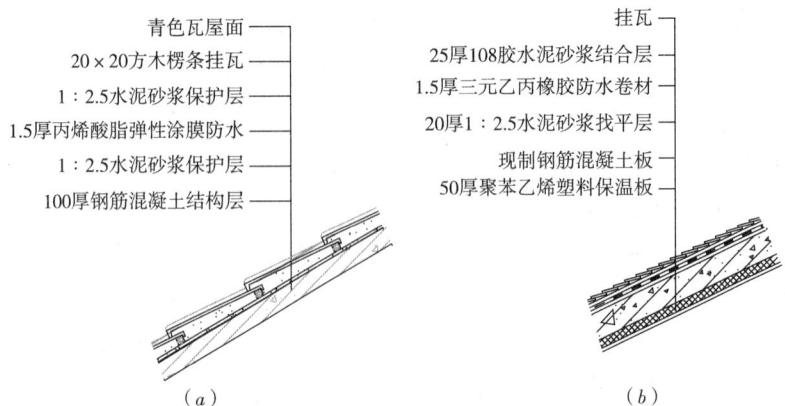

图10-36 现浇钢筋混凝土折板平瓦屋面做法

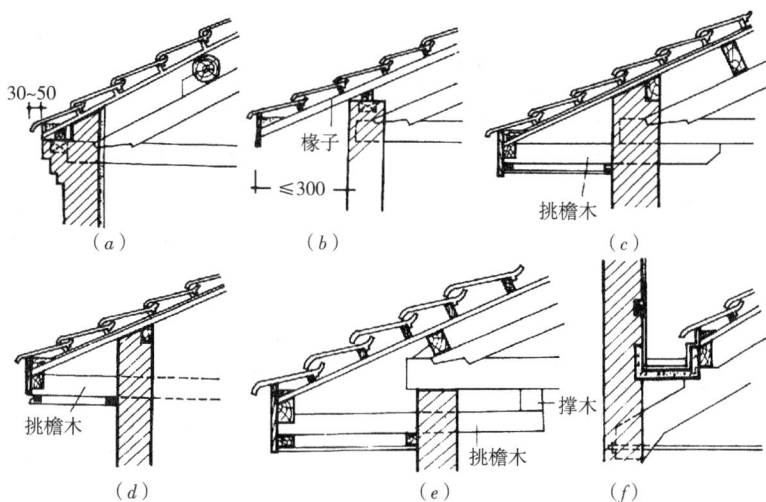

图10-37 纵墙檐口

法。其中图10-37a所示为砖砌挑檐,即在檐口处将砖逐皮向外挑出1/4砖长(60mm),直到挑出总长度不大于墙厚的一半时为止。图10-37b为椽条直接外挑的做法,挑出长度不宜大于300mm,当需要挑出更多时,应采用挑檐木将檐口挑出。图10-37c将挑檐木置于屋架下,图10-37d则将挑檐木置于承重横墙中。如挑檐长度更大,可采用图10-37e的处理方式,即将挑檐木下移,离开屋架一段距离,这时需在挑檐木与屋架下弦间加一撑木,以平衡挑檐的重量。图10-37f为女儿墙包檐口的构造做法,女儿墙与屋架的交接处须架设天沟,天沟最好采用钢筋混凝土槽形天沟板,沟内铺设卷材防水层,并应将卷材一直铺到女儿墙上形成泛水。泛水做法与前述卷材屋面相同。

山墙檐口按屋顶形式分为硬山与悬山两种做法(图10-38)。

现浇钢筋混凝土折板平瓦屋面的纵墙檐口如图10-39所示。图10-39a为出挑钢筋混凝土檐沟,图10-39b为出挑钢筋混凝土檐板。

2)天沟和斜沟构造:天沟出现在等高跨或高低跨屋面相交处以及包檐口处,斜沟则出现在倾斜屋面垂直相交处。天沟及斜沟应有足够的横断面积,其上口宽度不宜小于300~500mm,沟内一般用镀锌薄钢板铺在天沟板上,并伸入瓦片下面至少150mm。檐沟内防水层应从天沟内延伸至立墙上形成泛水(图10-40)。

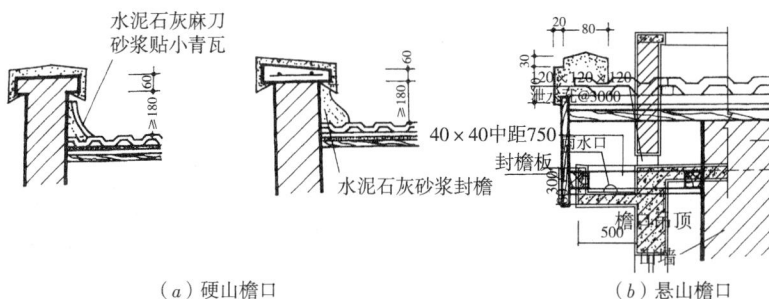

（a）硬山檐口 （b）悬山檐口

图10-38 山墙檐口

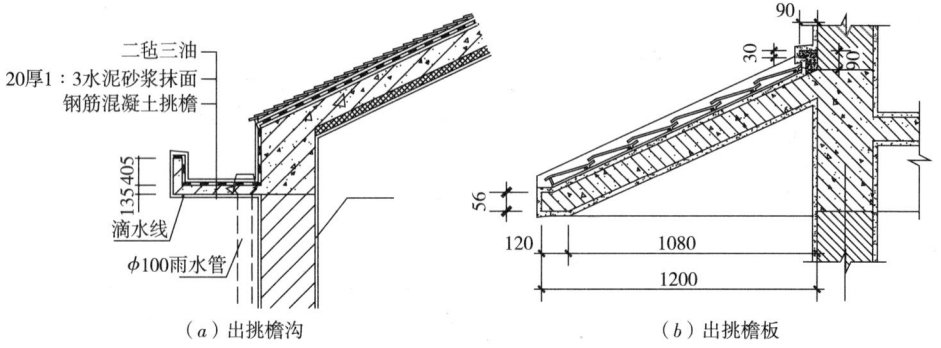

二毡三油
20厚1:3水泥砂浆抹面
钢筋混凝土挑檐
135 405
滴水线
φ100雨水管

90
30

56
120 1080
1200

（a）出挑檐沟　　　　　　　　（b）出挑檐板

图10-39　现浇钢筋混凝土折板屋面纵墙檐口

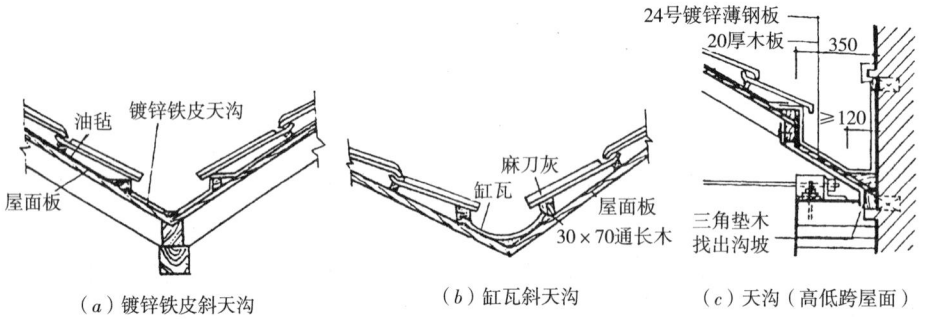

油毡
镀锌铁皮天沟
屋面板

麻刀灰
缸瓦
屋面板
30×70通长木

24号镀锌薄钢板
20厚木板　350
≥120
三角垫木
找出沟坡

（a）镀锌铁皮斜天沟　　　　（b）缸瓦斜天沟　　　　（c）天沟（高低跨屋面）

图10-40　天沟和斜沟构造

现浇钢筋混凝土折板平瓦屋面的天沟构造如图 10-41 所示。

2. 小青瓦屋面

（1）小青瓦屋面的做法

小青瓦屋面是我国民居建筑广泛采用的一种屋面形式，包括俯仰瓦屋面（俯瓦与仰瓦间隔成行铺盖）和仰瓦屋面（只有成行仰瓦而无俯瓦）。

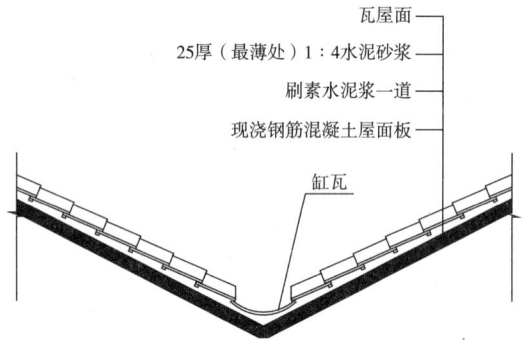

瓦屋面
25厚（最薄处）1:4水泥砂浆
刷素水泥浆一道
现浇钢筋混凝土屋面板
缸瓦

图10-41　现浇钢筋混凝土折板平瓦屋面天沟

小青瓦屋面一般采用木望板、望砖、荆芭、苇箔等做基层。图 10-42 所示为小

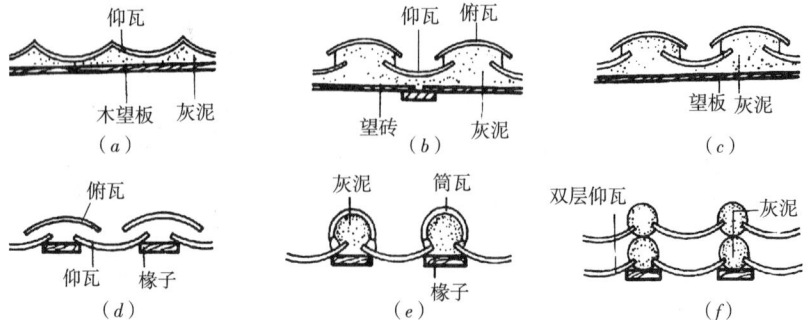

仰瓦
木望板　灰泥
（a）

仰瓦　俯瓦
望砖　灰泥
（b）

望板　灰泥
（c）

俯瓦
仰瓦　椽子
（d）

灰泥　筒瓦
椽子
（e）

双层仰瓦　灰泥
（f）

图10-42　小青瓦屋面

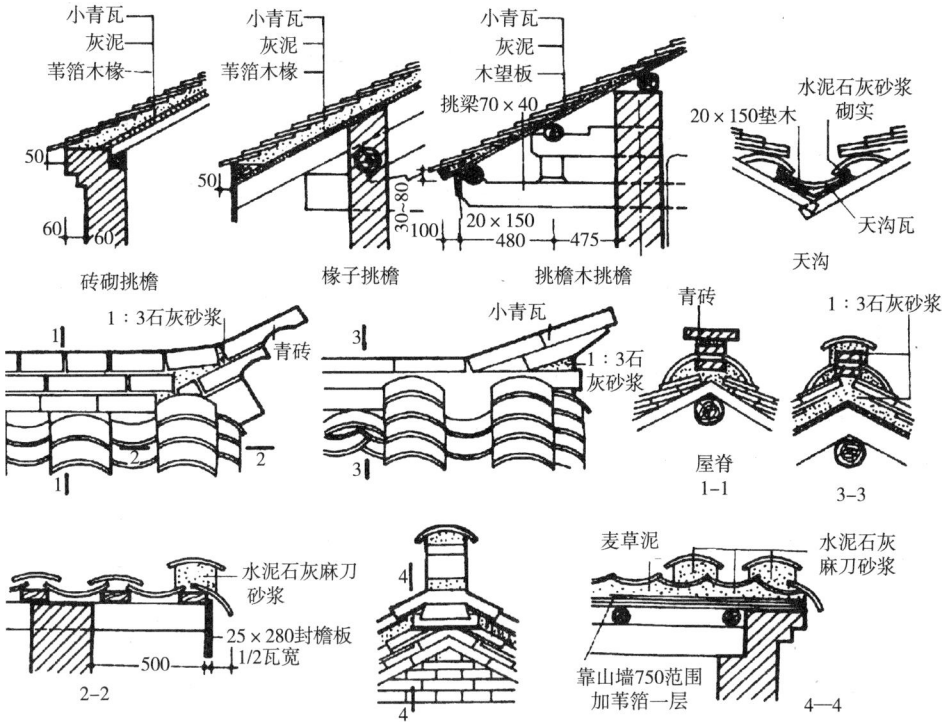

图10-43 小青瓦屋面的檐口、屋脊、天沟

青瓦屋面的几种铺盖方法。其中图10-42a为仰瓦屋面，是用灰泥将小青瓦粘贴在基层上，这种做法只适用于少雨地区。图10-42b、图10-42c的俯仰瓦屋面将瓦用灰泥粘在基层上，俯瓦搭盖仰瓦的宽度为40~50mm，这种做法适用于多雨地区。

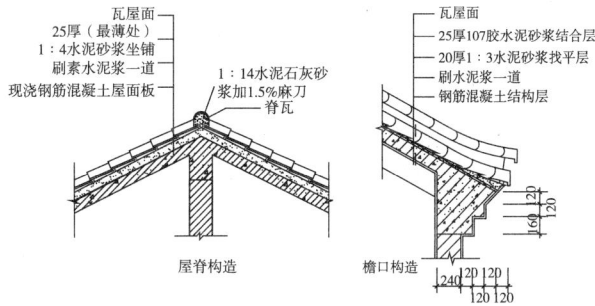

图10-44 现浇钢筋混凝土折板小青瓦屋面的细部构造

图10-42d是冷摊瓦屋面，是在木椽条上直接铺仰瓦，不用灰泥作粘结，椽条的净距一般为小青瓦小头宽度的4/5，俯瓦直接盖在仰瓦上。这种做法适用于炎热地区。图10-42e为筒板瓦屋面，也是在木檩条上直接铺仰瓦，仰瓦间用灰泥粘盖筒形瓦。这种做法适用于气候温暖但风大的地区。图10-42f为双层仰瓦屋面，仰瓦间用灰泥做成灰埂，上下瓦间形成通风间隙。炎热地区采用这种屋面可防止太阳辐射，并有通风降温的作用。

（2）小青瓦屋面的细部构造

小青瓦屋面的檐口、屋脊、天沟等细部构造见图10-43。

现浇钢筋混凝土折板小青瓦屋面的细部构造见图10-44。

第七节　屋顶的保温节能构造

一、屋顶保温节能技术要点

（1）屋顶的保温、隔热及防水要求应符合《屋顶工程技术规范》（GB 50345—2004）的规定。

（2）平屋顶的保温节能构造可采用保温层倒置和保温层正置的做法，设计人员可根据采用的保温材料设计合适的方案。

（3）倒置式屋顶是将传统屋顶构造中保温隔热层与防水层的位置"颠倒"，将保温隔热层设置在防水层之上。由于倒置式屋顶的保温层在防水层的外侧，因此倒置屋顶可以减轻太阳辐射和室外高温对屋顶防水层不利影响，提高防水层的使用年限。

（4）在室内空气湿度常年大于80%的地区，若采用吸湿性保温材料做保温层，应选用气密性、水密性好的防水卷材或防水涂料做隔汽层。

二、平屋顶的节能构造

1. 平屋顶的节能措施

（1）平屋顶保温层的构造方式有正置式和倒置式两种，在可能条件下平屋顶应优先采用倒置式保温。

（2）平屋顶均可在屋顶设置架空通风隔热层或布置屋顶绿化，以提高屋顶的通风和隔热效果。

（3）覆土植草屋顶是具环保生态效益、节能效益和热环境舒适效益的绿色工程。对未设置保温层的覆土植草屋顶，需要对人行走道、排水沟等易产生冷（热）桥的部位进行保温节能构造处理。

（4）倒置式保温平屋顶应在保温层上面设置保护层。

（5）吸湿性保温材料不宜用于封闭式保温层，当需要采用时，应选用气密性、水密性好的防水卷材或防水涂料做隔汽层。

2. 平屋顶的保温材料

（1）平屋顶倒置式保温材料可采用：挤塑聚苯板、泡沫玻璃保温板等。

（2）平屋顶正置式保温材料可采用：膨胀聚苯板、挤塑聚苯板、硬泡聚氨酯、石膏玻璃棉板、水泥聚苯板、加气混凝土等。

3. 平屋顶的几种节能构造做法

（1）高效保温材料节能屋顶构造

这种屋顶保温层选用高效轻质的保温材料，保温层为实铺。表10-5为常见保温材料的热工指标。

常见保温材料的热工指标　　　　表10-5

名　称	容重（kg/m³）	厚度（mm）	导热系数 λ［W/（m·K）］
聚苯板	20	50	0.04
再生聚苯板	100	50	0.07
挤塑型聚苯板	35	25	0.03
岩棉板	80	45	0.052
玻璃棉板	32	40	0.047
浮石砂	600	170	0.22
加气混凝土	400	150	0.26

高效保温材料节能屋顶的构造做法可见图10-45，其防水层、找平层、找坡层的做法与普通平屋顶的做法相同，结构层可用现浇钢筋混凝土楼板或是预制混凝土圆孔板。

刷着色涂料保护层
SBS改性沥青防水卷材
20厚1:3水泥砂浆找平层
1:6水泥焦渣找2%坡，最薄处30厚
聚苯板保温层（厚度节能计算确定）
钢筋混凝土板

图10-45　高效保温材料节能屋顶构造

（2）架空型保温节能屋顶构造

在屋顶内增加空气层有利于提高保温效果，同时也有利于改善屋顶夏季的隔热。架空层的常见规格做法是砌2~3块实心黏土砖的砖墩，上铺钢筋混凝土板，架空层内铺轻质保温材料。具体构造见图10-46。

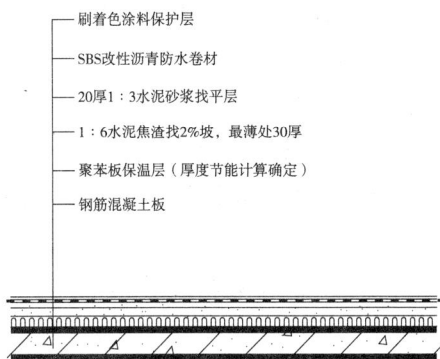

（3）保温、找坡结合型保温节能屋顶构造

这种屋顶常用浮石砂或蛭石做保温与找坡结合的构造层，保温层厚度要经过节能计算，并形成2%的排水坡度。具体构造见图10-47。

（4）倒置型保温节能屋顶构造

倒置型保温节能屋顶除可以防止太阳光直接辐射其表面，延缓了防水层老化进程，延长其使用年限外。屋顶最外层使用的蓄热系数大的卵石层或烧制方砖保护层，在夏季还可充分利用其蓄热能力强的特点，调节屋顶内表面温度，使温度最高峰值向后延迟，错开室外空气温度的峰值，有利于屋顶的隔热效果。另外，夏季雨后，卵石或烧制方砖类的材料有一定的吸水性，这层材料可通过蒸发其吸收的水分来降低屋顶的温度而达到隔热的效果。图10-48为其构造图。

三、坡屋顶的节能构造

1. 坡屋顶的节能措施

（1）坡屋顶应该设置保温隔热层，当结构层为钢筋混凝土板时，保温层宜设在结构层上部。当结构层为轻钢结构时，保温层可设置在上侧或下侧。

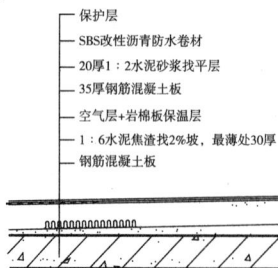

图10-46 架空型保温节能
屋顶构造

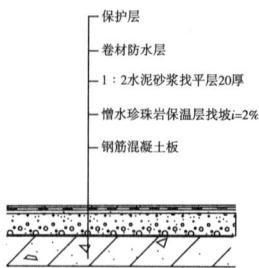

保护层
SBS改性沥青防水卷材
20厚1：2水泥砂浆找平层
35厚钢筋混凝土板
空气层+岩棉板保温层
1：6水泥焦渣找2%坡，最薄处30厚
钢筋混凝土板

图10-47 保温、找坡结
合型保温节能屋顶构造

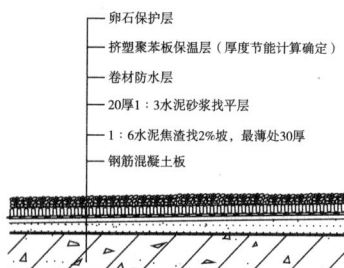

保护层
卷材防水层
1：2水泥砂浆找平层20厚
憎水珍珠岩保温层找坡i=2%
钢筋混凝土板

图10-48 倒置型保温节能屋顶
构造

卵石保护层
挤塑聚苯板保温层（厚度节能计算确定）
卷材防水层
20厚1：3水泥砂浆找平层
1：6水泥焦渣找2%坡，最薄处30厚
钢筋混凝土板

（2）坡屋顶保温层和细石混凝土现浇层均应采取屋顶防滑措施。

2. 坡屋顶保温材料

坡屋顶常采用的保温材料有：挤塑聚苯板、泡沫玻璃、膨胀聚苯板、微孔硅酸钙板硬泡聚氨酯、憎水性珍珠岩板等。当保温层在结构层底部时，保温材料可采用泡沫玻璃、微孔硅酸钙板等，此时应注意，保温板应固定牢固，板底应采用薄抹灰。

3. 坡屋顶保温节能构造

坡屋顶保温节能构造根据屋面瓦材的安装方式不同分为瓦材钉挂型和瓦材粘铺型两种。

（1）瓦材钉挂型保温节能屋顶

瓦材钉挂型保温节能屋顶的构造做法见图10-49。

（2）瓦材粘铺型保温节能屋顶

瓦材粘铺型保温节能屋顶的构造做法见图10-50。

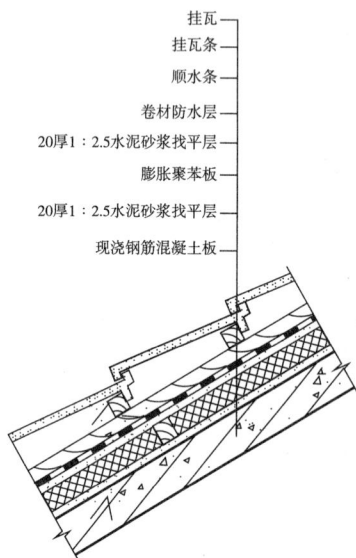

挂瓦
挂瓦条
顺水条
卷材防水层
20厚1：2.5水泥砂浆找平层
膨胀聚苯板
20厚1：2.5水泥砂浆找平层
现浇钢筋混凝土板

油毡瓦
油毡一层
40厚细石混凝土顺水条
挤塑聚苯板
（通长木条，每间隔1800一条）
卷材防水层
20厚1：2.5水泥砂浆找平层
现浇钢筋混凝土板

图10-49 瓦材钉挂型保温节能屋顶的构造　　图10-50 瓦材粘铺型保温节能屋顶的构造

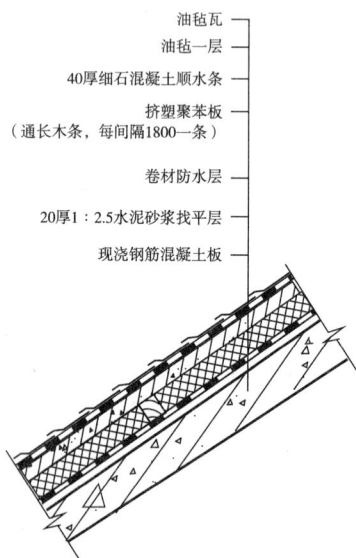

第十一章　门窗构造

门和窗是房屋的重要组成部分。门的主要功能是交通联系，窗主要供采光和通风之用，它们是建筑的围护构件。窗的散热量约为围护结构散热量的 2~3 倍，如 240mm 砖墙的传热系数 $K_0 = 1.8\text{W} / (\text{m}^2 \cdot \text{K})$，370mm 砖墙的 $K_0 = 1.34\text{W} / (\text{m}^2 \cdot \text{K})$，单层窗的 $K_0 = 5.0\text{W} / (\text{m}^2 \cdot \text{K})$，双层窗的 $K_0 = 2.3\text{W} / (\text{m}^2 \cdot \text{K})$。因此，窗口面积越大，建筑物的耗热量也就越多。

塑料门窗具有质轻、刚度好、美观光洁、不需油漆、质感亲切等优点，但造价偏高，适用于严重潮湿的房间和海洋气候地带及室内玻璃隔断。为提高塑料的耐久性能，亦可在塑料型材中加入型钢或铝材，成为塑钢门窗。

在设计门窗时，必须根据有关规范和建筑的使用要求来决定其形式及尺寸。造型要美观大方，构造应坚固、耐久，开启灵活，关闭时密封性能好，便于维修和清洁，规格类型应尽量统一，并符合现行《建筑模数协调统一标准》的要求，以降低成本和适应建筑工业化生产的需要。

门窗按其制作的材料可分为：木门窗、钢门窗、铝合金门窗、塑料门窗、彩板门窗等。

第一节　门窗的形式与尺度

门窗的形式主要是取决于门窗的开启方式，不论其材料如何，开启方式均大致相同。本节所举例子主要是木门窗。

一、门的形式与尺度

1.门的形式

门按其开启方式不同可分为平开门、弹簧门、推拉门、折叠门、转门等形式。

（1）平开门

平开门是水平开启的门，它的铰链装于门扇的一侧并与门框相连，使门扇围绕铰链轴转动。其门扇有单扇、双扇、向内开和向外开之分。平开门构造简单，开启灵活，加工制作简便，易于维修，是建筑中最常见、使用最广泛的门，见图 11-1。

（2）弹簧门

弹簧门的开启方式与普通平开门相同，所不同处是，以弹簧铰链代替普通铰链，利用弹簧铰链的弹力使门扇经常保持关闭。它使用方便，美观大方，广泛用于商店、学校、医院、

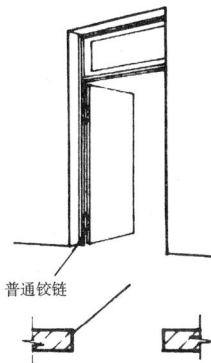

普通铰链

图11-1　平开门

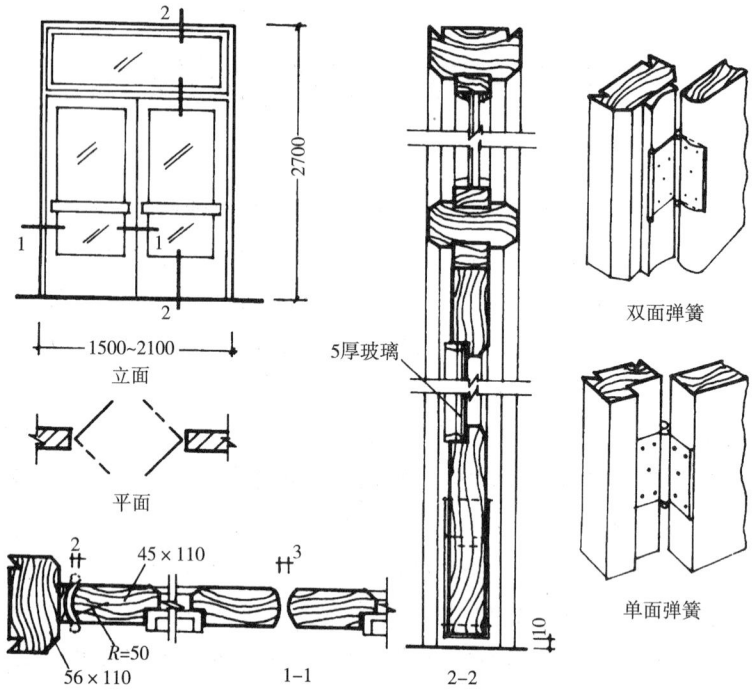

图11-2 弹簧门

办公和商业大厦。为避免视线不通带来人员的碰撞，要在门扇的适当位置镶嵌玻璃。木质弹簧门见图11-2。

（3）推拉门

推拉门是门扇沿轨道向左右滑行开启的门。推拉门通常为单扇和双扇，也可做成双轨多扇或多轨多扇，开启时，门扇可隐藏于墙内或悬于墙外。根据轨道位置的不同，推拉门分为上挂式和下滑式。当门扇高度小于4m时，可做成上挂式推拉门，即在门扇的上部装置滑轮，滑轮吊在门过梁附近安装的金属轨道上。当门扇高度大于4m时，从受力的合理性方面考虑，一般采用下滑式推拉门，即在门扇下部装滑轮，将滑轮置于地面的金属轨道上，为使门保持在垂直状态下稳定运行，导轨必须平直并有一定刚度。下滑式推拉门的上部应设导向装置，上挂式推拉门则在门的下部设导向装置，见图11-3。

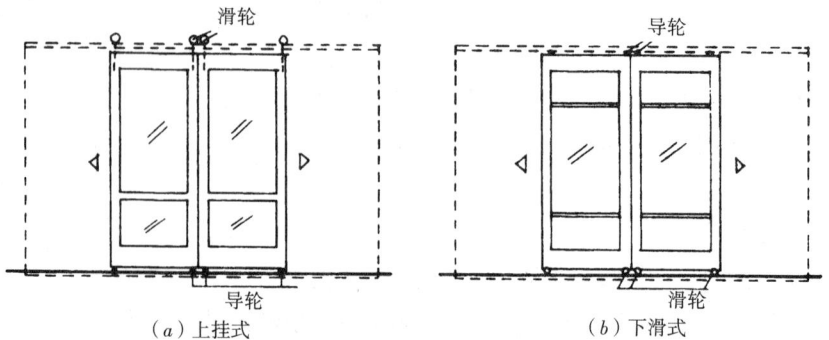

（a）上挂式　　　　　　　　　　（b）下滑式

图11-3 推拉门

推拉门开启时不占空间，受力合理，不易变形，但关闭时门难以密闭，故不宜在气密性要求高的建筑中使用。所以，推拉门一般用作民用建筑的内部空间分隔，也可用作工业建筑的仓库和车间大门。

（4）折叠门

折叠门分为侧挂式折叠门和推拉式折叠门两种。折叠门由多扇门构成，每扇门宽度为 500~1000mm，以 600mm 为宜，适用于宽度较大的洞口。侧挂式折叠门与普通平开门相似，只是门扇之间用铰链相连而成。当使用普通铰链时，一般只能挂两扇门，不能用于宽大的洞口，见图11-4。如侧挂门扇超过两扇，则需使用特制铰链。

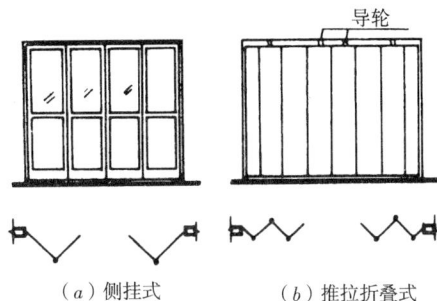

（a）侧挂式　　　　（b）推拉折叠式

图11-4　折叠门

推拉式折叠门与推拉门构造相似，需在门顶或门底装滑轮及导向装置，每扇门之间连以铰链，开启时，门扇通过滑轮沿着导向装置移动。

折叠门开启时占用空间少，但构造较复杂，一般用作商业建筑的门，或在公共建筑中作灵活分隔空间使用。

（5）转门

转门由两个固定的弧形门套和垂直旋转的门扇构成。门扇可分为三扇或四扇，绕竖轴旋转，见图11-5。转门对隔绝室内外空气的流动有一定的作用，可作为寒冷地区公共建筑的外门，但转门的紧急疏散能力较差，当设置在建筑物的疏散口时，需要在转门两旁另设疏散用门。另外，转门的构造复杂，造价高，不宜大量采用。

（6）卷帘门

卷帘门的门扇是由一条条的连锁金属板条或木板条组成，板条分页片式和空格式两种。帘板两端放在

图11-5　转门

门两边的滑槽内，开启时由门洞上部的滚动卷轴将门扇板条页片卷起，卷动可用电动或人力操作。当采用电力卷动时，必须考虑停电时有手动的卷动措施。

卷帘门开启时不占室内外空间，适用于非频繁开启的高大洞口，但制作较复杂，造价较高，故多用作商业建筑外门和厂房的大门。

2.门的尺度

门的尺度通常是指门洞的高宽尺寸。门作为交通疏散构件，其尺度应满足人的通行要求和搬运家具设备的要求，同时门的尺度还应与建筑物的比例相协调，并符合现行《建筑模数协调统一标准》的规定。

一个房间应该开几个门，每个建筑物通往外部空间的总的门宽度应该是多少，这是由交通疏散要求和防火规范来确定的，设计时应照规定来选取，一般规定：公

共建筑安全出入口的数目应不小于两个，但面积在 60m² 以下，人数不超过 50 人的房间，可只设一个出入口。对于低层建筑，每层面积不大，人数也较少的，可以设一个通户外的出入口。门的宽度还要符合建筑防火规范的要求。对于人员密集的剧院、电影院、礼堂、体育馆等公共场所，观众厅的疏散门一般按每百人 0.65~1.0m 来确定门的总宽度，具体可按表 11-1 确定。当人员较多时，出入口应分散布置。对于学校、商店、办公楼等民用建筑的门，可以按照下表决定，表中所列数值均为最低要求。在实际确定门的数量和宽度时，还要考虑到通风、采光、交通及搬运家具、设备等方面的要求。

公共建筑每百人的门宽

表11-1

层 数	耐火等级 m/100人 一、二级	三级	四级
1、2层	0.65	0.75	1.00
3层	0.75	1.00	—
≥4层	1.00	1.25	—

一般民用建筑的门的高度不应小于 2100mm，如门设有亮子，亮子高度一般为 300~600mm，则门洞高度为门扇高加亮子高，再加门框及门框与墙间的缝隙尺寸，门洞高度一般为 2400~3000mm。公共建筑的大门高度可视需要适当提高。

通常情况下，根据使用性质，门的最小宽度取值为：

（1）住宅户门：1000mm；

（2）住宅居室门：900~1000mm；

（3）住宅厨、厕门：750mm；

（4）住宅单元门：1200mm；

（5）公共建筑的外门：1200mm。

双扇门宽为 1200~1800mm。宽度在 2100mm 以上时，则宜做成三扇门、四扇门或双扇带固定扇的门，因为门扇过宽容易产生变形，不仅难以开启，而且使密闭性能降低，增加了室外冷热空气对室内的影响，对建筑节能不利。

为了使用方便，一般民用建筑的门（包括木门、铝合金门、钢门等）均编制成标准图，在图上注明类型及有关尺寸，设计时可按需要直接选用。

二、窗的形式与尺度

1. 窗的形式

窗的开启方式可分为下列几种（图 11-6）：

（1）平开窗

铰链安装在窗扇一侧，与窗框相连，向外或向内水平开启，有单扇、双扇、多扇及向内开和向外开之分。平开窗构造简单，开启灵活，制作、维修均方便，是民

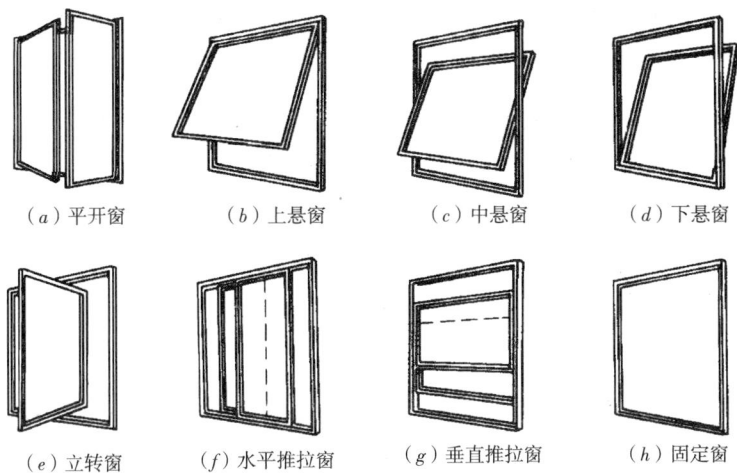

| （a）平开窗 | （b）上悬窗 | （c）中悬窗 | （d）下悬窗 |

| （e）立转窗 | （f）水平推拉窗 | （g）垂直推拉窗 | （h）固定窗 |

图11-6　窗的开启方式

用建筑中使用最广泛的窗。

（2）固定窗

无窗扇、不能开启的窗为固定窗。固定窗的玻璃直接嵌固在窗框上，可供采光和眺望之用，不能通风。固定窗构造简单，密闭性好，多作为门亮子窗使用，也可与其他可开启窗配合使用。

（3）悬窗

根据铰链和转轴位置的不同，悬窗分为上悬窗、中悬窗和下悬窗。

上悬窗的铰链安装在窗扇的上边，一般向外开，防雨好，多用于外窗和外门窗上的亮子窗。

下悬窗的铰链安装在窗扇的下边，一般向内开，通风较好，不防雨，不能在外窗上使用，多用于简易的对外服务的窗口，可利用下悬的窗扇板作为简易的工作台。

中悬窗是在窗扇两边中部安装水平转轴，开启时窗扇绕水平轴旋转，窗扇上部向内、下部向外，对挡雨、通风有利，并且其开启易于机械化，故常用作大空间建筑的高侧窗。

（4）推拉窗

推拉窗的窗扇沿导轨滑动，根据窗扇移动方向的不同分为水平推拉窗和垂直推拉窗两种。推拉窗开启时不占室内空间，窗扇受力状态合理，适于安装大玻璃，常见的有金属及塑料推拉窗。

此外，窗户还有立转窗、百叶窗、折叠窗等多种形式。

2. 窗的尺度

窗的大小首先应满足采光、通风要求，同时窗户的大小还与建筑的构造要求和建筑造型有关。为了提高建筑的工业化水平，提高建筑施工速度，窗的大小应符合建筑模数制要求。我国各地标准窗的基本尺度大多满足300mm的扩大模数。窗户宽度方向的尺寸一般为：600mm、900mm、1200mm、1500mm、1800mm、2100mm等，高度方向的尺寸一般为：900mm、1200mm、1500mm、1800mm、2100mm等。

此外，窗扇的大小还要考虑到坚固耐久方面的要求，一般平开木窗的窗扇高度为800~1200mm，宽度不宜大于500mm，上、下悬窗的窗扇高度为300~600mm，中悬窗窗扇高度不宜大于1200mm，宽度不宜大于1000mm，推拉窗的高、宽均不宜大于1500mm。

第二节 木门窗构造

一、平开门的构造

1.平开门的组成

门一般由门框、门扇、亮子、五金零件及其附件组成，见图11-7。

门扇按其构造方式的不同，分为镶板门、夹板门、拼板门、玻璃门和纱门等类型。亮子又称腰头窗，在门的上方，为辅助采光和通风之用，开启方式有平开、固定及上、中、下悬几种。

门框是门扇、亮子与墙的联系构件。

五金零件一般有铰链、插销、门锁、拉手、门碰头等。

附件有贴脸板、筒子板等。

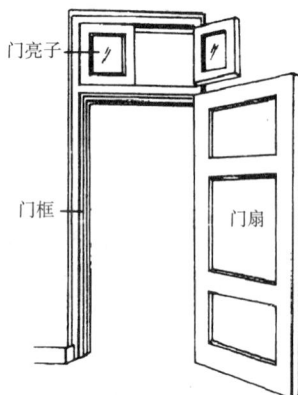

图11-7 平开门的组成

2.门框

门框又称门樘，一般由位于两侧的两根竖直的边框和位于上部的横向的上框组成，当门带有亮子时，还有中横框，多扇门则还有中竖框，见图11-8。

门框的断面形式与门的类型、层数有关，同时应方便门的安装，并应具有一定的密闭性。此外，门框的断面尺寸还要考虑制作时的刨光损耗，毛断面尺寸应比净断面尺寸大些，一般单面刨光按3mm、双面刨光则按5mm计算。故门框的毛料尺寸为：双裁口的木门（门框上安装内外两层门扇时使用）的厚度 × 宽度为60~70mm × 130~150mm，单裁口的木门（只安装一层门扇时使用）为50~70mm × 100~120mm。木框材料的断面形式与尺寸见图11-9。

为便于门扇密闭，门框上要有裁口（或铲口）。根据门扇数与开启方式的不同，

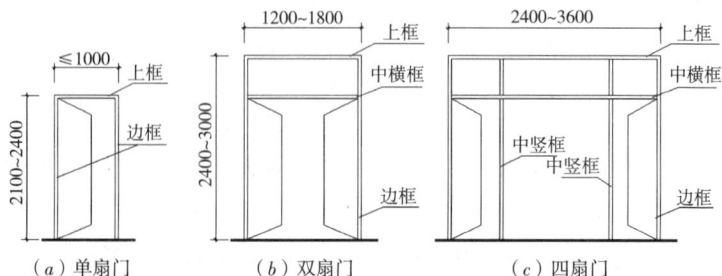

（a）单扇门　　　（b）双扇门　　　（c）四扇门

图11-8 门框的组成

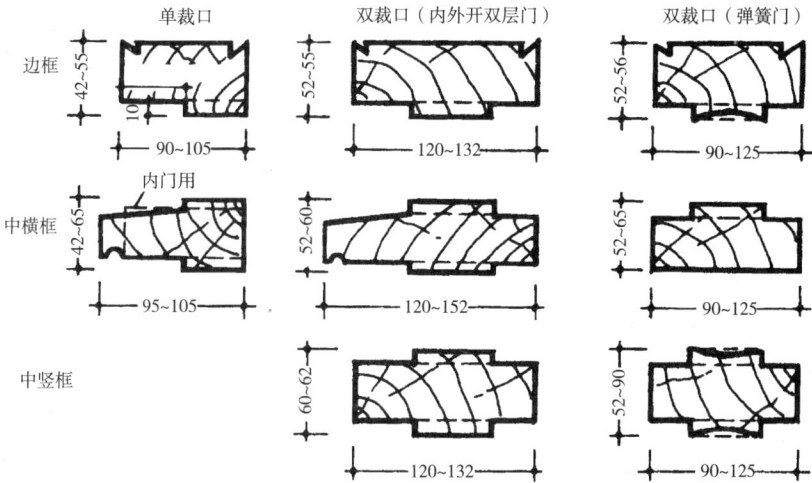

图11-9 门框的断面形式与尺寸

裁口的形式可分为单裁口与双裁口两种。单裁口用于单层门，双裁口用于双层门或弹簧门。裁口宽度要比门扇厚度大1~2mm，便于门扇的安装和开启。裁口深度一般为8~10mm。

由于门框靠墙一面易受潮变形，故常在靠墙面开1~2道背槽，以免产生翘曲变形，同时也利于门框的嵌固。背槽的形状可为矩形或三角形，深度约为8~10mm，宽约为12~20mm。

门框的安装根据施工方式不同分为后塞口和先立口两种，见图11-10。

塞口，又称塞樘子，是在墙砌好后再安装门框。采用塞口法安装门框时，洞口的宽度应比门框宽度大20~30mm，高度比门框高度大10~20mm，门洞两侧砖墙上每隔500~600mm预埋木砖或预留缺口，以便用圆钉或水泥砂浆将门框固定。框与墙间的缝隙需用沥青麻丝嵌填。

立口，又称立樘子，是在砌墙前预先用支撑将门框定位，然后再砌墙将门框固定。此种方法使框与墙的结合紧密，但是立口与砌墙工序交叉，施工不便。

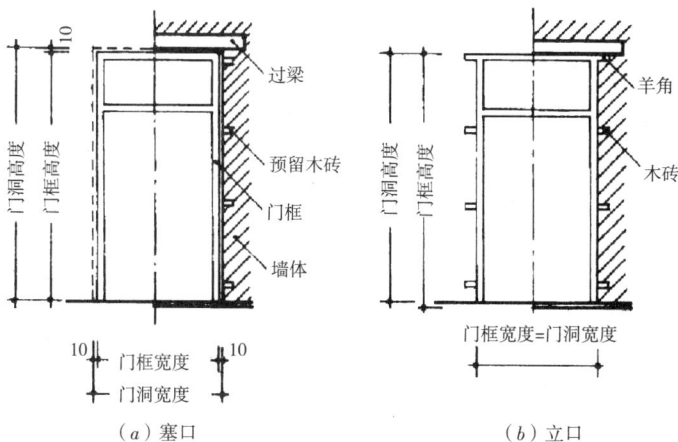

（a）塞口　　　　　　　（b）立口

图11-10 门框的安装

门框在墙中的位置，可在墙的中间或与墙的一边平，见图11-11。一般情况下，外开窗多与墙的外侧表面平齐，内开窗多与墙的内侧表面平齐。门框四周的抹灰极易开裂脱落，因此，在门框与墙的结合处应做贴脸

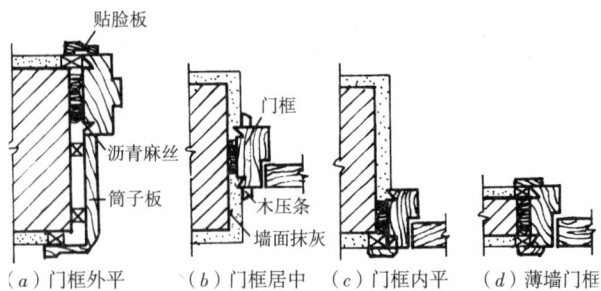

（a）门框外平　（b）门框居中　（c）门框内平　（d）薄墙门框

图11-11　门框在墙中的位置

板和木压条盖缝，贴脸板一般为 15~20mm 厚、30~75mm 宽。木压条的厚与宽约为 10~15mm，装修标准高的建筑还可在门洞两侧和上方设筒子板。

3.门扇

常用的木门门扇有镶板门和夹板门。

（1）镶板门

镶板门是被广泛使用的一种门，门扇由边梃、上冒头、中冒头和下冒头组成骨架，内装门芯板而构成，见图11-12。镶板门构造简单，加工制作方便，适用于一般民用建筑的内外门。

门扇的边梃一般与上、中冒头的断面尺寸相同，厚度为 40~45mm，宽度为 100~120mm。为了减少门扇的变形，下冒头的宽度一般加大至 160~250mm，并与边梃采用双榫结合的方式。

门芯板一般采用 10~12mm 厚的木板拼成，也可采用多层板、硬质纤维板、塑料板、玻璃和塑料纱等。当采用玻璃时，构成了玻璃门，可以做成半玻门或全玻门。若门芯板换成塑料纱（或铁纱），就成为了纱门。由于纱门重量小，门扇骨架用料可少些，边框与上冒头可采用 30~70mm，下冒头用 30~150mm。

镶板门具有良好的室内装饰效果，上冒头可以做成圆弧形状，配以各种木线条以及木质门芯板、玻璃门芯的装饰处理，使镶板门具有较强的立体装饰效果，如图11-13所示。

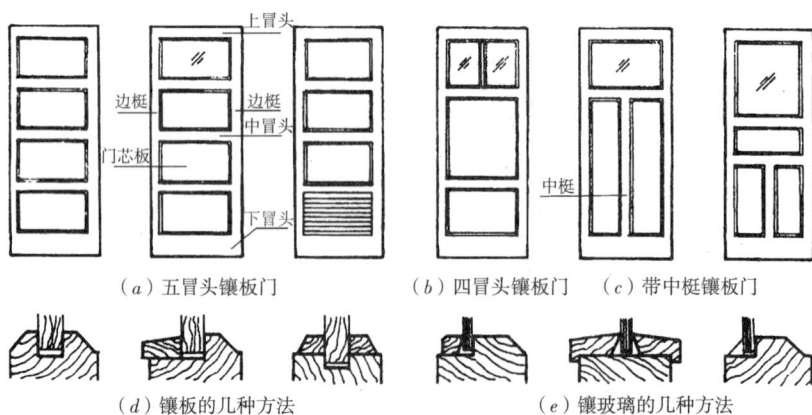

（a）五冒头镶板门　　　　（b）四冒头镶板门　（c）带中梃镶板门

（d）镶板的几种方法　　　　（e）镶玻璃的几种方法

图11-12　镶板门

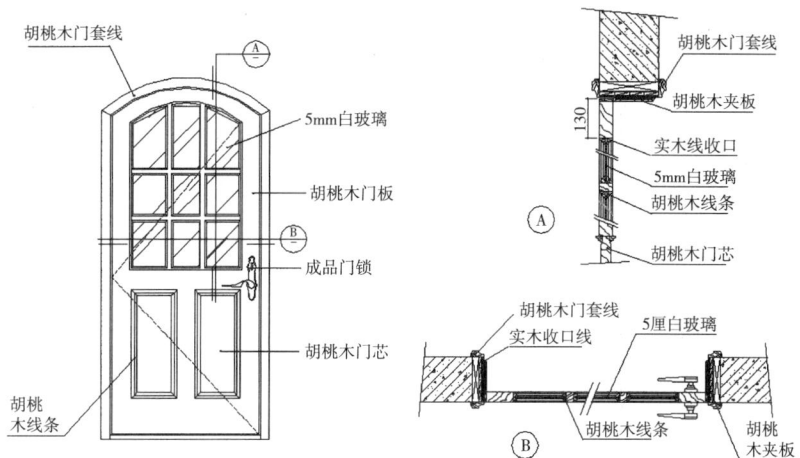

图11-13 镶板门装饰效果与构造

（2）夹板门

夹板门是使用断面较小的方木做成骨架，两面粘贴面板而成的，如图11-14。门扇面板可用多层板、塑料面板和硬质纤维板。面板固定在骨架上，与骨架形成一个整体，共同抵抗变形。夹板门的形式可以是全夹板门、带玻璃或带百叶的夹板门等。

夹板门的骨架一般用厚约30mm、宽30~60mm的木料做边框，中间的肋条用厚约30mm、宽10~25mm的木条，可以是单向排列、双向排列或密肋形式，间距一般为200~400mm，安装门锁处需另加上锁木。为使门扇内通风干燥，避免因内外温湿度差产生变形，在骨架上需设通气孔。为节约木材，也有用蜂窝形浸塑纸来代替肋条的。

由于夹板门构造简单，可利用小料、短料，自重轻，外形简洁，便于工业化生产，所以在一般民用建筑中被广泛用作建筑的内门。

与镶板门相比较，夹板门虽然门板表面较为平整，立体感不强。但夹板门也可以通过对门板面层材料合理组合以及对装饰线条的使用，制作出具有良好装饰效果的夹板门。图11-15是装饰现代感较强的夹板门及其构造做法。

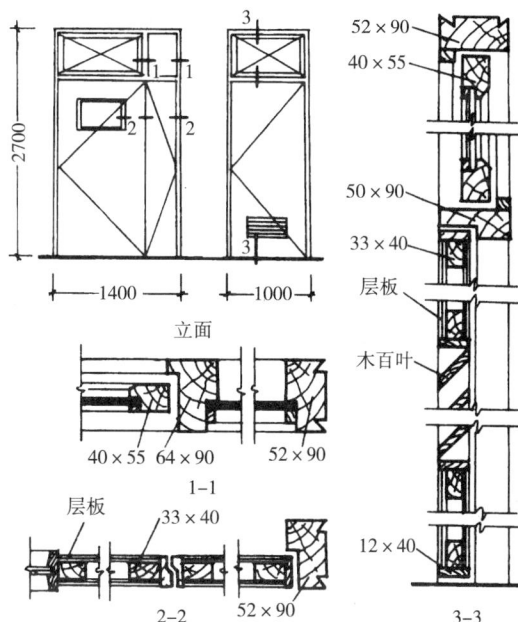

二、平开窗的构造

窗由窗框、窗扇（玻璃扇、纱扇）、五金配件（铰链、风钩、插销）及附件（窗帘盒、窗台板、贴脸板）等组成，如图11-16所示。

1. 窗框

最简单的窗框是由边框及上

图11-14 夹板门

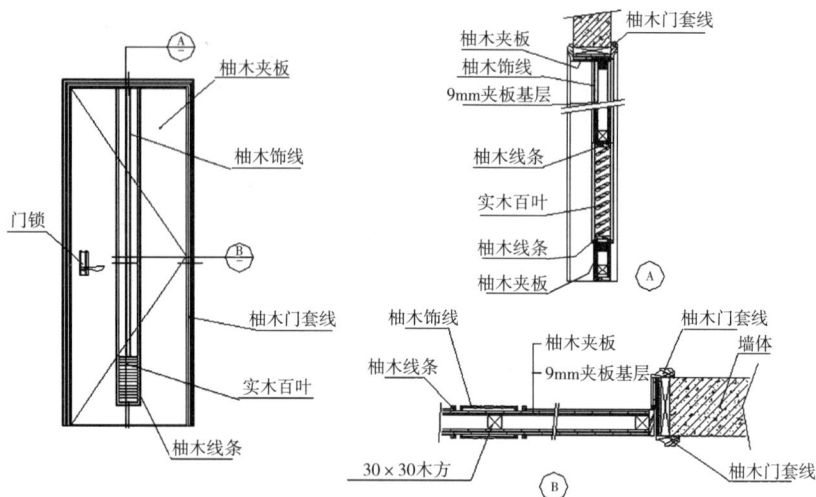

图11-15 夹板门的装饰与构造做法

下框所组成的，当窗尺度较大时，应增加中横框或中竖框。通常，在垂直方向有两个以上窗扇时，应增加中横框，在水平方向有三个以上的窗扇时，应增加中竖框。窗框与门框一样，断面形式应注意裁口及背槽处理。裁口有单裁口与双裁口之分。

　　窗框断面尺寸的确定应考虑连接牢固问题，一般单层窗的窗框断面厚40~55mm、宽70~95mm，中横框和中竖框因两面有裁口，并且横框常有拔水，断面尺寸应相应增大。双层窗窗框的断面宽度应比单层窗宽度大20~30mm。

　　窗框的安装与门框一样，分后塞口与先立口两种。塞口时洞口的高、宽尺寸应比窗框尺寸大10~20mm。窗框在墙上的位置，一般是与墙内表面平齐，安装时，框凸出砖面20mm，以便在墙面粉刷后使框与抹灰面平齐。框与抹灰面交接处，采用贴脸板搭盖，它能够阻止由于抹灰干缩而形成缝隙后冷风渗入室内，同时可增加美观。贴脸板的形状与尺寸与门相同。

　　当窗框设置在墙厚的中间位置时，应在室内设窗台板，在室外设窗台。窗框平外时，靠室内一侧设窗台板。窗台板可用木板，也可用天然石板或预制水磨石板（图11-17）。

　　2. 窗扇

　　常见的木窗扇有玻璃窗扇和纱窗扇。窗扇由上冒头、下冒头、边梃、窗芯及玻璃等构件组成，见图11-18。

　　（1）窗扇的断面形状与尺寸

　　窗扇的上下冒头、边梃和窗

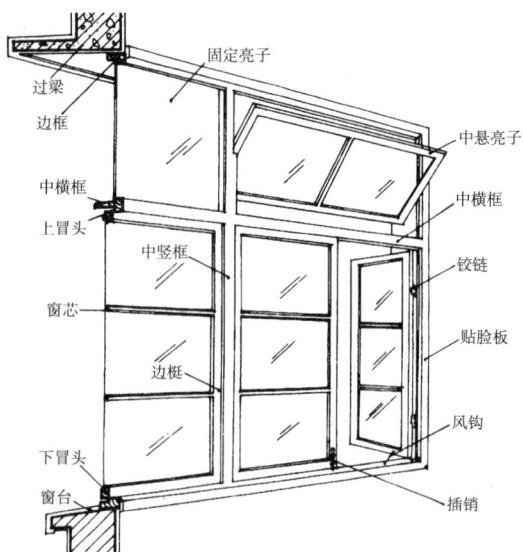

图11-16 平开窗的组成

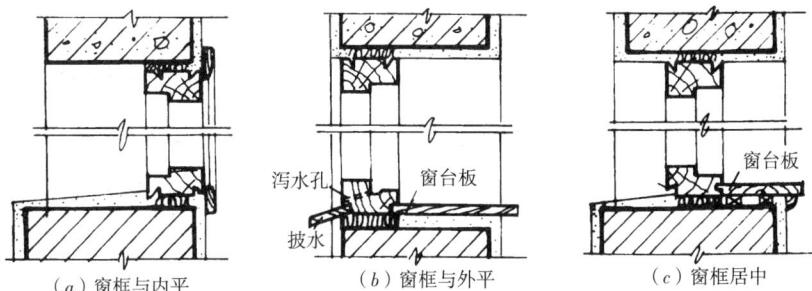

（a）窗框与内平　　　（b）窗框与外平　　　（c）窗框居中

图11-17　窗框的安装位置

芯均设有裁口，以便安装玻璃或窗纱。裁口深度约10mm，一般设在外侧。玻璃窗的边框及上冒头的断面厚×宽为（35~42）mm×（50~60）mm，下冒头由于要承受窗扇重量，断面适当加大，一般为（35~42）mm×（60~90）mm，窗芯约为（35~42）mm×（30~35）mm。

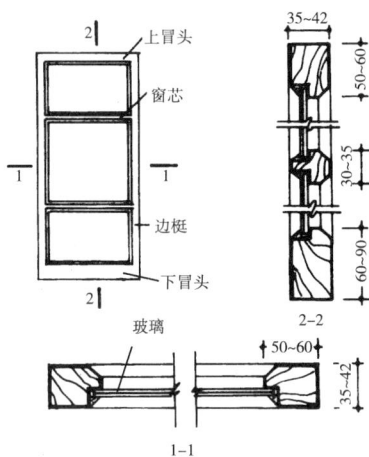

图11-18　窗扇的构造

（2）玻璃的选择与安装

建筑用玻璃按其性能可分为：普通平板玻璃、磨砂玻璃、压花玻璃（装饰玻璃）、吸热玻璃、反射玻璃、中空玻璃、钢化玻璃、夹层玻璃等。平板玻璃制作工艺简单，价格最便宜，但保温隔热性能差。建筑中窗户玻璃的选择应满足所在地区建筑节能标准的要求。有时，为了遮挡视线的需要，也可选用磨砂玻璃或压花玻璃等。

玻璃厚薄的选用还与窗扇的分格大小有关。单块面积小的，可选用薄的；单块面积大时，玻璃的厚度应增加，可参考表11-2。

玻璃厚度　　　　　　　　　　　　　　　　　　　　　　　　表11-2

玻璃厚度（mm）	开启窗扇每块玻璃最大允许面积（m²）	单独设的固定扇每块最大允许面积（m²）	每块玻璃最大允许长度
2	0.35	0.45	宽度的2倍
3	0.55	0.75	宽度的2~3倍

玻璃的安装一般用油灰（桐油灰）嵌固。为使玻璃牢固地安装于窗扇上，应先用小钉将玻璃卡牢，再用油灰嵌固。对于不会受雨水侵蚀的窗扇玻璃，也可用铁钉加小木压条固定。

3. 平开窗的构造

平开窗扇向室外开启，窗框裁口在外侧，窗扇开启时不占空间，不影响室内活动，利于家具布置，防水性较好，但擦窗及维修不便，开启扇常受日光、雨雪侵蚀，容易腐烂，同时，玻璃破碎有伤人危险。外开窗的窗扇与窗框关系如图11-19所示。

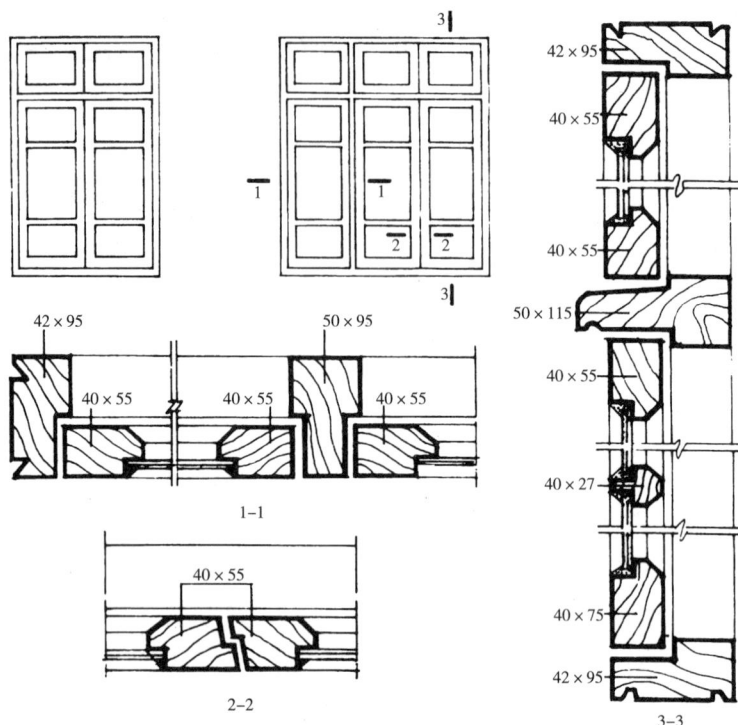

图11-19 外开窗

为了利于防水，中横框常加做披水。此外，为适应保温、隔声、洁净等要求，平开窗还可做成双层外开窗和双层内开窗等形式。

第三节 铝合金及塑料门窗

随着科学技术的发展和人民生活水平的不断提高，木门窗已不能满足现代建筑对门窗的越来越高的要求，其他材料的门窗，如铝合金门窗、塑料门窗以其各自的优点在各种类型的建筑中得到了广泛的应用。

一、铝合金门窗

1. 铝合金门窗的特点

铝合金门窗具有质量轻、强度高、密封性好、耐腐蚀、坚固耐用及色泽美观的特点。

铝合金门窗的质量轻，使得安装方便。另外，铝合金门窗的气密性、水密性及隔声性能都较木门窗有显著的提高。铝合金门窗外表面不需要涂刷涂料，氧化层不褪色、不脱落，表面不需要维修。铝合金门窗强度高，刚性好，坚固耐用，开闭轻便灵活。

铝合金门窗的色泽美观，其框料型材表面经过了氧化着色处理，既可保持铝材的银白色，也可以制成各种柔和的颜色或带色的各种纹理，如古铜色、暗红色、黑色等。还可以在铝材表面涂刷一层聚丙烯酸树脂保护装饰膜，使得铝合金门窗造型新颖大方，表面光洁，外观美丽，色泽牢固，增加了建筑物立面和内部的美观。

2.铝合金门窗设计要求

（1）应根据使用和安全要求确定铝合金门窗的风压强度性能、雨水渗漏性能、空气渗透性能综合指标。

（2）组合型铝合金门窗的设计宜采用定型产品门窗作为组合单元。非定型产品的设计应考虑洞口最大尺寸和开启扇最大尺寸的选择和控制。

（3）外墙门、窗的安装高度应有限制。例如，广东地区规定，外墙铝合金门窗安装高度小于等于60m（不包括玻璃幕墙）、层数小于等于20层，若高度大于60m或层数大于20层，则应进行更细致的设计。必要时，应进行风洞模型试验。

3.铝合金门窗框料系列

系列名称是以铝合金门窗框的厚度构造尺寸来区别各种铝合金门窗的称谓，如：平开门门框厚度构造尺寸为50mm，即称为50系列铝合金平开门，推拉窗窗框厚度构造尺寸为90mm，即为90系列铝合金推拉窗等。

铝合金门窗设计通常采用定型产品，选用时应根据不同地区、不同气候、不同环境、不同建筑物的使用要求，选用不同的门窗框系列（表11-3、表11-4）。

我国各地铝合金门型材系列对照参考表　　　　　　　　表11-3

系列 地区 \ 门型	铝合金门			
	平开门	推拉门	有框地弹簧门	无框地弹簧门
北京	50、 55、 70	70、 90	70、100	70、100
上海，华东	45、53、38	90、100	50、55、100	70、100
广州	38、45、46、100	70、108、73、90	46、70、100	70、100
	40、45、50、55、60、80			
深圳	40、 45、 50	70、80、90	45、55、70	70、100
	55、 60、70、80		80、100	

我国各地铝合金窗型材系列对照参考表　　　　　　　　表11-4

地区 \ 窗型	铝合金窗				
	固定窗	平开、滑轴	推拉窗	立轴、上悬	百叶
北京	40、45、50	40、50、70	50、 60、45	40、50、70	70、80
	55、 70		70、90		
上海	38、45、50	38、45、50	60、70、75	50、 70	70、80
华东	53、90		90		
广州	38、40、70	38、40、46	70、70B	50、 70	70、80
			73、 90		
深圳	38、55	40、45、50	40、55、60	50、60	70、80
	60、70、90	55、60、65、70	70、80、90		

4. 铝合金门窗安装

铝合金门窗是表面处理过的铝合金材料经下料、打孔、铣槽、攻丝等加工程序,制作成门窗框料的构件,然后与连接件、密封件、开闭五金件一起组合装配成门窗。

安装门窗时,将门、窗框在抹灰前立于门、窗洞口处,与墙内预埋件对正,然后用木楔将三边固定。经检验确定门窗框水平、垂直、无挠曲后,用连接件将铝合金框固定在墙或梁柱上。连接件固定可采用焊接、膨胀螺栓或射钉等方法。

门窗框固定好后,框料与门窗洞口四周的缝隙,要采用软质的保温材料填塞,常用泡沫塑料条、泡沫聚氨酯条、矿棉毡条和玻璃丝毡条等,分层填实,外表留 5~8mm 深的槽口用密封膏密封。这种做法主要是为了防止门、窗框四周形成冷热交换区产生结露,影响防寒、防风的正常功能和墙体的寿命,也影响建筑物的隔声、保温等功能。同时,避免了门窗框直接与混凝土、水泥砂浆接触,消除了碱对门窗框的腐蚀。图 11-20 是铝合金平开窗的安装构造。

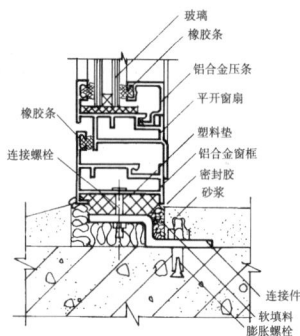

图11-20 铝合金平开窗

铝合金窗也可以做成推拉的形式,铝合金推拉窗外形美观,采光面积大,开启后不占空间,但密闭性能较差,在有较高气密性要求的建筑中慎重使用。

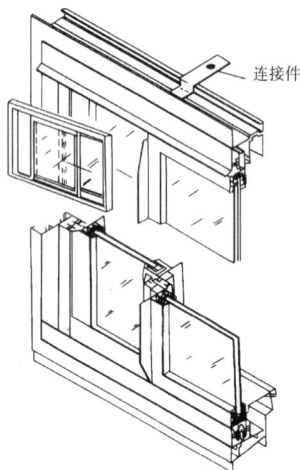

图11-21 铝合金推拉窗

铝合金推拉窗常用的有 90 系列、70 系列、60 系列、55 系列等。其中,90 系列是目前广泛采用的一种,其特点是框四周外露部分均等,造型较好,边框内设内套,断面呈"己"形。

70 带纱系列,其主要构造与 90 系列相仿,不过将框厚由 90mm 改为了 70mm,并加上了纱扇滑轨。铝合金推拉窗的构造见图 11-21。

铝合金型材导热系数大,普通铝合金门窗保温隔热性能差。为了提高铝合金门窗的保温隔热性能,宜采用新型的热隔断铝合金型材。

二、塑料门窗

塑料门窗是近几年发展起来的一种新型门窗,轻质、耐腐蚀、密闭性好、美观新颖,有足够的耐久性,现已大量应用于各类建筑中。塑料门窗的缺点是变形较大,刚度较差。为了提高塑料门窗的刚度,一般在塑料型材内腔中加入钢或铝等,形成塑钢门窗或塑铝门窗。

塑料门窗线条清晰、挺拔,造型美观,表面光洁细腻,不但具有良好的装饰性,而且有良好的隔热性和密封性。同时,塑料本身具有耐腐蚀等功能,不用涂刷涂料,可节约施工时间和费用。因此，在建筑工程中得到大量应用。

塑料门窗的料型断面为空腹、多空腔式。其开启方式有平开、推拉等。五金配件多采用配套的专用配件。

塑料门窗的所有缝隙都嵌有橡胶密封条和毛条，使其具有良好的气密性和水密性。

塑料门窗的发展十分迅速，与铝合金门窗相比，塑料门窗的保温效果较好，造价经济，单框双玻璃窗的传热系数小于双层铝合金窗的传热系数，但是运输、储存、加工要求较严格。塑料门窗已成为民用建筑中一种主要的门窗类型。

平开塑料窗安装节点见图 11-22。

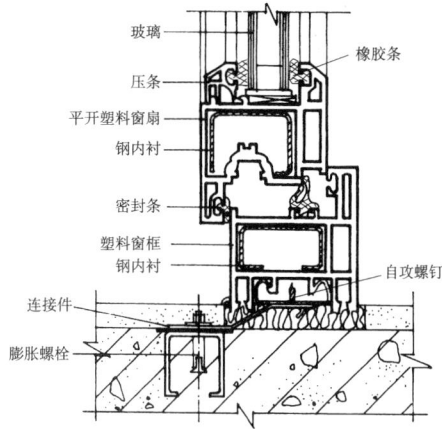

图11-22 平开塑料窗

第四节 门窗节能

门窗是建筑节能的薄弱环节，通过门窗损失的能量由门窗构件的传热耗热量和通过门窗缝隙的空气渗透耗热量两部分构成。对北方采暖居住建筑的能耗调查发现，有一半以上的采暖能耗是通过门窗损失出去的。因此，门窗是建筑节能的重点部位，提高建筑门窗的节能效率应从改善门窗的保温隔热性能和加强门窗的气密性两个方面进行。

一、窗户的保温隔热性能

普通门窗的保温隔热性能较差，表11-5是常用窗户的传热系数。传热系数越大，保温隔热性能越差。

常用窗户的传热系数　　　　　　　　　　　　　　　表11-5

窗框材料	窗户类型	空气层厚度（mm）	窗框窗洞面积比	传热系数K（W/（m^2·K））
钢、铝	单层窗	—	20~30	6.4
	单框双玻璃窗	12	20~30	3.9
		16	20~30	3.7
		20~30	20~30	3.6
	双层窗	100~140	20~30	3.0
	单层+单框双玻璃窗	100~140	20~30	2.5

续表

窗框材料	窗户类型	空气层厚度（mm）	窗框窗洞面积比	传热系数K（W/（$m^2 \cdot K$））
木、塑料	单层窗	—	30~40	4.7
	单框双玻璃窗	12	30~40	2.7
		16	30~40	2.6
		10~30	30~40	2.5
	双层窗	100~140	30~40	2.3
	单层+单框双玻璃窗	100~140	30~41	2.0

普通24砖墙的传热系数大致为1.8W/（$m^2 \cdot K$），因此与普通24砖墙比较，单层钢、铝窗的传热系数是240mm砖墙的3倍以上，即单位面积的热损失为240mm砖墙的3倍以上。显然，窗户的面积愈大，对保温和节能愈不利。因此，减少窗户的传热损失应从控制窗的面积和改善窗的保温隔热性能两个方面考虑。

1. 控制窗户的面积

（1）北方采暖居住建筑的窗墙比

对于北方的采暖居住建筑，节能标准中对窗墙面积的比值有详细的规定，见表11-6。窗墙比是节能设计的一个控制指标，它是指窗口面积与房间立面单元面积（即房间层高与开间定位线围成的面积）的比值。

不同朝向的窗墙面积比　　　　　　　　　　表11-6

朝　向	窗墙面积比
北	0.25
东、西	0.30
南	0.35

注：如窗墙面积比超过上表规定的数值，则应调整外墙和屋顶等围护结构的传热系数，使建筑物耗热量指标达到规定要求。

（2）夏热冬冷地区居住建筑窗墙比

我国的夏热冬冷地区夏季炎热、冬季湿冷，确定该地区居住建筑的窗墙面积比，要依据这一地区不同朝向墙面冬、夏季的日照情况、季风影响、室外空气温度、建筑采光设计标准及开窗面积与建筑能耗所占的比例等因素综合确定。同时，窗户的面积与它的保温隔热性能有关，为了减少能量损失，保温隔热性能差的窗户只允许设小的面积，表11-7为夏热冬冷地区居住建筑窗墙比与墙体的朝向和窗户的保温隔热性能的关系。

不同朝向、不同窗墙面积比的外窗传热系数　　　　　　表11-7

朝　向	窗墙面积比 窗外环境条件	外窗的传热系数K［W／（m^2·K）］				
		≤0.25	>0.25且 ≤0.30	>0.30且 ≤0.35	>0.35且 ≤0.45	>0.45且 ≤0.50
北（偏东60°到偏 西60°范围内）	冬季最冷月室外平 均气温大于5℃	4.7	4.7	3.2	2.5	—
	冬季最冷月室外平 均气温不大于5℃	4.7	3.2	3.2	2.5	—
东、西（东或西 偏北30°到偏南 60°范围内）	无外遮阳措施	4.7	3.2	—	—	—
	有外遮阳（其太阳辐 射透过率不大于20%）	4.7	3.2	3.2	2.5	2.5
南（偏东30°到偏 西30°范围内）		4.7	4.7	3.2	2.5	2.5

（3）夏热冬暖地区居住建筑窗墙比

夏热冬暖地区居住建筑的窗墙比不应过大，北向不应大于0.45，东西向不应大于0.3，南向不应大于0.5。

（4）旅游旅馆建筑窗墙比

我国在《旅游旅馆建筑热工与空气调节节能设计标准》（GB 50189—93）中规定，主体建筑标准层的窗墙比不宜大于0.45。

2. 窗户的保温隔热性能

在我国《建筑外窗保温性能分级及检测方法》（GB 8484—2002）中，根据外窗的传热系数K值，将窗户的保温性能分为10级，见表11-8。

窗户保温性能分级　　　　　　表11-8

分级	1	2	3	4	5
分级指标值	$K≥5.5$	$5.5>K≥5.0$	$5.0>K≥4.5$	$4.5>K≥4.0$	$4.0>K≥3.5$
分级	6	7	8	9	10
分级指标值	$3.5>K≥3.0$	$3.0>K≥2.5$	$2.5>K≥2.0$	$2.0>K≥1.5$	$K<1.5$

我国现行的建筑节能标准对各种情况下外窗传热系数的限值都有详细的规定，在建筑设计中，应选择满足节能设计标准要求的建筑外窗。

二、提高窗的气密性，减少冷风渗透

完善窗的密封措施是保证窗的气密性、水密性以及隔声、隔热性能达到一定水平的关键。在工程实践中，窗的空气渗透主要是由窗框与墙洞、窗框与窗扇、玻璃与窗扇这三个部位的缝隙产生的，提高这三个部位的密封性能是改善窗户的气密性能、减少冷风渗透的主要措施。

在我国《建筑外窗气密性能分级及其检测方法》（GB 7107—2002）标准中，将窗的气密性能分为五级，见表11-9，第5级的气密性最好。建筑节能标准要求选用密封性良好的窗户（包括阳台门），层数为1~6层的低层和多层居住建筑应选择气密性不低于3级的外窗，7~30层的高层和中高层居住建筑应选择气密性不低于4级的外窗。

窗户气密性分级   表11-9

分级	1	2	3	4	5
单位缝长 分级指标值q_1 $[m^3/(m \cdot h)]$	$6.0 \geqslant q_1 > 4.0$	$4.0 \geqslant q_1 > 2.5$	$2.5 \geqslant q_1 > 1.5$	$1.5 \geqslant q_1 > 0.5$	$q_1 \leqslant 0.5$
单位面积 分级指标值q_2 $[m^3/(m^2 \cdot h)]$	$18 \geqslant q_2 > 12$	$12 \geqslant q_2 > 7.5$	$7.5 \geqslant q_2 > 4.5$	$4.5 \geqslant q_2 > 1.5$	$q_2 \leqslant 1.5$

注：空气渗透量q_1指门窗试件两侧空气压力差为10Pa条件下，每小时通过每米缝长的空气渗透量。
　　空气渗透量q_2指门窗试件两侧空气压力差为10Pa条件下，每小时每平方米窗面积的空气渗透量。

常用窗户的气密性等级见表11-10。

常用窗户的气密性等级   表11-10

常用窗户类型		空气渗透量 $q_1 [m^3/(m \cdot h)]$	所属等级	等级范围
实腹钢窗	普通非气密型窗	4.2	1	
	标准型气密窗	1.7	3	1~5
	国标气密密封窗	0.23	5	
空腹钢窗	普通非气密型窗	4.6	1	
	改进非气密型窗	3.5	2	1~4
	标准型气密窗	2.3	3	
	国标气密条密封窗	0.56	4	
	推拉铝窗	2.5	3	3~4
	平开铝窗	0.5	5	4~5
	塑料窗	1.0	4	3~4

由表11-10可知，普通非气密型钢窗$q_1 > 4.0$，气密性属1级，改进非气密型空腹钢窗$q_1=3.5$，属2级，都不能满足节能要求。在钢窗中，只有制作与安装质量良好的标准型气密窗、国际气密条密封窗，才能达到3~5级的要求。平开的钢窗、铝合金窗、塑料窗、塑钢窗等能达到5级。推拉的铝合金窗，塑料窗、塑钢窗能达到3~4级。

三、减少窗户传热耗能的途径

减少窗户的传热耗能应从减少窗框、窗扇型材的传热耗能和减少窗玻璃的传热耗能两个方面考虑。

1. 减少窗框、窗扇型材的传热耗能

目前，减少窗框、窗扇型材部分的传热耗能主要通过下列三个途径实现：

（1）选择导热系数小的框料型材

目前常用的框料型材的导热系数见表11-11。

常用框料型材的导热系数［W/（m·K）］ 表11-11

紫铜	铝	钢	木	PVC	空气
407	203	58.2	0.14～0.35	0.13～0.29	0.04

在目前常用的框料型材中，PVC塑料型材的导热系数最小。在解决了框料型材变形和气密性问题的情况下，使用PVC框料型材对建筑节能是有利的。

（2）采用导热系数小的材料截断金属框料型材的热桥形成断桥式窗户

常见的做法是用木材或塑料来阻断金属框料的传热通道，形成钢木型复合框料或钢塑型复合框料。

（3）利用框料内的空气腔室或利用空气层截断金属框料型材的热桥

采用双樘窗框串联钢窗，利用两樘钢窗之间的空气层来阻断窗框间的热桥是此种方法的常见形式。

2. 减少窗玻璃的传热耗能

普通平板玻璃的导热系数很大，单层3～5mm厚的平板玻璃几乎没有保温隔热作用。如果不对窗玻璃进行节能处理，窗玻璃的传热耗能很大，对建筑节能十分不利。表11-12为主要玻璃品种的导热系数。

主要玻璃品种的导热系数［W/（m·K）］ 表11-12

玻璃品种	普通平板玻璃	蓝色吸热玻璃	热反射玻璃	中空玻璃		
				普通双层中空玻璃	蓝色吸热双层中空玻璃	单面膜热反射中空玻璃
导热系数	5.99～6.84	6.16	6.35～6.69	3.49	3.49	3.37

注：中空玻璃构造为：5＋A6＋5（mm）。

减少窗玻璃的传热耗能通常采取下列三种方法：

（1）利用双层窗或双玻璃窗，通过设置空气间层提高窗玻璃的保温能力。

（2）利用能反射红外线的玻璃或利用贴有反射红外线的合成树脂薄膜的玻璃。

（3）利用（1）（2）两种方法的复合形式。

双层窗是一种传统的窗户保温节能做法，双层窗之间留有50~150mm的空隙，相对静止的空气层可以增加整个窗户的保温节能作用。另外，双层窗在降低室外噪声干扰和除尘方面也有较好效果。双层窗需要使用双倍的窗框材料，增加了窗的成本。

为了节约成本，可以采用单框双玻璃窗的构造形式，但如果双玻璃窗处理不好，在冬季容易在内侧表面形成冷凝，影响窗户的采光和节能效果。因此，目前比较流行的方法是采用密封的中空双层玻璃窗,这种窗户的密封工作在工厂完成,空气完全被密封在双层玻璃中间。为了提高防结露效果,应在双层玻璃间放置一定量的干燥剂,保持双层玻璃间的空气干燥。

通过反射红外线,可以减少由高温侧空气向低温侧空气的传热量。窗用隔热薄膜是将金属材料附着在高聚物薄膜上制成的,这种薄膜具有改善窗的色彩、增加建筑物美观效果的特点,同时,在节能方面的作用也非常明显。通过测算,在3mm的普通窗用玻璃上粘贴隔热薄膜能使太阳辐射热的透射能量减少70%以上。

四、门的节能

1. 门的保温隔热性能

门的保温隔热性能与门框及门扇的材料和构造类型有关,表11-13为门的传热系数。

门的传热系数 [W/(m²·K)]　　　　　　　　　　　　　　　　表11-13

门框材料	门的类型	传热系数
木、塑料	单层实体门	3.5
	夹板门和蜂窝夹板门	2.5
	双层玻璃门(玻璃比例不限)	2.5
	单层玻璃门(玻璃比例小于30%)	4.5
	单层玻璃门(玻璃比例30%~60%)	5.0
金属	单层实体门	6.5
	单层玻璃门(玻璃比例不限)	6.5
	单层双玻门(玻璃比例小于30%)	5.0
	单层双玻门(玻璃比例30%~70%)	4.5
无框	单层玻璃门	6.5

2. 户门的节能设计

根据我国建筑节能设计标准,不同气候地区应选择不同保温性能的户门。例如,郑州、徐州地区应选择传热系数不大于2.7的户门,北京地区应选择传热系数不大于2.0的户门。

单层金属实体门的传热系数为6.5,不能满足节能建筑户门的设计要求。对普通的金属板户门采取15mm厚玻璃棉板或18mm厚岩棉板的保温构造处理后,传热系数能控制在不大于2.0 [W/(m²·K)] 的范围内。

3. 阳台门

目前阳台门有两种类型:一是落地玻璃阳台门,这种门的节能设计可将其看作外窗来处理；第二种是由门芯板及玻璃组合形成的阳台门。这种门的玻璃部分按外窗处理，阳台门下部的门芯板应采取保温隔热措施，例如可用聚苯夹芯板型材代替单层钢质门芯板等。

第五节 建筑遮阳

一、建筑遮阳的作用和类型

建筑遮阳是防止太阳直射光线进入室内引起夏季室内过热及避免产生眩光而采取的一种建筑措施。遮阳的效果用遮阳系数来衡量，建筑遮阳设计是建筑节能设计的一项重要内容。

直接对外的门窗口经过遮阳设计后，对遮挡太阳辐射热和降低室内气温的效果较为显著，但设计不合理时将对房间的采光和通风有较大的影响。

在建筑设计中，建筑物的挑檐、外廊、阳台等都具有一定的遮阳作用。在日常的生活中，人们常用苇、竹、木、布等材料制作简易的遮阳设施。在建筑外表面设置的遮阳板不仅可以遮挡太阳辐射，还可起到挡雨和美观作用。由建筑方法设置在建筑物外表面、长久性使用的遮阳板称为构件遮阳，下面主要对建筑构件遮阳进行介绍。

二、窗口构件遮阳的基本形式

窗口遮阳板按其外形可分为水平式遮阳、垂直式遮阳、综合式遮阳和挡板式遮阳四种基本形式，如图11-23所示。每个窗口应采用哪种形式的遮阳，应根据建筑物窗口的朝向，合理选择。

1. 水平遮阳

水平遮阳是位于窗口上方水平状的遮阳板，它能够遮挡太阳高度角较大时从窗口上方照射下来的阳光，故水平遮阳板适合于南向及南向附近的窗口。北回归线以南低纬度地区的北向窗口也可用这种遮阳板。

2. 垂直遮阳

垂直遮阳是位于窗口两侧呈垂直状设置的遮阳板。这种遮阳板能够遮挡太阳高度角较小时从窗口两侧斜射下来的阳光，对太阳高度角较大时从窗口上方照射下来的阳光或接近日出日落时正射窗口的阳光，垂直遮阳不起遮挡作用。所以，垂直遮

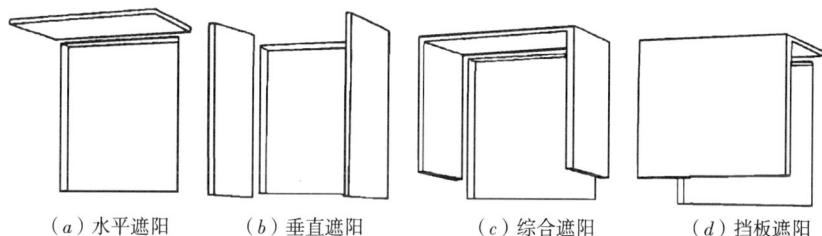

(a) 水平遮阳　　(b) 垂直遮阳　　(c) 综合遮阳　　(d) 挡板遮阳

图11-23 遮阳板的基本形式

阳主要适用于东北、北和西北附近的窗口。

3.综合遮阳

水平遮阳和垂直遮阳的结合就是综合遮阳。综合遮阳能够遮挡从窗口正上方和两侧斜射之阳光，主要用于南、东南及西南附近的窗口。

4.挡板遮阳

挡板式遮阳板是在窗口正前方一定距离处垂直悬挂一块挡板而形成的。由于挡板封堵于窗口前方，故能够遮挡太阳高度角较小时正射窗口的阳光，主要适用于东、西向以及附近朝向的窗口，该种形式的遮阳的不足之处是容易挡住室内人的视线，对眺望和通风影响甚大，使用时应当慎重。

上述四种形式是遮阳板的基本形式，在建筑工程中，可根据建筑物的窗口大小和立面造型的要求，把遮阳设计成更复杂更具装饰效果的形式，如图11-24是几种形式的遮阳板在建筑工程中的应用实例。

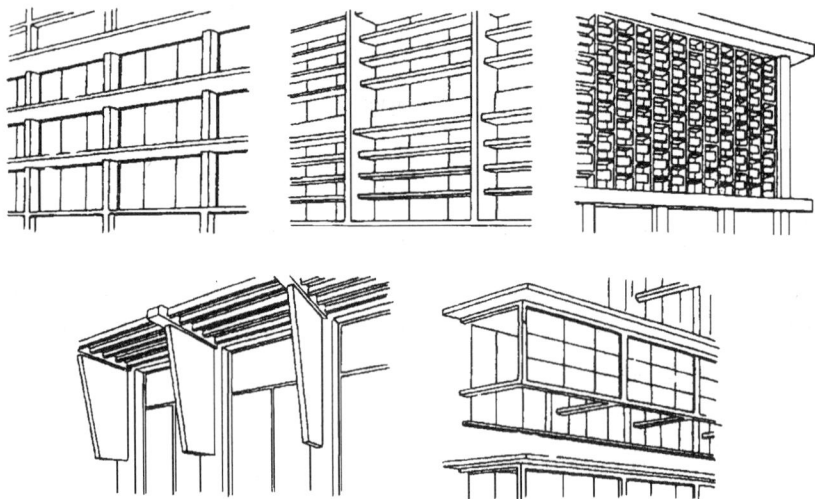

图11-24　遮阳板的应用实例

第十二章　建筑变形缝

第一节　变形缝的种类、作用和要求

建筑物由于温度变化、地基不均匀沉降以及地震等因素的影响，结构内部会产生附加应力和变形，如果处理不当，将会造成建筑物的损坏，产生裂缝甚至倒塌。其解决的办法有二：一是加强建筑物的整体性，使之具有足够的强度和整体刚度来抵抗这些破坏应力，不产生破裂；二是预先在这些变形敏感的部位将结构断开，预留缝隙，让被缝隙分隔开来的各部分建筑物在这些缝隙中有足够的变形宽度而不造成建筑物的破损。这种将建筑物垂直分割开来的预留缝称为变形缝。

一、变形缝的种类和设置原则

变形缝按所起的作用不同分为伸缩缝、沉降缝和防震缝三种。

1. 伸缩缝

建筑物会受温度变化的影响而出现热胀冷缩现象，从而在结构内部产生温度应力，当建筑物长度超过一定限度或建筑结构类型变化较大时，在外部温度环境冷热交替的作用下，建筑物会因热胀冷缩的变形较大而产生开裂。为预防这种情况发生，常常沿建筑物长度方向每隔一定距离或结构变化较大处预设缝隙，将建筑物断开。这种因温度变化而设置的缝隙称为伸缩缝或温度缝。

伸缩缝要求把建筑物的墙体、楼板、屋顶等地面以上的部分全部断开，建筑物的基础因埋置在土壤中，受温度变化影响较小，不需断开。

伸缩缝的最大间距与结构的形式、材料的性能、构造方式和建筑物所处的环境有关。详见《混凝土结构设计规范》（GB 50010—2002）和《砌体结构设计规范》（GB 5003—2001）。表 12-1 和表 12-2 为钢筋混凝土结构和砌体结构伸缩缝的最大间距。

钢筋混凝土结构伸缩缝的最大间距（m）　　　　　　表12-1

结构类别		室内或土中	露天
排架结构	装配式	100	70
框架结构	装配式	75	50
	现浇式	55	35
剪力墙结构	装配式	65	40
	现浇式	45	30
挡土墙、地下室墙壁等类结构	装配式	40	30
	现浇式	30	20

注：（1）当屋面板上无保温隔热措施时，对框架结构的伸缩缝间距，可按表中露天栏的数值选用；对排架结构，可按表中室内栏的数值适当减少。

（2）排架结构的柱高低于8m时，宜适当减小伸缩缝的间距。

（3）伸缩缝的间距应考虑施工条件的影响，必要时（如材料收缩较大或室内结构因施工时外露时间较长）宜适当减小伸缩缝间距。

砌体墙体伸缩缝的最大间距（m）　　表12-2

砌体类别	屋顶或楼板类别		间距
各种砌体	整体式或装配整体式钢筋混凝土结构	有保温层或隔热层的屋顶、楼板层	50
		无保温层或隔热层的屋顶	40
	装配式无檩体系钢筋混凝土结构	有保温层或隔热层的屋顶、楼板层	60
		无保温层或隔热层的屋顶	50
	装配式有檩体系钢筋混凝土结构	有保温层或隔热层的屋顶	75
		无保温层或隔热层的屋顶	60
黏土砖、空心砖砌体、石砌体	黏土瓦或石棉水泥瓦屋顶		150
	木屋顶或楼板层		100
	砖石屋顶或楼板层		70

注：（1）层高大于5m的混合结构单层房屋伸缩缝的间距可按表中数值乘以1.3后采用。但当墙体采用硅酸盐砖、硅酸盐砌块和混凝土砌块砌筑时，不得大于75m。

（2）严寒地区不采暖的房屋、温度差较大且变化频繁地区，墙体伸缩缝的间距，应按表中数值适当减少后采用。

（3）墙体的伸缩缝内应嵌以轻质可塑材料，在进行立面处理时，必须使缝隙能满足伸缩变化。

在建筑工程中，为应对建筑结构产生的温度应力和应变破坏，也有采用附加应力钢筋使建筑物的整体性能进一步提高，来抵抗可能产生的温度应力的技术措施。采用该措施可以少设或不设温度缝，但附加应力钢筋的设置必须经过计算确定。

2. 沉降缝

沉降缝是为了防止建筑物各部分由于不均匀沉降引起的破坏而设置的变形缝。为了使沉降缝两侧的建筑结构体能自由沉降，要求建筑物从基础到屋顶全部断开。凡属下列情况情况之一者应设置沉降缝。

（1）当建筑物建造在不同的地基上且难以保证均匀沉降时；

（2）同一建筑物相邻部分的层数相差两层以上或高度相差超过10m，荷载相差悬殊或结构形式变化较大时；

（3）新建建筑物与原有建筑物相毗邻时；

（4）建筑平面形状复杂，连接部位又较薄弱时；

（5）相邻的基础宽度和埋置深度相差悬殊时。

沉降缝兼有伸缩缝的作用，但伸缩缝不兼有沉降缝的作用。一般情况下，沉降缝的缝宽大于伸缩缝的缝宽。在缝口的盖缝处理方面，伸缩缝要求满足水平方向的变形需要，兼有伸缩缝作用的沉降缝要求同时满足水平方向和垂直方向的变形需要。

3. 防震缝

防震缝是为了防止建筑物各部分在地震的作用下相互撞击使建筑物遭到破坏而设置的缝隙。防震缝把建筑物划分成若干体形简单、结构刚度均匀的独立单元。下列情况应考虑设置防震缝。

（1）建筑平面复杂，有较大突出部分时；

（2）建筑物的立面高差超过6m时；

（3）建筑物有错层且楼板高差较大时；

（4）建筑物相邻部分的结构刚度、质量相差较大时。

防震缝应沿建筑物的全高设置，并用双墙使建筑物各部分封闭。一般基础可不设防震缝，但在平面复杂的建筑中，当建筑物各部分的刚度差别很大时，也需将基础分开。

地震地区需设置收缩缝、沉降缝时，均按防震缝要求处理。

二、变形缝的缝宽尺寸

1. 伸缩缝的缝宽

伸缩缝的缝宽一般为 20~40mm。

2. 沉降缝的缝宽

沉降缝应从基础到屋顶全部断开，沉降缝的缝宽与地基的性质、建筑物的高度有关，见表 12-3。

沉降缝的宽度　　　　　　　　　　　　　　　　表 12-3

地基性质	房屋高度（H）或层数	缝宽 B（mm）
一般地基	<5m 5~10m 10~15m	30 50 70
软弱地基	2~3层 4~5层 5层以上	50~80 80~120 >120
湿陷性黄土地基		≥30~70

3. 防震缝的缝宽

防震缝的宽度应按建筑物的高度和抗震设计烈度来确定。

（1）在多层砖墙房屋中，按设防烈度的不同取 50~70mm。

（2）在多层钢筋混凝土框架建筑中，建筑物高度不超过 15m 时，缝宽为 70mm；超过 15m 时，当设计烈度为 6 度、7 度、8 度、9 度，相应建筑每增高 5m、4m、3m 和 2m，缝宽在 70mm 基础上增加 20mm。

（3）在框架—抗震墙结构中，防震缝的宽度可取上述值的 50%，且均不宜小于 70mm，防震缝两侧结构类型不同时，宜按需要较宽防震缝结构类型和较低建筑高度确定缝宽。

第二节　变形缝的构造做法

对变形缝除按功能要求设置必要的缝宽外，还应考虑到变形缝处的围护性能、

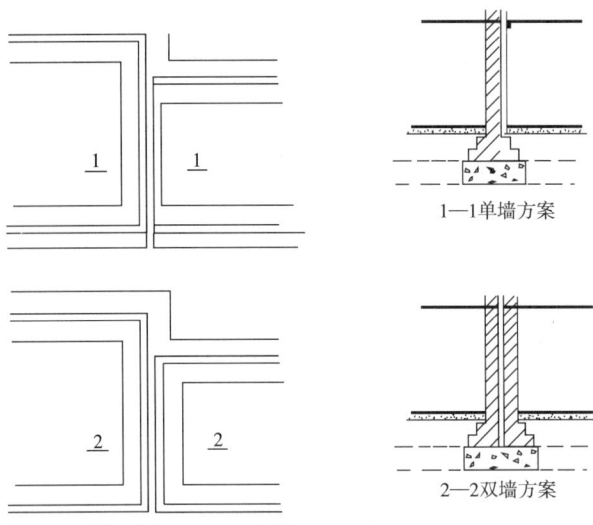

图12-1 砖混结构伸缩缝的处理

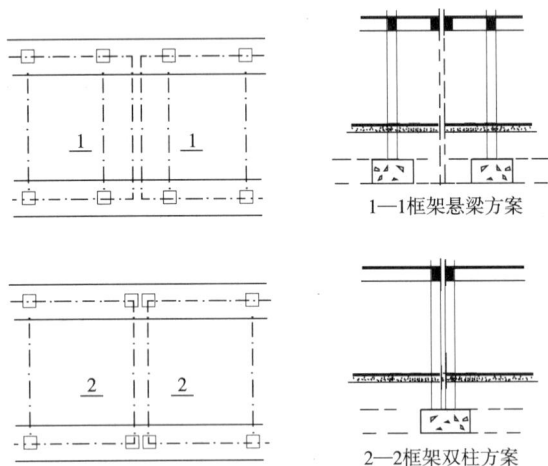

图12-2 框架结构的伸缩缝结构处理

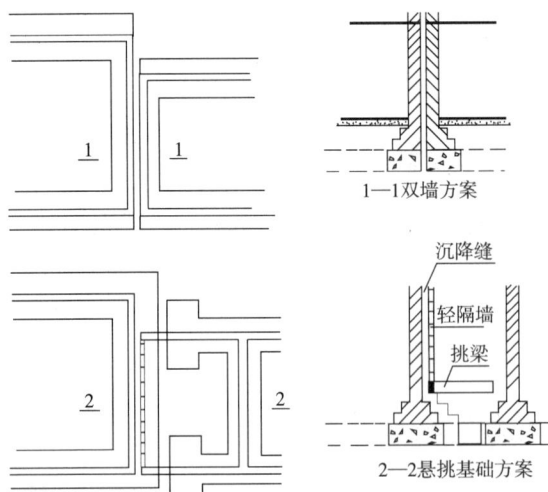

图12-3 沉降缝的基础处理

耐久性能和装饰性能，对变形缝的缝口进行盖缝处理。此外，根据结构类型的不同，变形缝的结构处理可采取不同的方法。

一、变形缝的结构处理

1. 伸缩缝的结构处理

（1）砖混结构

砖混结构的墙和楼板及屋顶结构布置可采用单墙也可采用双墙承重方案（图12-1）。伸缩缝最好设置在平面图形变化处，以利隐蔽处理。

（2）框架结构

框架结构的伸缩缝结构一般采用悬臂梁方案，也可采用双梁双柱方式（图12-2）。

2. 沉降缝的结构处理

沉降缝在基础处应断开，常见的处理方案有双墙式和悬挑式两种，见图12-3。双墙式做法是在沉降缝两侧都设有承重墙，以保证每个沉降单元都有纵横墙联结，使建筑物的整体性较好，但易使基础偏心受力。

挑梁式方案是为了使沉降缝两侧的基础能自由沉降而又互不影响。工程中常用挑梁基础的办法。

二、墙体变形缝构造

根据墙体的厚度不同，墙体的变形缝可采取平缝、错口缝和企口缝等接缝形式。通常砖墙伸缩缝做成平缝或错口缝，一砖半厚外墙应做成错口缝或企口缝，如图12-4。为防止风雨对室内的侵袭，对外墙外侧的缝口常用浸沥青的麻丝或木丝板及泡沫塑料条、油膏等有弹性的防水材料塞缝，当缝隙较宽时，缝口可用镀锌薄钢板、铝皮做盖缝处理。内墙可用金属薄板或木条盖缝。对伸缩缝，所有填缝、盖缝的材料和构造做法应保证结构在水平方向自由伸缩而不导致破坏。对沉降缝，应保证在垂直方向的自由沉降而不产生破坏。图12-5是外墙变形缝的构造做法，图12-6是内墙变形缝的构造做法。

三、楼地层变形缝构造

楼地层变形缝的位置和大小应与墙体、屋顶变形缝一致，缝内常以可压缩变形的油膏、沥青麻丝等填缝，缝口上部盖活动盖板供人们行走和防止灰尘下落。有水的部位需作泛水处理。顶棚处的盖缝板只能固定一端，以保证缝两端构件自由伸缩。楼地面变形缝的盖缝构造见图12-7。

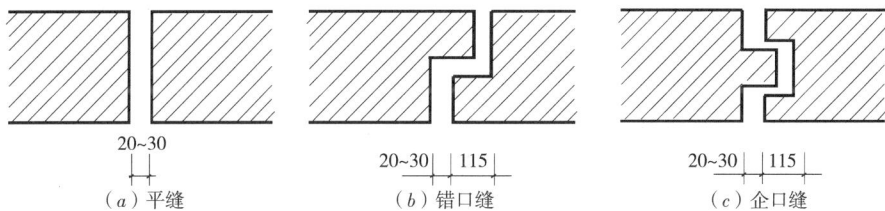

图12-4 墙体变形缝的接缝形式

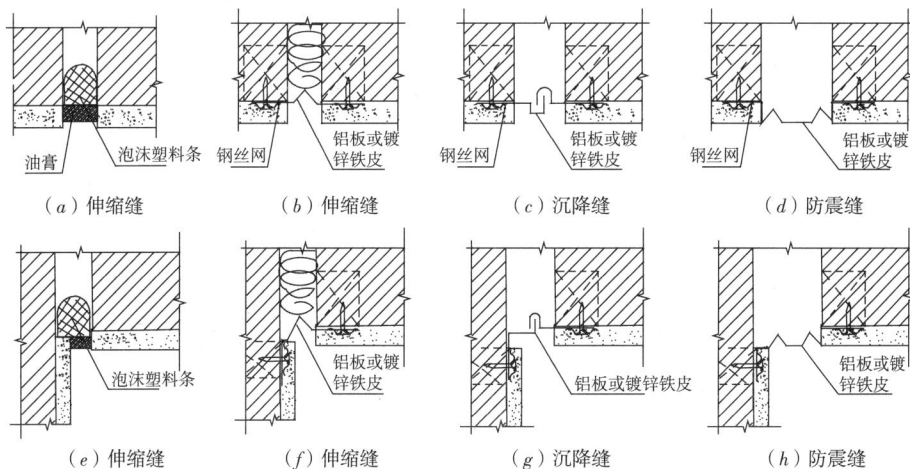

图12-5 外墙变形缝的构造做法

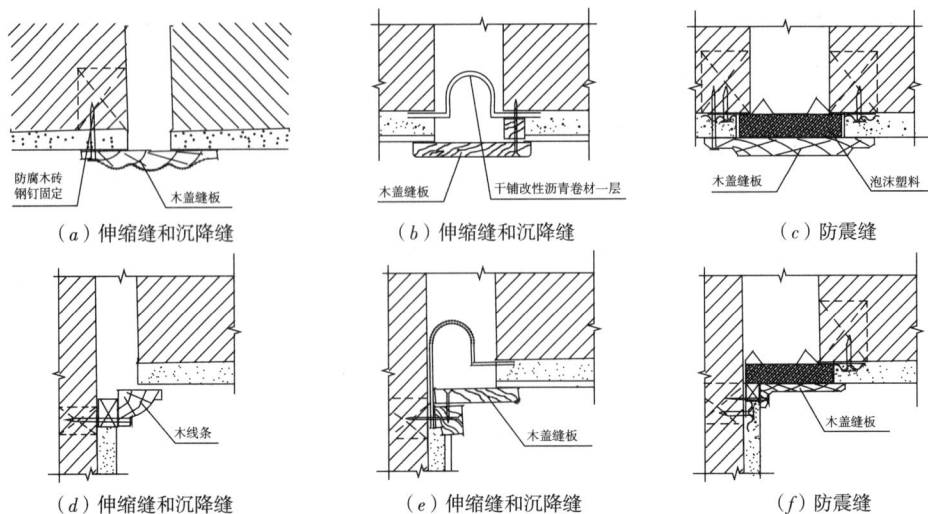

（a）伸缩缝和沉降缝　　（b）伸缩缝和沉降缝　　（c）防震缝

（d）伸缩缝和沉降缝　　（e）伸缩缝和沉降缝　　（f）防震缝

图12-6　内墙变形缝的构造做法

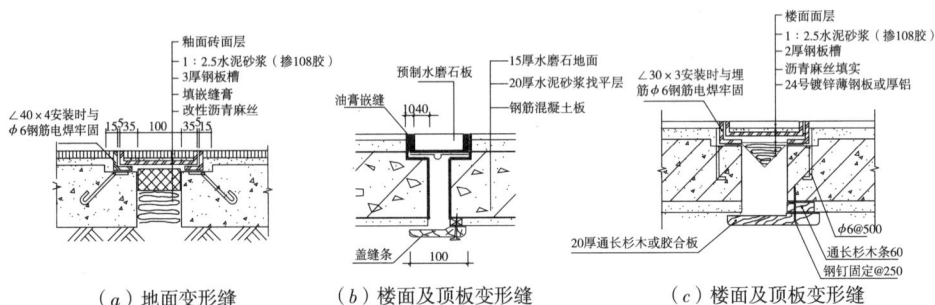

（a）地面变形缝　　　（b）楼面及顶板变形缝　　　（c）楼面及顶板变形缝

图12-7　楼地面变形缝处理

四、屋顶变形缝构造

屋顶变形缝的构造主要分为变形缝两侧的屋面在同一标高和屋面不在同一标高两种情况。屋面在同一标高的情况主要指屋面伸缩缝的构造。屋面不在同一标高的情况，往往是在建筑高低跨处，需要设置沉降缝的构造。对屋顶变形缝，通常的做法是在变形缝处加砌矮墙，并做好屋面防水和泛水处理，见图10-8。

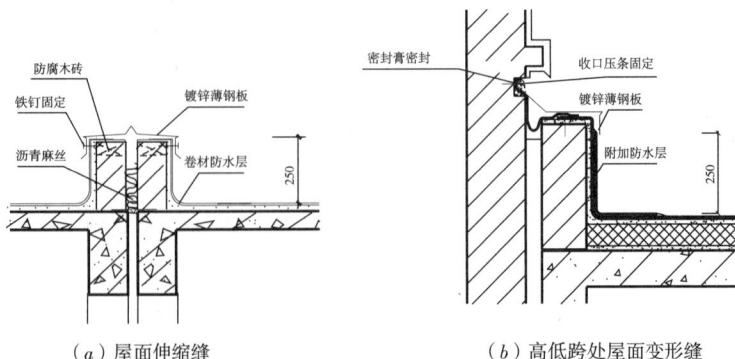

（a）屋面伸缩缝　　　　　　（b）高低跨处屋面变形缝

图12-8　屋顶变形缝的构造做法

第十三章 工业建筑设计概论

第一节 工业建筑的分类与特点

工业建筑是人们进行生产活动所需要的各种建筑，这些满足生产活动的建筑又称为厂房或车间。

工业建筑设计要按照坚固适用、技术先进、经济合理的原则，根据生产工艺的要求来确定工业建筑的平面、立面、剖面和建筑体形，并进行细部设计，以保证取得良好的工业生产所需要的室内外环境。

一、工业建筑的分类

由于生产工艺的多样性和复杂性，工业建筑的类型很多，在设计中常按厂房的用途、生产状况和层数进行分类。

1. 按厂房的用途分类

按用途分类，厂房建筑可分为主要生产厂房、辅助生产厂房、动力用厂房、贮藏用建筑、运输用建筑等。

（1）主要生产厂房

用于完成主要产品从原料到成品的整个加工装配过程的各类厂房，例如机械制造厂的铸造车间、机械加工车间和装配车间等。

（2）辅助生产厂房

为主要生产车间服务的各类厂房，如机械厂的机修车间、工具车间等。

（3）动力用厂房

为全厂提供能源的各类厂房，如发电站、变电站、锅炉房、煤气发生站、压缩空气站等。

（4）贮藏用建筑

贮藏各种原材料、半成品或成品的仓库，如金属材料库，木料库，油料库，成品、半成品仓库等。

（5）运输用建筑

用于停放、检修各种运输工具的库房，如汽车库、电瓶车库等。

2. 按生产状况分类

按生产状况，厂房建筑可分为热加工车间、冷加工车间、恒温恒湿车间和洁净车间等。

（1）热加工车间

在高温状态下进行生产加工的车间，在生产过程中会散发大量的热量、烟尘，如炼钢、轧钢、铸造车间等。

（2）冷加工车间

在正常温湿度条件下生产的车间，如机械加工车间、装配车间等。

（3）恒温恒湿车间

为保证产品的质量，需要在稳定的温湿度状态下进行生产加工的车间，如纺织车间和精密仪器车间等。

（4）洁净车间

根据产品的要求，需在无尘、无菌、无污染的高度洁净的状况下进行生产的车间，如集成电路车间、药品生产车间等。

3. 按厂房层数分类

按层数的多少可将厂房分为单层厂房、多层厂房和混合层次的厂房三种类型。

（1）单层厂房

这类厂房是工业建筑的主体，广泛应用于机械制造工业、冶金工业、纺织工业等，单层厂房又有单跨和多跨的形式，如图 13-1 所示。

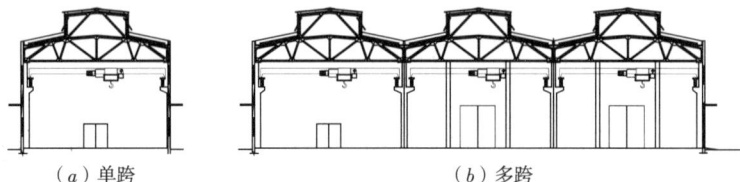

（a）单跨　　　　　　　　（b）多跨

图13-1　单层厂房

（2）多层厂房

多层厂房在食品工业、化学工业、电子工业、精密仪器工业以及服装生产等行业中应用较广，如图 13-2 所示。

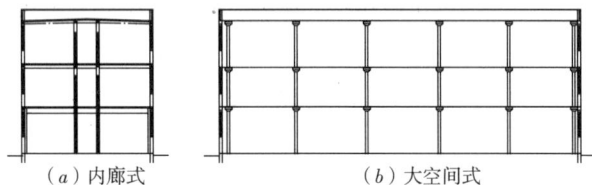

（a）内廊式　　　　　　　　（b）大空间式

图13-2　多层厂房

（3）混合层次厂房

在同一厂房内既有单层也有多层的厂房称为混合层次厂房，多用于化工工业和电力工业厂房，如图 13-3 所示。

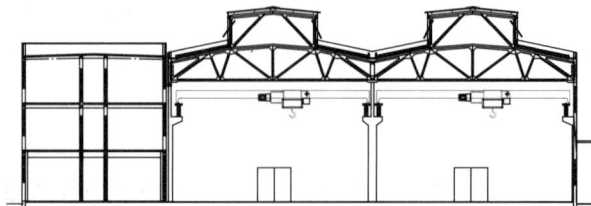

图13-3　混合层次厂房

二、工业建筑特点

1. 工艺流程要求决定着厂房的平面布置和形式

生产工艺流程的要求是厂房平面布置和形式的主要依据之一，如在重型机械、冶金这类厂房中，有大量的原材料、半成品、成品运入运出，不仅运输量大，而且体积和重量也很大，这就要求建设以水平交通运输为主的平面布置厂房。对于电子工业，产品的体积小、重量轻，适合于采用多层厂房的建筑形式。

2. 生产设备的要求决定着厂房的空间尺度

由于生产的要求，往往需要配备大中型的生产设备，而为了各工部之间联系方便，需要配置起重运输设备，这就要求厂房内有较大的面积和宽敞的空间。

3. 厂房荷载决定着采用大型承重骨架结构

工业建筑由于生产上的需要，楼面和屋面荷载较大，因此，单层厂房经常采用装配式的大型承重构件组成，多层厂房则采用钢筋混凝土骨架结构或钢结构。

4. 生产产品的需要影响着厂房的构造

由于对生产产品的特殊要求使厂房结构和构造比较复杂，如冶金和机械加工车间，除根据设计要求选择侧窗及天窗形式外，还应确定合理的构造做法以满足生产的需要。对于有恒温恒湿要求的生产车间，则要根据产品的需要制定保温、隔热等构造措施。

第二节　厂房内部的起重运输设备

为了在生产过程中运送原料、半成品和成品以及安装、检修设备的需要，在厂房内部一般需设置起重设备，不同类型的起重设备直接影响到厂房的设计。厂房内部的起重设备主要有单轨悬挂吊车、梁式吊车和桥式吊车等。

一、单轨悬挂吊车

在厂房的屋架下弦悬挂单轨，吊车装在单轨上，吊车按单轨线路运行、起吊重物。轨道转弯半径不小于 2.5m，起重量不大于 5t。它操纵方便，布置灵活。由于单轨悬挂吊车悬挂在屋架下弦，由此对屋盖结构的刚度要求较高，如图 13-4 所示。

二、梁式吊车

梁式吊车分为悬挂式与支承式两种类型，悬挂式是在屋顶承重结构下悬挂梁式钢轨，钢轨平行布置，在两行轨梁上设有可滑行的单梁（图 13-5a），支承式是在排架柱上设牛腿，牛腿上安装吊车梁和钢轨，钢轨上设有可滑行的单梁，在单梁上安装滑行的滑轮

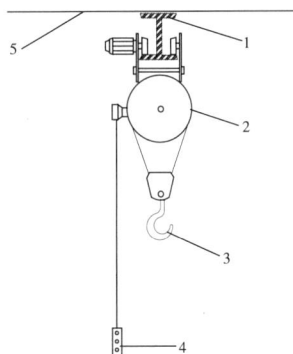

图13-4　单轨悬挂吊车
1—钢轨；2—倒链；3—吊钩；
4—操作开关；5—屋架下弦

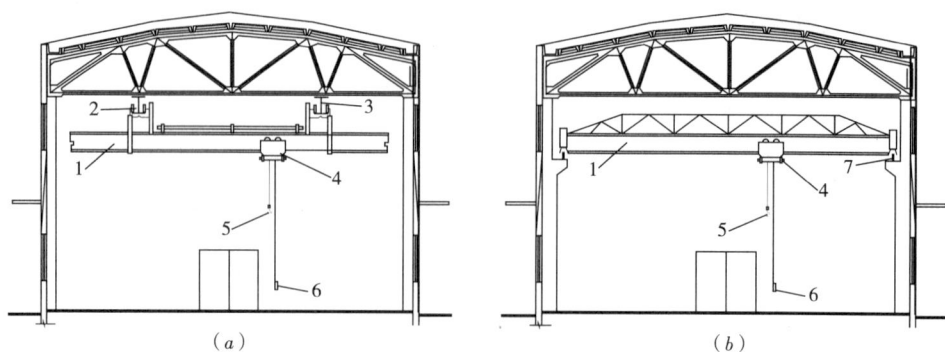

图13-5 梁式吊车

1—钢梁；2—运行装置；3—轨道；4—提升装置；5—吊钩；6—操作开关；7—吊车梁

组，这样在纵横两个方向均可起重（图13-5b），梁式吊车起重量一般不超过5t。

三、桥式吊车

它是由桥架和起重行车（或称小车）组成。吊车的桥架支承在吊车梁的钢轨上，沿厂房纵向运行，起重小车安装在桥架上面的轨道上，横向运行（图13-6），起重量从5t到400t，甚至更大，适用于大跨度的厂房。吊车一般由专职人员在吊车一端的司机室内操纵。厂房内需设供司机上下的钢梯。

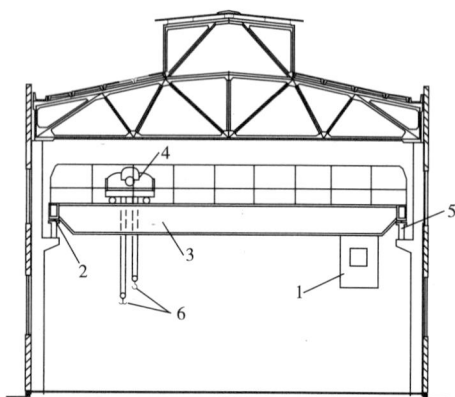

图13-6 桥式吊车

1—吊车司机室；2—吊车轮；3—桥梁；4—起重小车；5—吊车梁；6—吊钩

第十四章　单层厂房设计

第一节　厂房的组成

一、厂房的功能组成

单层厂房的功能组成由生产性质、生产规模和工艺流程决定。它主要由生产工部、辅助生产工部及生产配套设施房间等组成。

二、厂房的构件组成

厂房的建筑构件根据主要功能的不同,可分为承重构件和围护构件两大部分(图14-1)。

1. 承重构件

厂房的承重构件主要有:

（1）排架柱：它是厂房结构的主要承重构件,承受屋架、吊车梁、支撑、连系梁和外墙传来的荷载,并把荷载传给基础。

（2）基础：它承受柱和基础梁传来的全部荷载,并将荷载传给地基。

（3）屋架或屋面梁：它是屋盖结构的主要承重构件,承受屋盖上的全部荷载,通过屋架将荷载传给柱。

（4）屋面板：它铺设在屋架、檩条或天窗架上,直接承受板上的各类荷载(包括屋面板自重、屋面围护材料、雪、积灰及施工检修等荷载),并将荷载传给屋架。

（5）吊车梁：它设在柱子的牛腿上,承受吊车运行中所有的荷载(包括吊车自重、起吊物品的重量以及吊车启动或刹车所产生的横向刹车力、纵向刹车力以及冲击荷载),并将其传给排架柱。

（6）基础梁：承受上部砖墙重量,并把它传给基础。

（7）连系梁：它是厂房纵向柱列的水平连系构件,用以增加厂房的纵向刚度,承受风荷载和上部墙体的荷载,并将荷载传给厂房的纵向柱列。

（8）支撑系统构件：它分别设在屋架之间和纵向柱列之间,其作用是加强厂房的空间整体刚度和稳定性,它主要传递水平荷载和吊车产生的水平刹车力。

（9）抗风柱：单层厂房山墙面积较大,所受风荷载也大,需要在山墙内侧设置抗风柱。在山墙面受到风荷载作用时,一部分荷载由抗风柱上端通过屋顶系统传到厂房纵向骨架上去,一部分荷载由抗风柱直接传给基础。

2. 围护构件

厂房的围护构件主要有:

（1）屋面：单层厂房的屋顶面积较大,构造处理较复杂,屋面设计应重点解决好防水、排水、保温、隔热等方面的问题。

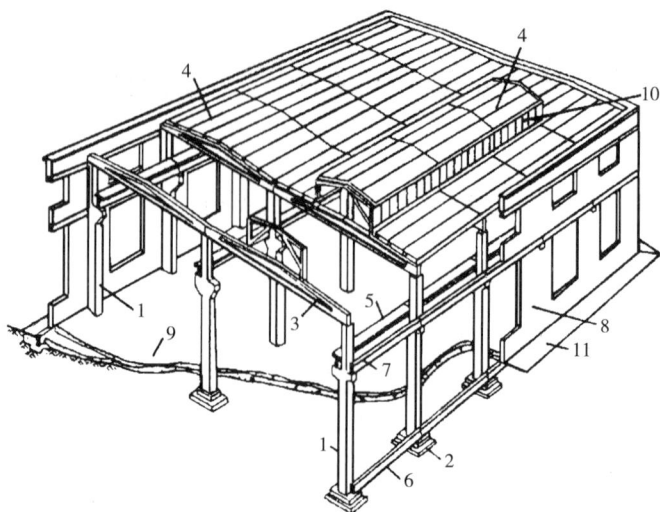

图14-1　厂房的建筑构件组成

1—排架柱；2—基础；3—屋架或屋面梁；4—屋面板；5—吊车梁；6—基础梁；7—连系梁；8—外墙；
9—地面；10—门窗；11—散水

（2）外墙：厂房的大部分荷载由排架结构承担，因此，外墙是自承重构件，除承受墙体自重及风荷载外，主要起着防风、防雨、保温、隔热、遮阳、防火等方面的作用。

（3）门窗：供交通运输及采光、通风用。

（4）地面：满足生产及运输要求，并为厂房提供良好的室内工作环境。

在单层厂房结构类型中，除了以上介绍的排架结构体系外，还有墙承重结构和刚架结构。

第二节　单层厂房平面设计

单层厂房的平面设计，首先应考虑到厂房与工厂总平面的关系，在总平面图中，应处理好道路运输、人流货流的分布以及工厂所处环境的气象条件等方面的问题。其次，应考虑到车间内部生产工艺流程对厂房平面设计的要求、车间生产特征对平面设计的作用和影响以及标准化柱网的选择等问题。

一、工厂总平面与厂房平面设计的关系

工厂总平面设计依据全厂的生产工艺流程、交通运输及建筑群的景观要求等因素决定。按使用功能的不同，工厂总平面可划分为下列几个区域。

1. 生产区

生产区布置主要生产车间，进行主要的生产活动。

2. 辅助生产车间区

辅助生产车间区由各种类型的辅助车间组成，如修理车间等。

3. 动力区

动力区内布置各种动力设施，如变电所等。

4. 仓库区

仓库区布置各种仓库和货物堆场。

5. 厂前区

厂前区包括厂部办公室、食堂及生活福利设施、文化娱乐和技术培训等所用建筑。

生产区是工厂的主要组成部分，设计时应注意与其他区域保持密切的联系。

在总图设计中，一般是厂前区与所在区域的干道相衔接，职工通过厂前区的主要入口进厂。为使职工上、下班方便，厂房的平面设计应把生活间设在靠近厂前区的位置上，使人流、货流分开。同时，辅助生产区是为生产区服务的，所以也应该与生产区有方便而直接的联系。

在生产区内，按车间内部生产特征可分为冷加工和热加工车间。冷加工车间可设在接近厂前区的上风向。热加工车间散发有污染物的气体，应该设在下风向，以减少对厂前区和整个厂区的不利影响。

生产车间是工厂的主要建筑，设计时应考虑当地的气象条件和生产的需要，处理好采光、通风、日照等方面的问题，并做到主次分明，闹静分区，洁污分开，有利于创造良好的厂区环境。

二、单层厂房的平面形式

根据生产工艺流程的需要，生产车间的平面形式有多种，如图 14-2 所示。从有利于厂房热量、烟尘或有害气体迅速排出的方面考虑，厂房的平面宽度不宜过大，最好采用长条形。当跨数在 3 跨以下时，可以选用矩形平面，当跨数超过 3 跨时，则需设垂直跨，形成凹形和"E"形平面。

从有利于自然通风考虑，对于矩形平面的厂房，宜使厂房的长轴与夏季主导风向垂直或夹角大于 45°。对于凹形和"E"形平面，宜将凹形或"E"形的开口部分朝向夏季主导风向。图 14-3 是厂房平面方位与主导风向的关系。

现代化的工业生产对产品质量与生产环境的要求越来越高，有的生产项目需要

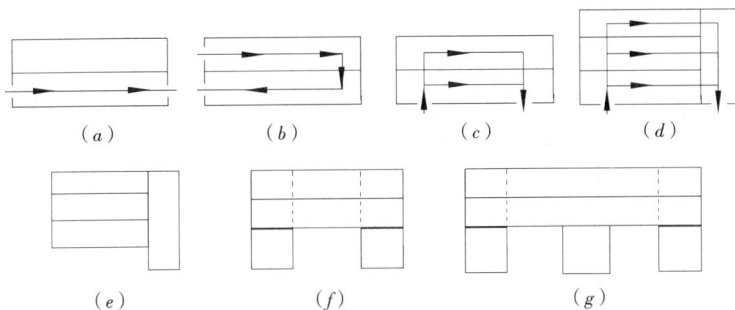

图14-2 厂房的平面形式

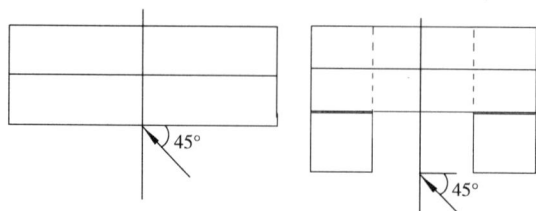

图14-3 厂房的平面的方位与通风

采用空气调节设备来达到恒温恒湿的生产条件。这种厂房宜采用联跨整片式平面，为了减小太阳直射光线和室外气温对恒温恒湿厂房的不利影响，宜将仓库、生活间等对室内温湿度要求不严格的房间设在主要生产区域的外围，形成室外气候的缓冲空间。

三、柱网选择

单层厂房的排架柱、屋架和基础是三大主要的承重构件。柱的作用是承受屋架和吊车梁的荷载。由图 14-1 可以看出，柱距的大小决定着屋面板、吊车梁的尺寸，厂房跨度的大小决定了屋架或屋面梁的尺寸。柱在平面上排列所形成的网络称之为柱网，对柱网进行的标准化设计，可以减少厂房构件的尺寸类型，加速厂房的建设速度，简化构造节点的做法，降低厂房造价。由图 14-4 可知，柱网的设计需要确定厂房跨度和柱距两个方向的尺寸。

1. 跨度尺寸的确定

厂房跨度的尺寸首先要根据生产工艺要求确定，生产工艺要求应考虑到设备的大小、设备的布置方式、交通运输设备和所需要的空间、生产操作及检修所需的空间等。

在满足生产工艺要求的基础上，跨度尺寸还必须符合《厂房建筑模数协调标准》的规定，使屋架的尺寸统一化。根据规范规定，凡跨度小于或等于 18m 时，应符合 3m 的倍数尺寸，即 9m、12m、15m、18m；大于 18m 时，应符合 6m 的倍数尺寸，即 24m、30m、36m 等。

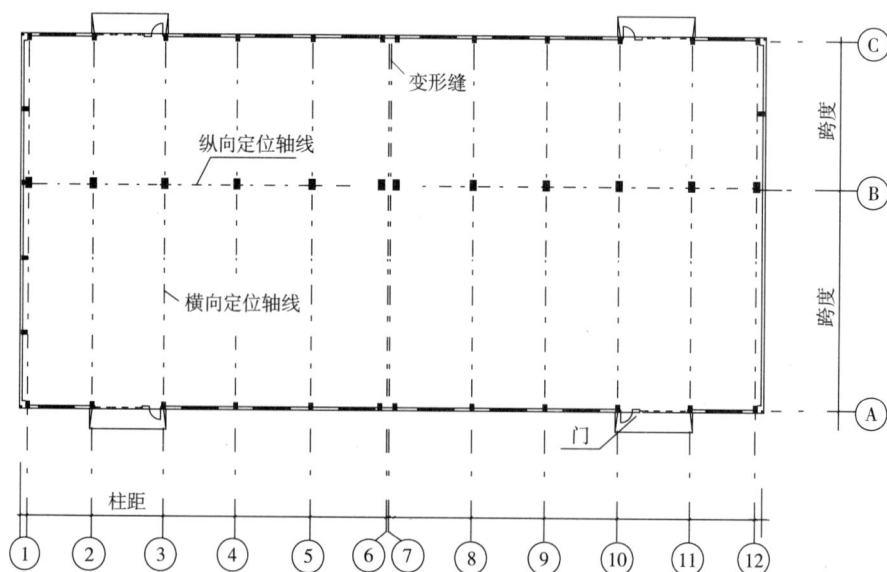

图14-4 厂房的柱网示意图

对于一些单层厂房，在厂房总宽度和柱距不变的情况下，适当加大跨度在许多情况下具有较好的经济性。例如在一个中型机械厂中，用2个18m跨厂房代替3个12m跨的厂房，可增加生产面积3%。

2. 柱距尺寸的确定

对横向排架结构体系的厂房，排架柱的柱距决定了屋面板的跨度尺寸和吊车梁的长度。我国装配式钢筋混凝土单层厂房使用的基本柱距是6m，因为6m柱距的厂房造价最经济，所用的屋面板、吊车梁、墙板等构配件已经配套，并积累了比较成熟的设计与施工经验。

3. 扩大柱网

6m的柱距造价经济，施工方便，是目前采用较普遍的一种柱距尺寸，但是，有时为了布置大型的生产设备，需要在相应位置采用6m的整数倍的扩大柱距，即12m或18m的柱距，形成扩大的柱网。与普通柱网相比较，扩大柱网具有较好的通用性，能较好地满足生产发展对厂房内部的设备和生产工艺更新的需要。

第三节　单层厂房的定位轴线

单层厂房的定位轴线是确定厂房主要承重构件位置的基准线，同时也是设备安装、施工放线的依据。厂房设计应执行我国现行的《厂房建筑模数协调标准》中的规定，定位轴线的划分与柱网布置是一致的，通常把厂房定位轴线分为横向定位轴线和纵向定位轴线，垂直于厂房长度方向的称为横向定位轴线，平行于厂房长度方向的称为纵向定位轴线。在厂房平面图中，横向定位轴线从左到右按①、②、③……的顺序编号，纵向定位轴线从下而上按Ⓐ、Ⓑ、Ⓒ……的顺序编号（图14-4）。

一、横向定位轴线

横向定位轴线用来标注厂房纵向构件如屋面板、吊车梁、连系梁、纵向支撑等的标志尺寸长度。

1. 柱与横向定位轴线

厂房中间柱的横向定位轴线与柱的中心线相重合，屋架的中心线也与横向定位轴线相重合，它标明了屋面板、吊车梁等的标志尺寸，见图14-5。

2. 变形缝与横向定位轴线

在横向伸缩缝、防震缝处应采用双柱及两条横向定位轴线划分的方法，柱的中心线应自定位轴线向两侧各移600mm。定位轴线在纵向构件的边缘处标注，变形缝的缝宽为a_e，两条轴线间的插入距为a_i，此时$a_e = a_i$，它的取值应符合国家标准的规定（图14-6）。

这种横向双轴线定位的方法，将伸缩缝与防震缝处的定位轴线划分方法统一起来，无需利用标志尺寸和构造尺寸的差值来处理伸缩缝，使接缝处构造简单合理，便于构件统一尺寸，而且双柱间保证了一定的距离，使基础施工方便。

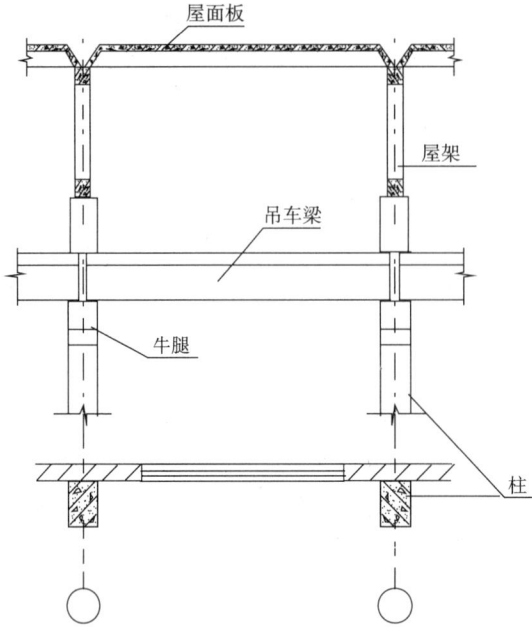

图14-5　柱与横向定位轴线的关系

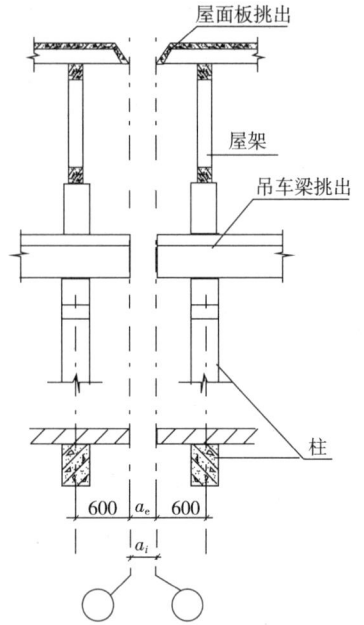

图14-6　变形缝与横向定位轴线的关系

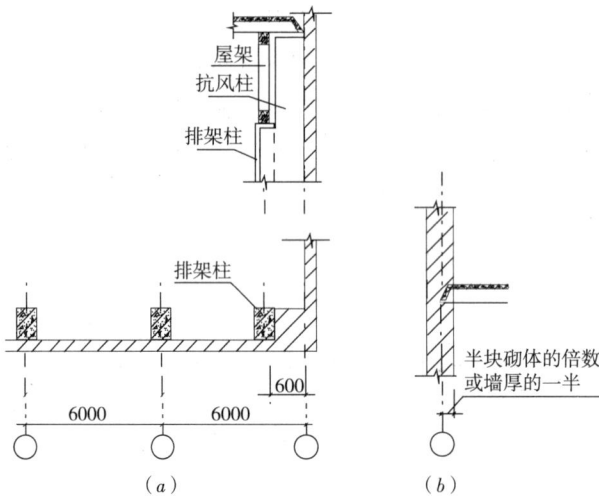

图14-7　山墙与横向定位轴线的关系

3. 山墙与横向定位轴线

山墙与横向定位轴线的联系按山墙受力情况不同，有两种定位方法。

（1）山墙为非承重墙

此时横向定位轴线与山墙内缘相重合，端部柱的中心线应自横向定位轴线向内移600mm。其主要目的是保证山墙抗风柱能通至屋架上弦，使山墙传来的水平荷载传至屋面与排架柱，另外，与横向伸缩缝、防震缝内移600mm一致，这样可减少构件类型，互换通用，屋面板、吊车梁等构件采取悬挑处理，见图14-7a。

（2）山墙为承重墙

横向定位轴线应设在砌体块材中距墙内缘半块或半块的倍数以及墙厚一半的位置上（图14-7b）。

二、纵向定位轴线

纵向定位轴线用于标注厂房横向构件如屋架或屋面梁的标志尺寸的长度。纵向定位轴线与墙、柱的关系跟吊车吨位、型号、构造方式等因素有关。

1.墙、边柱与纵向定位轴线

有吊车的厂房中，为了吊车的行驶安全，吊车跨度与屋架跨度之间应满足以下关系：

$$L_k=L-2e$$

式中　L_k——吊车跨度，吊车两条轨道之间的距离（吊车的轮距）。

　　　　L——厂房跨度（纵向定位轴线之间的距离）。

　　　　e——吊车轨道中心至纵向定位轴线的距离。吊车的起重量 $Q>50t$ 时，e 取值 1000mm；$Q \leqslant 50t$ 时，e 取值 750mm；当采用梁式吊车时，e 值为 500mm，见图 14-8。

　　其中　　$e=h+C_b+B$

　　　　B——轨道中心线至吊车端头外缘的距离，可从吊车规格表中查到。

　　　　C_b——安全净空距离。当吊车起重量 $Q \leqslant$ 20t 时，$C_b \geqslant 80mm$；当 $Q \geqslant 75t$ 时，$C_b \geqslant 100mm$。

　　　　h——上柱截面高度。

由于吊车型号、起重量、厂房跨度、高度、柱距等的不同以及是否设置安全走道板等条件的影响，外墙、边柱与纵向定位轴线的联系方式可出现下述两种情况：

（1）封闭结合

在无吊车或只有悬挂式吊车以及在柱距为 6m，桥式吊车的起重量 $Q \leqslant 20t$ 的厂房中，一般采用封闭结合的方式。此时，边柱的外缘以及外墙的内缘与纵向定位轴线重合，见图 14-9。

（2）非封闭结合

非封闭结合是指纵向定位轴线与柱子外缘有一定的距离，因而，屋面板与墙内缘也有一段空隙，这段距离用 a_c 表示，见图 14-10 所示，它适用于吊车起重量为 $30t \leqslant Q \leqslant 50t$ 的情况。

当吊车吨位 $Q \geqslant 30t / 5t$ 时，其参数 $B=300mm$，$h=400mm$，$C_b>80mm$，$e=750mm$。若

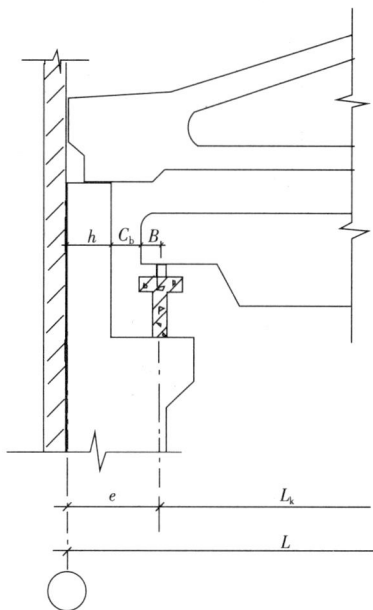

图 14-8　墙、边柱与纵向定位轴线的关系

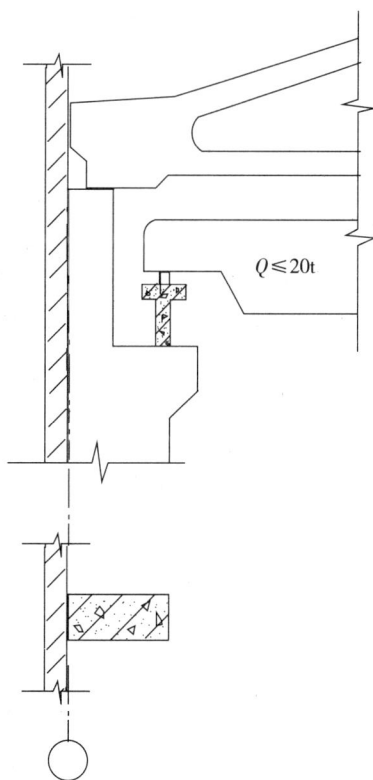

图 14-9　封闭结合

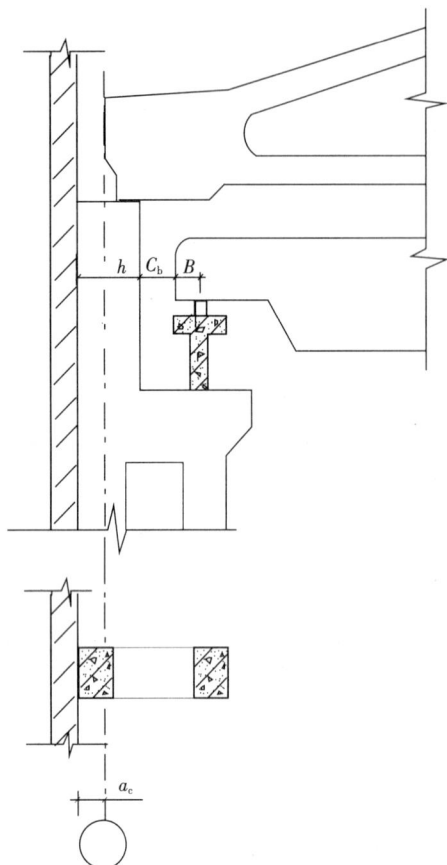

图14-10 非封闭结合

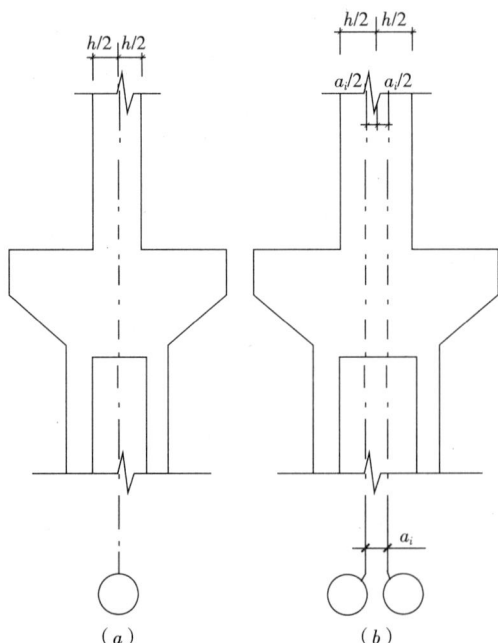

图14-11 平行等高跨中柱与纵向定位轴线的关系

按封闭结合的情况考虑，$C_b=e-(h+B)=750-(400+300)=50mm$，不满足安全空隙 $C_b \geq 80mm$ 的要求，这时需将边柱自定位轴线向外移一个距离 a_c，a_c 称为联系尺寸。在不做走道板的厂房中，a_c 值为 50mm 时，安全空隙为 50+50=100mm，大于必需安全净空 80mm。

2.中柱与纵向定位轴线

在多跨厂房中，中柱有平行等高跨和平行不等高跨两种形式。

（1）等高跨中柱

这种情况通常设置单柱和一条定位轴线，柱的中心线一般与纵向定位轴线相重合。上柱截面一般为 600mm，以保证屋架结构的支承长度（图14-11a）。

当等高跨中柱需采用非封闭结合时，即需要有插入距 a_i，可采用单柱双定位轴线的方法，插入距 a_i 应符合 3M 模数。柱中心宜与插入距中心线相重合（图14-11b）。

（2）高低跨中柱

高低跨中柱与纵向定位轴线的关系，应根据吊车吨位、屋面结构、构造情况决定，通常有以下几种类型：

1）单轴线封闭结合：当高低跨都采用封闭结合时，高跨上柱外缘、封墙内缘和低跨上屋架（屋面梁）标志尺寸端部与纵向定位轴线相重合（图14-12a）。

2）双轴线封闭结合：当高低跨都是封闭结合，但低跨屋面板上表面与高跨柱顶之间的距离不能满足设置封墙的构造要求时，应采用

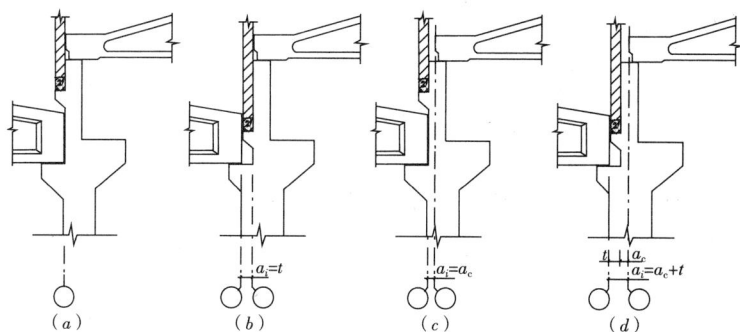

图14-12　高低跨中柱与纵向定位轴线的关系

两条定位轴线，两定位轴线间设插入距 a_i，$a_i=t$，t 为封墙的厚度。此时，封墙设于低跨屋架端部与高跨上柱外缘之间（图 14-12b ）。

3）双轴线非封闭结合：当高跨为非封闭结合时，该轴线与上柱外缘之间设联系尺寸 a_c，低跨处屋架定位轴线应设在屋架的端部，这样，两轴线之间有插入距 a_i，此时 $a_i=a_c$（图 14-12c ）。

d 当高跨上柱外缘与低跨屋架端部之间设有封墙时，则两条定位轴线之间的插入距 a_i 应等于联系尺寸和墙厚之和，即 $a_i=a_c+t$（图 14-12d ）。

3.纵横跨连接处定位轴线

厂房若有纵横跨相交，为了简化结构和构造常将纵跨和横跨分开，各柱与定位轴线的关系按上面所讲的原则处理，然后再将纵横跨厂房组合在一起。此时，需考虑到在两者之间设变形缝。纵横跨各自有柱列和定位轴线，在纵横跨间加入插入距 a_i。当横跨为封闭结合时，$a_i=a_e+t$，a_e 为变形缝的缝宽，t 为墙厚（图 14-13a ）。当横跨为非封闭结合时，$a_i=a_e+t+a_c$，a_c 为非封闭结合的联系尺寸（图 14-13b ）。

单层厂房定位轴线的划分是一项非常具体而严谨的工作，设计时必须根据具体

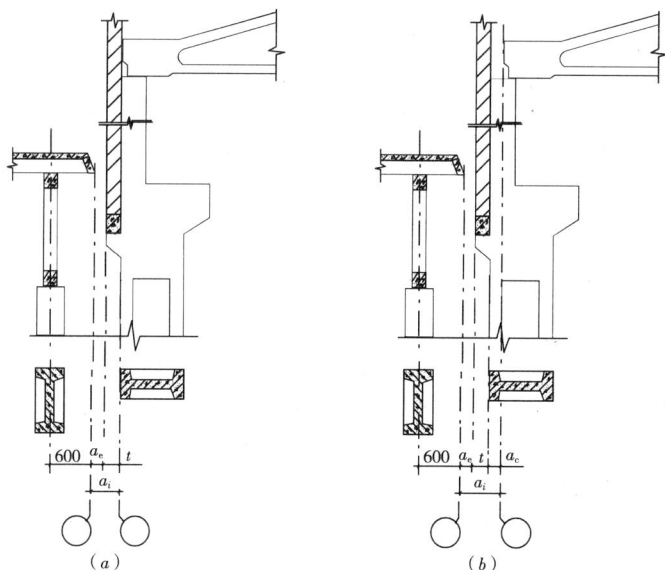

图14-13　纵横跨连接处定位轴线的关系

要求，严格执行国家颁布的《厂房建筑模数协调标准》。

第四节　单层厂房剖面设计

厂房的剖面设计在平面设计的基础上进行。剖面设计应根据生产工艺的要求，合理地确定厂房的高度和剖面形状，解决好厂房的通风和采光以及屋面排水等方面的问题。

一、厂房高度的确定

单层厂房的高度是指地面至屋架（屋面梁）下表面的垂直距离。通常情况下，屋架下表面的高度即是柱顶的高度，所以，单层厂房的高度也就是地面到柱顶的高度。根据《厂房建筑模数协调标准》的规定，柱顶标高应按 3M 数列确定，牛腿标高也按 3M 数列考虑。当牛腿顶面标高大于 7.2m 时，按 6M 数列考虑，钢筋混凝土柱埋入段长度也应满足模数化要求，见图 14-14。

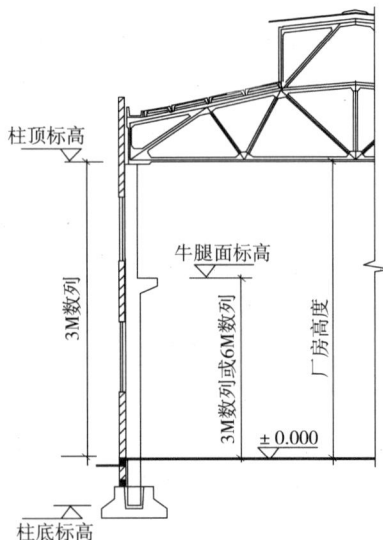

图 14-14　厂房的标高要求

1. 柱顶标高的确定

柱顶标高的确定对有吊车厂房和无吊车厂房是不一样的。

（1）有吊车厂房

图 14-15 是有吊车厂房内部各项因素影响厂房高度的示意图。

1）轨顶标高 H_1 的确定 $H_1 = h_1 + h_2 + h_3 + h_4 + h_5$

式中　h_1——生产设备或隔断的最大高度。

h_2——被吊物件安全超越的高度，一般为 400~500mm。

h_3——被吊物件的最大高度。

h_4——吊绳的最小高度。

h_5——吊钩距轨顶面最小高度，可由吊车规格表中查出。

2）柱顶标高 H 的确定

$$H = H_1 + h_6 + h_7$$

式中　h_6——轨顶至小车顶部高度，可由吊车规格表中查出。

h_7——小车顶面至屋架下弦底部的安全高度，根据吊车起重量大小取 300mm、400mm、500mm。

（2）无吊车厂房

对无吊车的厂房，柱顶标高通常是按最大生产设备的高度以及安装、检修时所需的高度两者之和来确定的，柱顶标高应符合扩大模数 3M 的要求。此外，厂房高度还要满足通风、采光等方面的需要。

2. 室内外地面标高的确定

出于厂房内外运输方便的考虑，单层厂房的室内外高差宜较小，但也要考虑到防止雨水的浸入，通常室内较室外高 100~150mm，并在室外入口处设坡道。

3. 厂房高度的调整

对多跨厂房和有特殊设备要求的厂

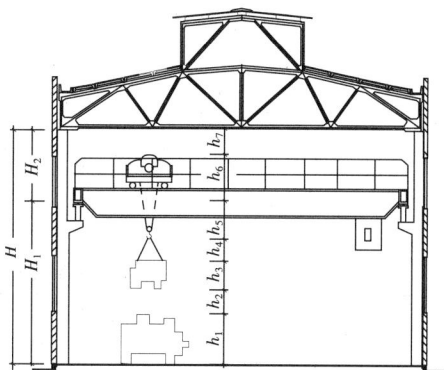

图14-15　有吊车厂房高度的确定

房，常需要从经济性和施工方便等方面综合考虑，对厂房的高度作一定的调整。

对要求有高差的多跨厂房，当高差不大于 1.2m 时（有空调要求除外），低跨所占面积较小时不宜设置高度差。在不采暖的多跨厂房中，当一侧仅有一低跨且高差不大于 1.8m 时，也不宜设置高度差。

对于厂房内局部有特殊设备的情况，为了柱顶标高的统一，通常在厂房屋架与屋架之间的空间布置个别高大的设备，也可以采用局部降低地面标高的方法来放置大型设备。

二、厂房的天然采光

厂房的采光设计，应充分利用天然光资源，创造良好的室内光环境，这对节约能源、提高工作效率、减少工伤事故和保护工作人员的视力都是十分重要的。

厂房的采光设计，除应满足采光标准的照度值外，还应注意使室内光线均匀，避免眩光。

1. 采光标准的要求

厂房的采光设计应以采光标准为设计的主要依据。采光标准的主要数量指标是采光系数 C。室内某一点的采光系数 C 可按下式计算：

$$C = E_n / E_w \times 100\%$$

式中　E_n——室内工作面上某点的照度（lx）。

E_w——同时间室外地平面上全云天的照度（lx）。

从满足视觉的正常工作方面考虑，要求室内最暗处工作面上的照度值 E_n 不能低于最低照度值的要求。根据视觉工作的精细程度不同，在我国《工业企业采光设计标准》中将采光等级划分为五级，并规定了每一等级的室内采光照度最低值，见表 14-1。由表 14-1 规定的室内采光照度最低值与北京地区的临界照度值 5000lx 之比值，计算得到的采光系数称为采光系数的最低值，用 C_{min} 表示。

不同的生产车间及工作场所应具有的采光等级见表 14-2 所示。

2. 采光均匀度和避免产生眩光要求

满足采光均匀度和避免产生眩光，可以减轻工作人员的视觉疲劳，保证人们进行生产活动时的正常操作。

采光的均匀度是指工作面上采光系数最低值与平均值之比，当顶部采光时，表中Ⅰ~Ⅳ采光等级的采光均匀度不宜小于0.7。为保证采光均匀度不小于0.7，相邻两天窗中线间的距离不宜大于工作面至天窗下沿距离的两倍，通常工作面是指地面以上1.0~1.2m高的平面。

车间工作面采光系数最低值 表14-1

采光等级	工作精确度	识别对象的最小尺寸d （mm）	室内天然光照度 （lx）	采光系数最低值C_{min} （%）
Ⅰ	特别精细	$d \leqslant 0.15$	250	5
Ⅱ	很精细	$0.15 < d \leqslant 0.3$	150	3
Ⅲ	精细	$0.3 < d \leqslant 1.0$	100	2
Ⅳ	一般	$1.0 < d \leqslant 5.0$	50	1
Ⅴ	粗糙	$d > 5.0$	25	0.5

生产车间和工作场所的采光等级举例 表14-2

采光等级	生产车间和工作场所名称
Ⅰ	精密机械、机电成品检验车间，工艺美术厂雕刻、刺绣、绘画车间，毛纺厂选毛车间
Ⅱ	精密机械加工、装配、精密机电装配车间，仪表检修车间，主控制室，电视机、收音机装配车间，光学仪器厂研磨车间，无线电元件制造车间，印刷厂排字、印刷车间，针织厂精纺、织造、检验车间，制药厂制剂车间
Ⅲ	机械加工和装配车间，机修、电修车间，理化实验室、计量室，木工车间，面粉厂制粉车间，塑料厂注塑、拉丝车间，制药厂合成药车间，冶金厂冷轧、热轧、拉丝车间，发电厂汽轮机车间
Ⅳ	焊接、钣金、铸工、锻工、热处理、电镀、油漆车间，食品厂糖果、饼干加工、包装车间，冶金工厂熔炼、炼钢、铁合金冶炼车间，水泥厂烧成、磨房、包装车间
Ⅴ	锅炉房，泵房，汽车库，煤的加工运输、选煤车间，运转站，运输通廊，一般仓库

眩光指在人的视野里出现高亮度或大亮度对比的让人感到不舒适的光线。厂房工作区出现眩光，将使工作人员视觉不舒适，影响生产活动。

3. 采光面积的确定

一般情况下，采光面积可用窗地面积比来确定。首先，根据厂房的使用情况确定厂房的采光等级，然后根据窗的形式确定窗地面积比值，见表14-3。

窗地面积比 表14-3

采光等级	单侧窗	双侧窗	矩形天窗	锯齿形天窗	平天窗
Ⅰ	1/2.5	1/2	1/3	1/3	1/5
Ⅱ	1/3	1/2.5	1/3.5	1/3.5	1/6
Ⅲ	1/4	1/3.5	1/4.5	1/5	1/8
Ⅳ	1/6	1/5	1/8	1/10	1/15
Ⅴ	1/10	1/7	1/15	1/15	1/25

注：当Ⅰ级采光等级的车间采用单侧窗或Ⅰ~Ⅱ级采光等级的车间采用矩形天窗时，其采光不足部分应用照明补充。

在确定窗地面积比的同时，还要考虑到厂房采光均匀、通风良好以及立面效果等综合因素。

4.采光方式

单层厂房的采光方式，根据采光口的位置可分为侧窗采光、天窗采光和混合采光三种方式。

（1）侧窗采光

侧窗采光分为单侧窗采光和双侧窗采光两种。当厂房进深不大时，可采用单侧窗采光。单侧窗采光的有效深度约为工作面至窗口上沿距离的两倍，即 $B=2H$，如图 14-16 所示。这种采光方式，光线在纵向衰减较快，采光不均匀。为了解决这个问题，可采用双侧窗采光的方式。

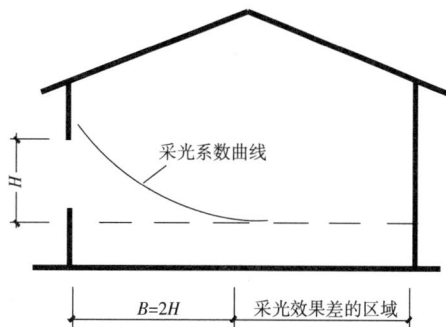

图14-16 侧窗采光

在有吊车梁的厂房中，为了加大侧窗的采光面积，可采用高低侧窗的采光方式，如图 14-17。高侧窗的下沿距吊车轨道顶面 600mm，低侧窗下沿略高于工作面。高侧窗可以提高远离窗口处的采光效果，使厂房内的采光均匀性增高。

（2）天窗采光

天窗采光通常用于侧墙不能开窗或侧窗采光不能满足要求的连续多跨厂房。天窗采光照度均匀，采光效率高，但构造复杂，造价较高。

天窗采光是由设置在屋面上的窗口来实现的。天窗的形式很多，有矩形天窗、梯形天窗、"M"形天窗、

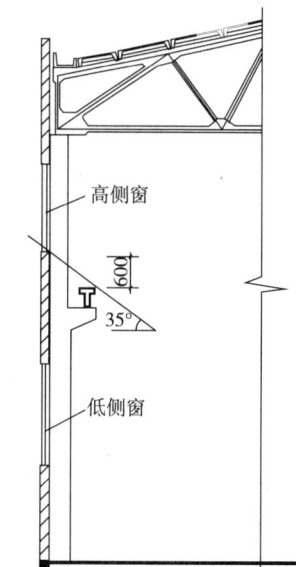

图14-17 高低侧窗采光

锯齿形天窗、横向下沉式天窗、三角形天窗、平天窗等，各种天窗采光形式见图 14-18。常见的有矩形天窗、锯齿形天窗、横向下沉式天窗和平天窗。

1）矩形天窗：矩形天窗的采光面一般为南北向布置，因此，光线比较均匀，通风效果良好，积尘少，易于防水。但是，矩形天窗增加了厂房屋面的荷载，对抗震不利，且构造复杂，造价较高。

为保证厂房照度均匀，天窗的宽度一般取厂房跨度的 1/2~1/3，相邻两天窗的距离应大于相邻两天窗高度之和的 1.5 倍，见图 14-19。

2）锯齿形天窗：厂房的屋顶呈锯齿形，采光面一般朝北向开设，光线经过屋面反射进入室内，光线比较均匀柔和，无眩光。经斜向顶棚反射进入室内的光线可增加室内深处的照度。锯齿形天窗适用于要求光线稳定并对温湿度有要求的厂房，如纺织车间、印染车间等，如图 14-20 所示。

3）横向下沉式天窗：当厂房为东西朝向时，如采用矩形天窗，则使采光面朝向东西向，易产生眩光。此时，可采用横向下沉式天窗。横向下沉式天窗将屋顶的一部分屋面板布置在屋架下弦，利用上、下弦之间屋面板位置的高差作为采光口和

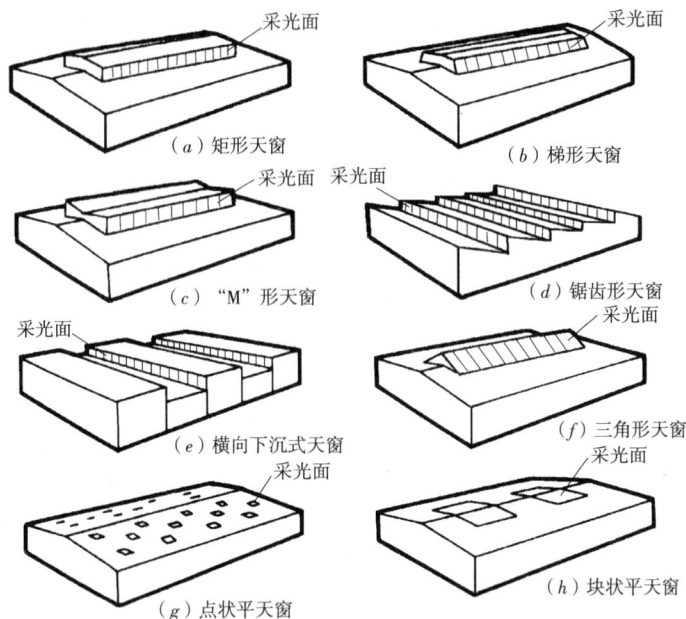

（a）矩形天窗　　（b）梯形天窗

（c）"M"形天窗　　（d）锯齿形天窗

（e）横向下沉式天窗　　（f）三角形天窗

（g）点状平天窗　　（h）块状平天窗

图14-18　天窗的形式及采光面

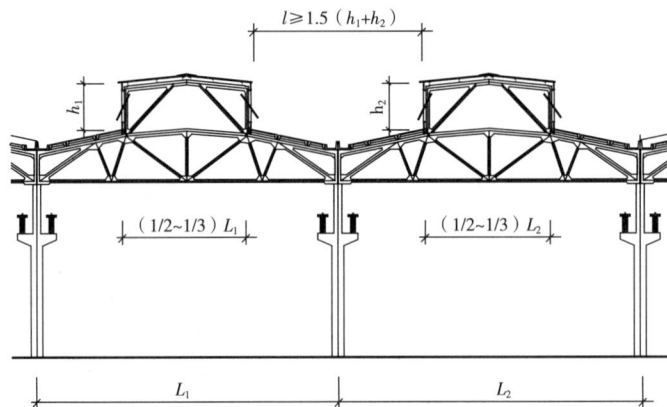

图14-19　矩形天窗宽度与厂房跨度的关系

通风口。天窗可隔一个柱或几个柱布置下沉窗口，形式灵活，降低了建筑物的高度，简化了结构。但这种天窗使厂房纵向刚度降低，窗扇形式受屋架形式的限制，而且屋面排水处理比较复杂，见图14-21。

4）平天窗：平天窗是在屋面上直接开设采光口的采光形式。它的特点是：采光效率高，在采光面积相同的条件下，平天窗的照度比矩形天窗高2~3倍，而且它

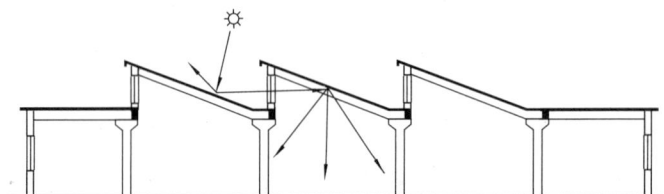

图14-20　锯齿形天窗的剖面

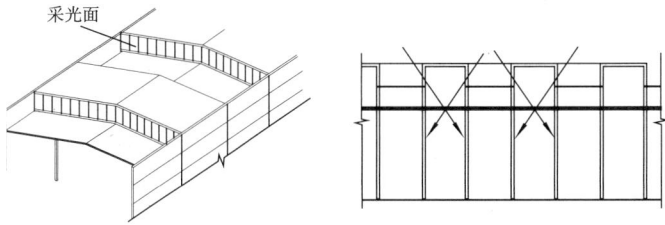

采光面

图14-21　横向下沉式天窗的剖面

的结构和构造简单，布置灵活，施工方便，造价较低。但在寒冷和严寒地区，玻璃易结露滴水，在炎热地区，太阳辐射量较大，不利于通风，玻璃上容易积尘污染。它适用于一些冷加工车间，见图14-22。

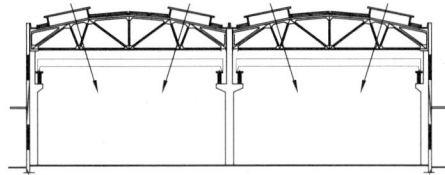

图14-22　平天窗的剖面

三、厂房的自然通风

厂房有自然通风和机械通风两种通风方式。自然通风是利用空气的自然流动将室外的空气引入室内，将室内的空气和热量排到室外。自然通风的效果与厂房的结构形式、进出风口的位置等因素有关，并与厂房建筑所在地区的气候条件和周围环境有很大的关系。机械通风是以风机为动力，使厂房内部空气流动，达到通风降温和排除污染气体的目的，它的通风效果比较稳定，并可根据需要进行调节，但设备费较高，耗电量较大。对无特殊要求的厂房，应以自然通风为主。

1. 自然通风的基本原理

根据自然通风原理的不同，自然通风分为热压通风和风压通风两种。

（1）热压通风原理

厂房内部由于生产过程中所产生的热量（如燃烧的炉子和加热的工件所发出的热量等）以及人体散发热量的影响，室内空气膨胀、密度减小而使热空气上升。如果天窗开启，由于热空气的上升，天窗内侧的气压大于天窗外侧的气压，使室内热气不断排出，室外的冷空气通过设在厂房底部的进风口进入室内，如此循环，取得自然通风的效果。这种通风方式称为热压通风，见图14-23。

由室内外温差造成的空气压力差叫热压，热压值用下式计算：

$$\Delta P = h（\gamma_w - \gamma_n）$$

式中　ΔP——热压（Pa）；

　　　h——进、排风口中心线间的垂直距离（m）；

　　　γ_w——室外空气密度（kg/m³）；

　　　γ_n——室内空气密度（kg/m³）。

从上式中可看出，热压值的大小取决于

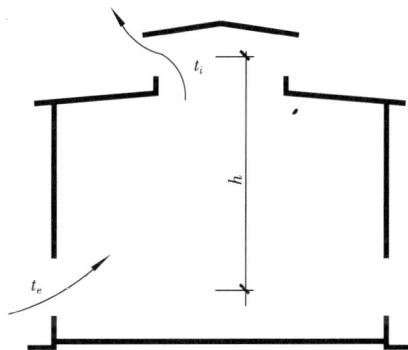

图14-23　热压通风

进出风口的高差和室内外的温差。开设天窗出风口，降低进风口高度，都是加大热压的有效措施。

（2）风压通风原理

当风吹向建筑物时，遇到建筑物的阻碍，迎风面空气压力增大，形成正压区，用"+"表示。当气流通过房屋两侧和上方时，气流变窄，风速加大，形成负压区，用"-"表示。空气飞越建筑物后，在建筑物背风面形成涡流，形成负压区，用"-"表示。

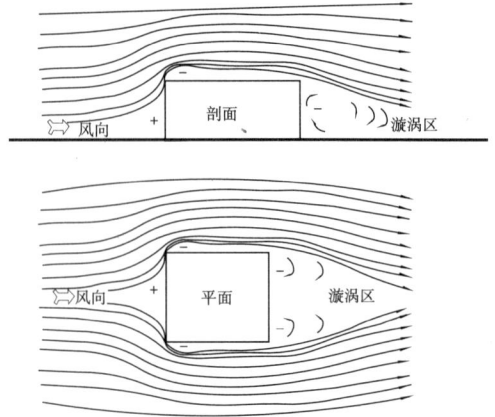

图14-24 风压分布

因此，对厂房进行自然通风设计时，宜将厂房的进风口设在正压区，排风口设在负压区，使室内外空气更好地进行交换。利用风的流动产生空气压力差而形成通风的方式为风压通风，如图14-24所示。

在进行厂房剖面和通风设计时，应根据热压和风压的通风原理综合考虑其对厂房通风效果的影响，合理地布置进、出风口的位置，选择合理的通风天窗形式，组织好自然通风。

图14-25是热压和风压共同影响下的气流状况示意。为了使天窗成为有效的排风口，宜在天窗的外侧安装挡风板。

2. 厂房的自然通风

通常冷加工车间没有大量的生产余热，室内外温差较小，组织自然通风时可结合工艺与总平面进行设计，尽量使厂房长轴与夏季主导风向垂直，限制厂房的宽度在60m以内，以便组织穿堂风。同时，合理地选择进、出风口的位置，尽量利用高窗作为出风口，利用低窗作为进风口。

热加工车间产生的余热和有害气体较多，组织好自然通风尤其重要，除了在平面设计中要考虑的因素之外，还要对排风口的位置和天窗的形式进行设计与选择。

（1）进、出风口的布置

热加工车间主要利用低侧窗进风，利用高侧窗和天窗排风。根据热压原理，进、出风口之间的高差越大，通风效果越好。

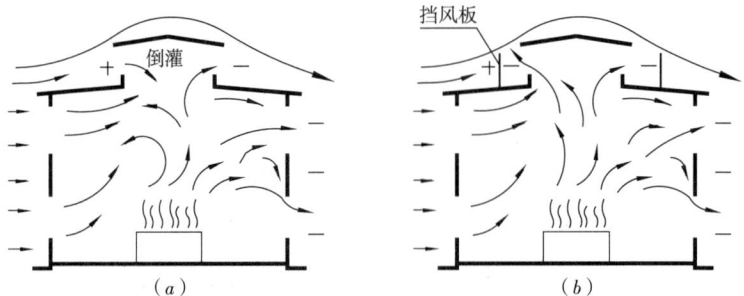

图14-25 热压与风压共同作用的厂房通风

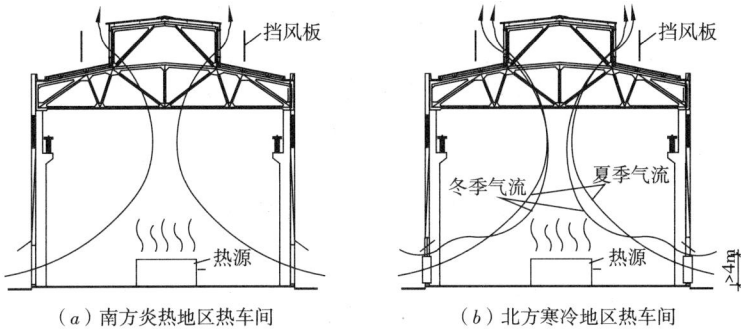

（a）南方炎热地区热车间　　　　　（b）北方寒冷地区热车间

图14-26　热车间通风示意

在南方炎热地区，宜将作为进风口的低侧窗的窗台高度降低到0.5~1m。在北方寒冷地区，低侧窗可分为上、下两排，冬季上排窗开启，下排窗关闭，为避免冷风直接吹到人体上，上排窗口下沿与室内地坪的距离不小于4.0m，夏季时则将下排窗开启，上排窗关闭，见图14-26。

（2）通风天窗的类型

以满足通风为主要目的的天窗称为通风天窗，通风天窗的类型主要有矩形通风天窗和下沉式通风天窗。

1）矩形通风天窗：为了防止进风口处风压大于室内热压而产生气流倒灌现象（图14-25a），通常在天窗两侧设置挡风板，无论风向怎样变化，均能保证天窗出风口区域成为负压区，使室内有害气体迅速排除，见图14-25b。

2）下沉式通风天窗：下沉式通风天窗是将下沉的天窗采光口作为排风口，由于天窗下沉，排风口在任何风向时均处于负压区，排风效果较好。

（3）开敞式外墙

我国南方及中部地区夏季炎热，这些地区的热加工车间，除了采用通风天窗外，还可将外墙做成开敞式外墙。

开敞式厂房宜设置挡雨板，防止雨水进入室内。开敞式厂房的主要形式有全开敞、上下开敞和下开敞三种，见图14-27。

开敞式厂房的特点是：通风量大，室内外空气交换迅速，散热快，构造简单，造价低；缺点是：防寒、防风、防沙能力差，风向不太稳定。

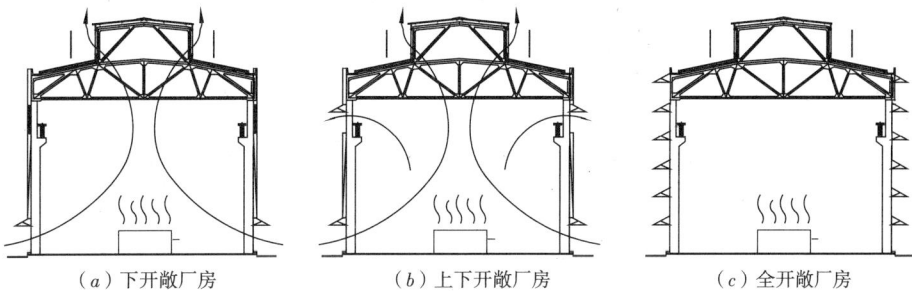

（a）下开敞厂房　　　　　（b）上下开敞厂房　　　　　（c）全开敞厂房

图14-27　外墙敞开式厂房

第十五章 单层厂房的构造

第一节 厂房外墙构造

单层厂房的外墙，按照使用要求、材料、构造和施工方式等条件的不同可分为砖墙、块材墙、板材墙、波形板（瓦）墙、彩钢板墙以及开敞式外墙等。

一、砖砌外墙构造

按受力情况的不同，砖砌外墙有承重砖墙和骨架结构填充砖墙之分。

1. 承重砖墙：承重砖墙仅适用于跨度小于 15m、吊车吨位不超过 5t、柱距不大于 6m 的小型厂房。承重砖墙下设条形基础，并在墙体适当部位设置圈梁。

2. 骨架结构填充砖墙：当吊车吨位大、厂房跨度较大时，一般采用钢筋混凝土骨架承重或钢骨架承重，外墙起到围护、承受自重和抵抗风荷载的作用。此时，在地基承载力较大、土质均匀、仅承自重的墙下可以采用墙下条形基础。当墙下条形基础的埋深超过 2m 时，一般采用基础梁替代墙下条形基础的方法，见图 15-1。基础梁与基础的连接方式，根据基础的深浅不同有下列几种情况：当基础埋置较浅时，基础梁可通过混凝土垫块或直接搁置在基础顶面；当基础埋置较深时，则用牛腿支托或采用高杯口基础，见图 15-2。基础梁顶面标高通常比室内地面低 50mm，以便设置墙身防潮层。勒脚可用水泥砂浆、干粘石、水刷石等处理。外墙下不做基础，砖墙的重量通过两端支撑于杯形基础（或小牛腿）上的基础梁传递给基础。当墙身的高度大于 15m 时，应加设连系梁来承托上部墙身的重量，见图 15-1。

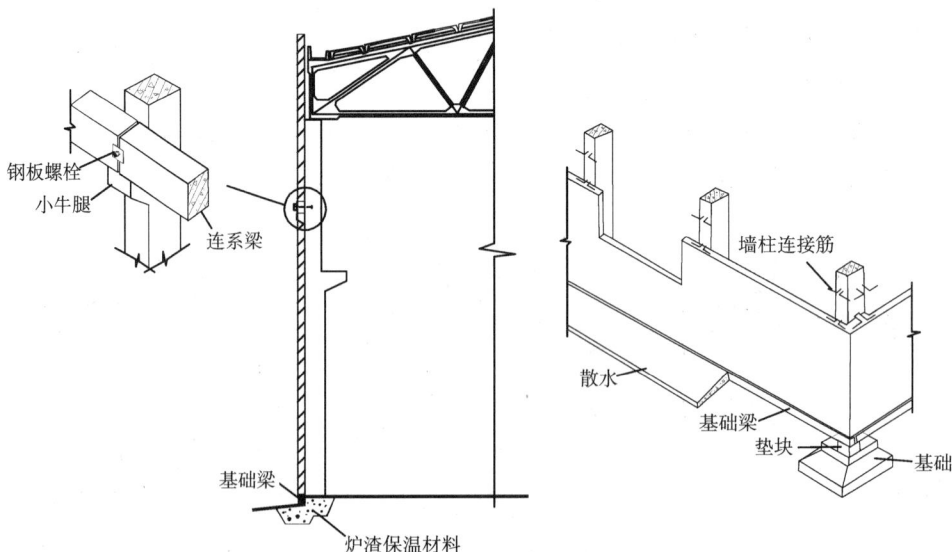

图15-1 填充砖墙的构造

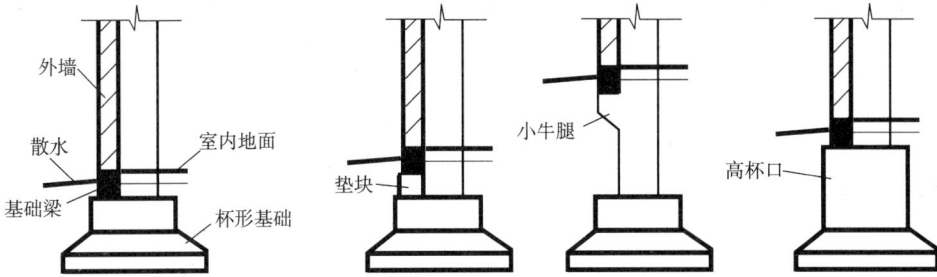

图15-2 基础梁的位置

对于砖砌外墙，墙体与屋架端部和柱子必须有可靠的连接。一般做法是由柱子、屋架沿高度方向每升高 500~620mm 设置两根 $\Phi6$ 钢筋，并且伸入墙体内部不少于 500mm，以保证墙体的稳定性，见图 15-1。

为防止土壤冻胀时对基础梁及墙身产生不利的反拱影响，北方地区非采暖厂房基础梁下部宜用炉渣等松散材料填充，见图 15-1。

二、大型板材墙构造

1. 墙板的类型

单层工业厂房的大型墙板类型很多，按墙板的性能不同可分为保温墙板和非保温墙板。按墙板材料的不同可分为钢筋混凝土槽形板、金属夹芯板、钢丝网水泥折板等。按墙板所在墙面位置分为檐下板、窗上板、窗框板、窗下板、山尖板、勒脚板、女儿墙板等。

按照墙板的构造和组成材料分类如下：

（1）单一材料的墙板

1）钢筋混凝土槽形板、空心板：钢筋混凝土槽形板、空心板耐久性好，制造简单，可施加预应力。槽形板的特点是：钢材、水泥用量较省，但保温隔热性能差，且易积灰，只适用于某些热加工车间和保温隔热要求不高的车间、仓库等。空心板的特点是：钢材、水泥用量较多，双面平整、不易积灰，见图 15-3。

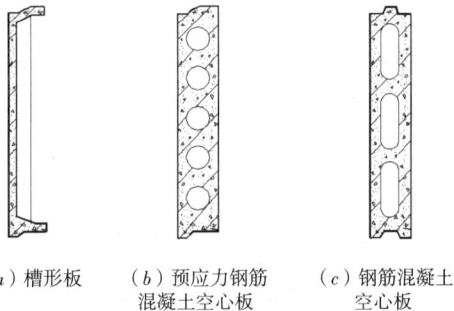

（a）槽形板　（b）预应力钢筋混凝土空心板　（c）钢筋混凝土空心板

图15-3 钢筋混凝土槽形板、空心板

2）轻混凝土墙板：轻混凝土墙板有粉煤灰硅酸盐混凝土墙板、各种加气混凝土墙板、陶粒混凝土墙板等。它们具有自重轻、保温隔热性能好、耐久性较好的特点，缺点是吸湿性较大，须做水泥砂浆等防水面层。适用于保温或隔热要求较高的车间。

（2）组合墙板：组合墙板是将蛭石、膨胀珍珠岩、陶粒、矿棉、泡沫塑料等高效保温材料与承重材料组合而成的大型墙板。通常用钢筋混凝土制成外壳，内填轻质高效保温材料，见图 15-4；也有用石棉水泥板、塑料板等制成轻外壳，内填充高效保温隔热材料构成的组合墙板。

组合墙板能发挥各组成材料的长处，外壳用承重和耐气候等性能好的材料，内部填充保温隔热性能好的材料。这类墙板在使用中应注意"热桥"的不利影响，如图15-4所示，"热桥"的宽度 a 与板的厚度 d 之比（a/d）愈小，则"热桥"的不利影响就愈小。

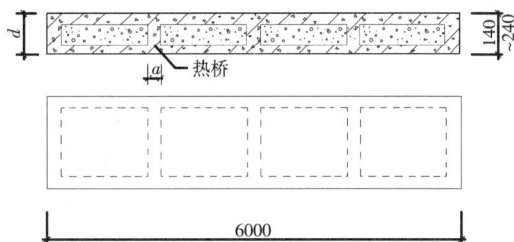

图15-4 复合墙板平剖面示意图

2. 墙板的规格

我国现行工业建筑墙板规格中，长和高采用300mm的扩大模数。常用墙板的基本长度应与柱距一致，均为6m。此外，为了用于山墙和适应9m、15m、21m、27m跨度的要求，增加了4.5m和7.5m两种板长的规格，以满足各种跨度的组装需要。

板的宽度一般以1200mm为主，为适应开窗尺寸和窗台的需要，还配有900mm、1500mm的板型。

复合墙板的厚度按1/10M模数进级，常用的厚度为150~240mm，板厚应注意满足保温要求。

3. 墙板布置

墙板在墙面上的布置方式有横向布置、竖向布置和混合布置三种，见图15-5。横向布置时，板型少，柱距即为板长。板柱相连，可省去窗过梁和连系梁，板缝较易处理。竖向布置，板长受侧窗高度的限制，主要用于彩钢夹心墙板墙面。混合布置，板型较多，但立面处理较灵活。

山墙墙身部位布置墙板的方式与侧墙相同，山尖部位可布置成台阶形、人字形、折线形等，见图15-6。台阶形山尖异形墙板少，但连接用钢较多，人字形则相反，折线形介于两者之间。

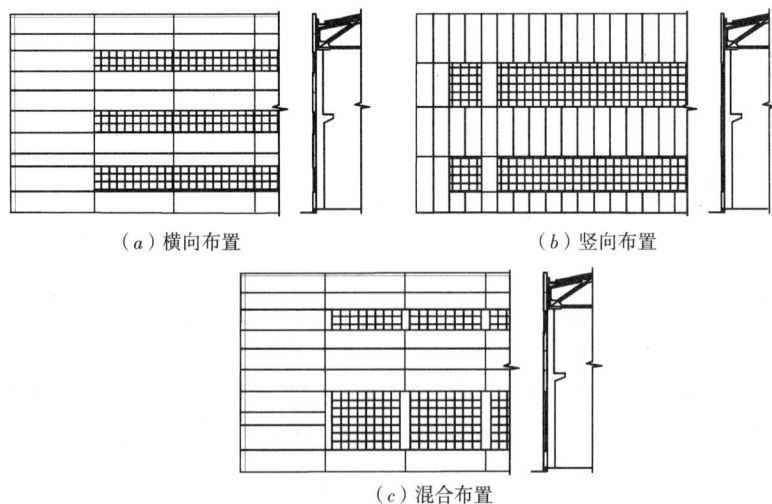

（a）横向布置　　　　（b）竖向布置

（c）混合布置

图15-5 墙板的布置方式

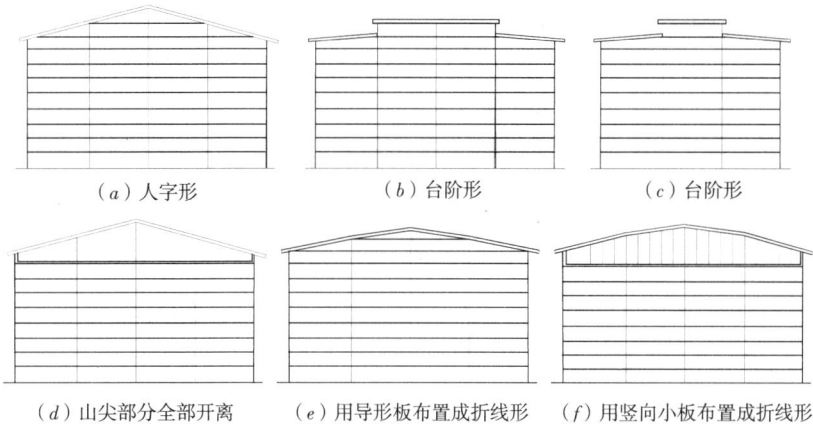

（a）人字形　　　　（b）台阶形　　　　（c）台阶形

（d）山尖部分全部开离　（e）用导形板布置成折线形　（f）用竖向小板布置成折线形

图15-6　山墙板的布置

4.墙板连接

墙板的连接主要涉及墙板与排架柱、墙板与墙板之间的连接。采用的连接方法有柔性连接和刚性连接两种。

（1）柔性连接：柔性连接以螺栓为主要连接件，也可以在墙板外侧加压条，再用螺栓将墙板与柱子压紧压牢。该方法宜用于地震裂度大于7度地区的墙板连接，对

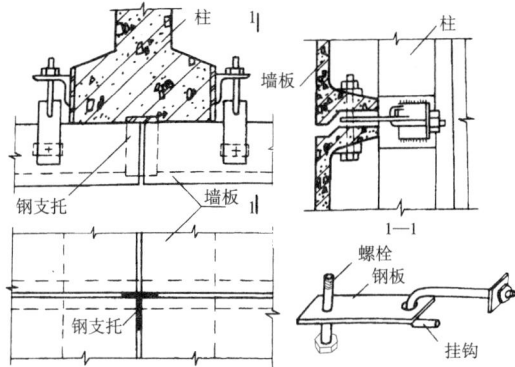

图15-7　墙板的柔性连接

地基的不均匀下沉或有较大振动的厂房也比较适宜，见图15-7。

（2）刚性连接：刚性连接指的是用电焊连接，见图15-8。将每块墙板与柱子用型钢焊接在一起，无需另设钢支托。施工前需要在柱子侧边及墙板两端预留铁件，然后用型钢进行电焊连接。这种做法只适用于抗震设防在7度及7度以下的工业建筑中。

另外，无论柔性连接或刚性连接，均应注意设置墙板的预埋铁件以减少制作和吊装墙板的类型，如柱宽为400mm，预埋铁件离板端300mm处对称设置，则可使尽端和伸缩缝处的墙板与一般墙身处通用。

（3）板缝处理：首先要处理好防水问题，同时考虑到制作和安装方便。板缝有水平缝和垂直缝两种。

1）水平缝：主要应防止沿墙面下淌水渗入内侧，常用憎水性防水材料（油膏、聚氯乙烯胶泥等）填缝。为阻止风压灌水或积水，可制成高低缝，考虑到制作与安装误差，缝隙最窄处不宜小于15mm。防水要求不严或雨水很少的地方也采用最简单的平缝或有滴水的平缝（图15-9）。

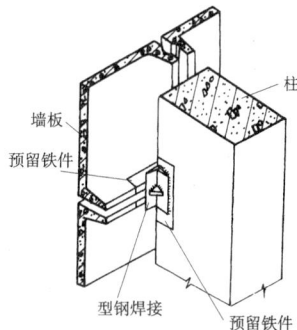

图15-8　墙板的刚性连接

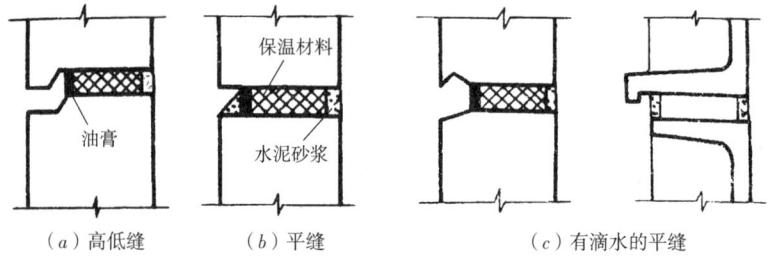

（a）高低缝　　　　　（b）平缝　　　　　　　（c）有滴水的平缝

图15-9　墙板水平缝构造

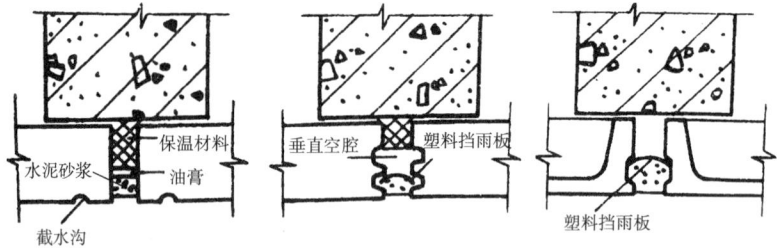

图15-10　墙板垂直缝构造

2）垂直缝：垂直缝的温差胀缩变形为水平缝的4~8倍，很难用单纯填缝的办法来防止雨水渗透，通常要配合其他构造措施来防止雨水的渗入。图15-10为垂直缝的构造。在板缝中加入保温材料可提高墙体的保温隔热性能。

三、涂彩金属压型夹心板墙

涂彩金属压型夹心板，简称彩钢夹心板，是现代工业建筑使用较多的墙板形式，根据夹心材料的不同，常见的有聚氨酯夹心板、聚苯乙烯夹心板、岩棉夹心板、玻璃棉夹心板等。图15-11是聚氨酯夹心板的剖面示意。

聚氨酯夹心板按保温材料的厚度不同分为30mm、40mm、50mm、60mm、80mm、100mm、120mm这几种规格。聚苯乙烯夹心板的厚度有50mm、75mm、100mm、150mm、200mm、250mm这几种，板幅有1150mm、1200mm两种，最大长度可达12m。

为防止锈蚀，彩钢夹心板常用于厂房地面以上的墙体，勒脚以下埋入土壤中的墙体仍然使用砖或其他砌体。彩钢夹心墙板与排架柱的连接往往需要墙面檩条为连接构件，墙面檩条是固定于排架柱上的水平构件，彩钢夹心板用自攻螺钉固定于墙面檩条上，见图15-12。彩钢夹心墙板转角处宜采用两板之间45°斜角连接，且内外接缝处应采用包角板包缝处理，见图15-13。

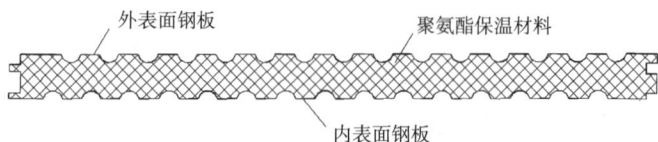

图15-11　聚氨酯夹心板的剖面示意图

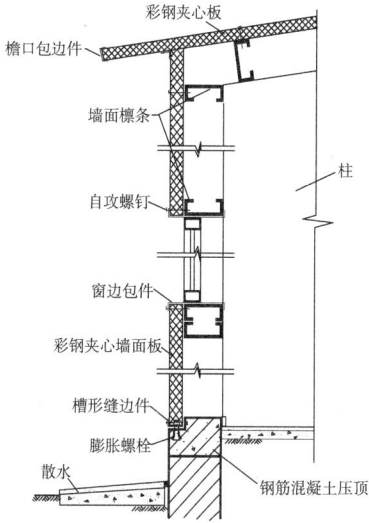

图15-12　彩钢夹心墙板连接构造

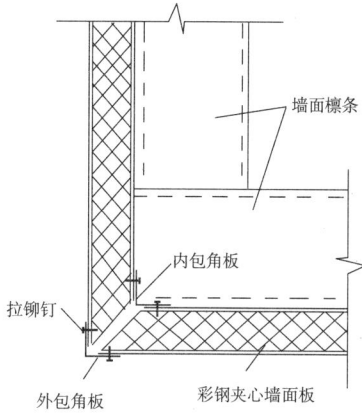

图15-13　彩钢夹心板墙角构造

四、波形瓦墙

波形瓦按材料来分类有石棉水泥波形瓦、压型薄钢（铝）板、玻璃钢波形瓦、瓦楞钢板、塑料墙板等。不夹心的波形瓦墙体只能用于一些不要求保温、隔热的车间、防爆车间和仓库等建筑的外墙，它们的连接构造基本相同。

采用波形石棉水泥瓦时，为防止损坏，一般在墙角、门洞边及窗台以下的勒脚部分砌筑砖墙。波形石棉水泥瓦墙根据连接梁体材料的不同采用不同的方法与钢筋混凝土小梁连接时，可使用连接件连接；与木质小梁连接时，可采用木螺钉连接；与角钢等金属构件连接时，可采用挂钩连接，见图15-14。

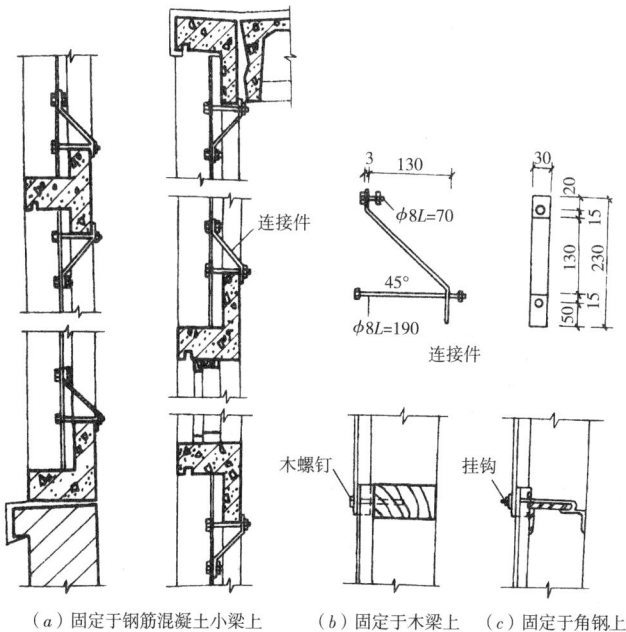

（a）固定于钢筋混凝土小梁上　　（b）固定于木梁上　　（c）固定于角钢上

图15-14　波形瓦墙的连接构造

第二节　厂房门窗构造

一、天窗

在大跨度和多跨的单层工业厂房中，为了满足天然采光和自然通风的要求，常在厂房的屋顶上设置各种类型的天窗。

天窗按照其用途可分为采光天窗、通风天窗以及采光通风天窗三种。单纯的采光天窗一般是固定的，板玻璃或玻璃钢的采光罩都可以满足要求。通风天窗在南方地区往往不设窗扇，常用于热加工车间。兼有采光和通风要求的天窗，根据使用要求设置可开启的窗扇。

常见的天窗形式有矩形天窗、下沉式天窗、平天窗、锯齿形天窗等。

1.矩形天窗

矩形天窗由天窗架、天窗屋面、天窗端壁、天窗侧板和天窗扇等组成，见图15-15。

（1）天窗架：天窗架是天窗的承重结构，它直接支承在屋架上。

（2）天窗端壁：天窗端壁又叫天窗山墙，是矩形天窗两端的承重和围护构件。

（3）天窗侧板：天窗侧板是天窗窗扇下的围护结构，相当于侧窗的窗台部分，其作用是防止雨水溅入室内。

（4）天窗窗扇：天窗窗扇可以采用钢窗扇、木窗扇、塑料窗扇。钢窗扇一般为上悬式，木窗扇一般为中悬式。上悬式钢窗扇通风效果差，防飘雨性能较好，最大开启角度为45度，窗高有900mm、1200mm、1500mm三种。

（5）天窗屋面：天窗屋面与厂房屋面相同，檐口部分采用无组织排水，把雨水直接排在厂房屋面上。檐口挑出尺寸为300~500mm。挑檐下方，应铺设散水板以保护屋面防水层。

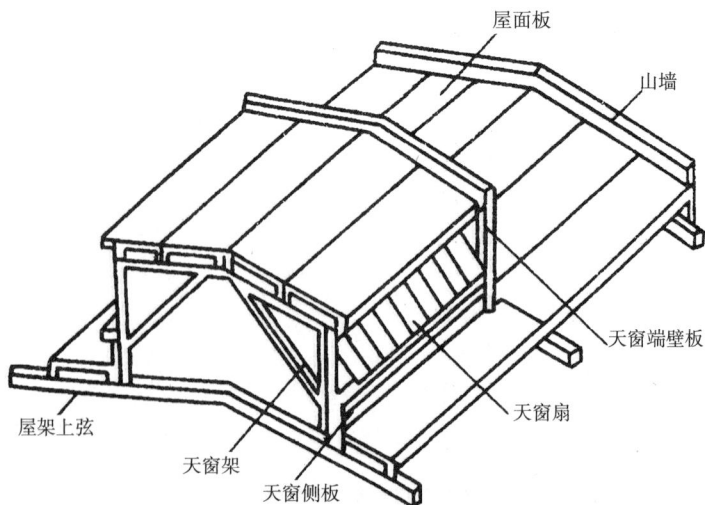

图15-15　矩形天窗的组成

2. 矩形通风天窗

矩形通风天窗需在矩形天窗两侧加挡风板，使天窗具有稳定的排气功能，如图15-16所示。

图15-16 矩形通风天窗

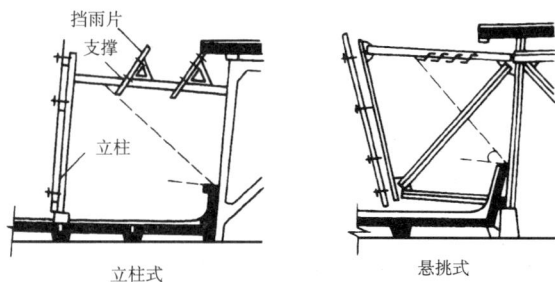

挡风板的构造有悬挑式和支柱式两种：悬挑的挡风板支架是钢的，焊挂在天窗架的预埋钢板上；支柱式挡风板的立柱支承在屋架上弦的柱墩上，并用支撑与天窗连接，见图15-17。挡风板采用石棉板、金属波形板等，并用特制的螺钉将其固定在挡风板支架上。

图15-17 矩形天窗挡风板的构造

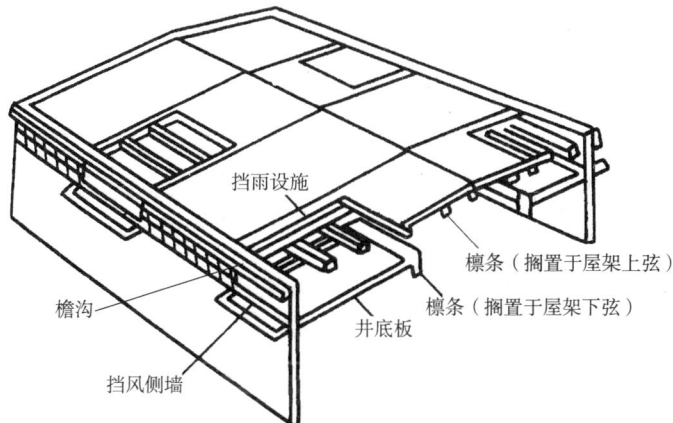

挡风板与屋面板之间应留出50~100mm的空隙，以利于排水。为防止雨水飘入室内，矩形通风天窗宜设置挡雨片。

3. 下沉式天窗

下沉式天窗是利用屋架上、下弦之间的高差形成的天窗。下沉式天窗有横向下沉、纵向下沉及井式天窗等类型。

井式天窗的构造可以反映出下沉式天窗的构造特点。井式天窗主要由井底板、空格板、挡风侧墙及挡雨设施四部分组成，见图15-18。

（1）井底板：井底板的布置方式有横向铺放与纵向铺放两种。

横向铺放是井底板平行于屋架摆放，铺板前应先在屋架下弦上搁置檩条，井底板应有一定的排水坡度。纵向铺放是把井底板直接放在屋架下弦上，可省去檩条，增加了天窗口垂直方向的净空高度。

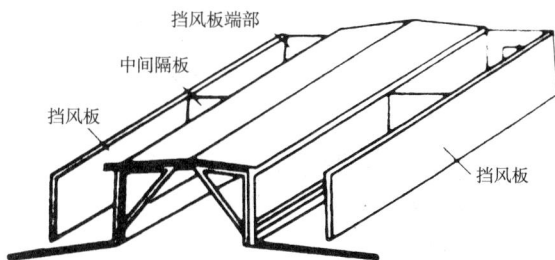

图15-18 井式天窗的构造组成

（2）挡雨措施：井式天窗的挡雨措施有井口作挑檐、井口设挡雨片等。井口挑檐，由相邻屋面直接挑出悬臂板，挑檐板的长度不宜过大。井上口应设挡雨片，在井上口先铺设空格板，挡雨片固定在空格板上。挡雨片的角度宜为30°~60°，材料可用石棉瓦、钢丝网水泥板、钢板等。

（3）排水设施：井式天窗应同时考虑上下两层屋面的排水，其具体做法可以采用无组织排水、上层通长天沟下层无组织排水、下层通长天沟排水和双层天沟排水等，见图15-19。

4. 平天窗

平天窗是与屋面基本相平的一种天窗形式。平天窗有采光板、采光罩、采光带等类型，见图15-20。平天窗的采光效率比矩形天窗高2~3倍，布置灵活，采光也较均匀，构造简单，施工方便，造价低，但易积灰。如果不增加遮光设施，平天窗易引起眩光和夏季室内过热。

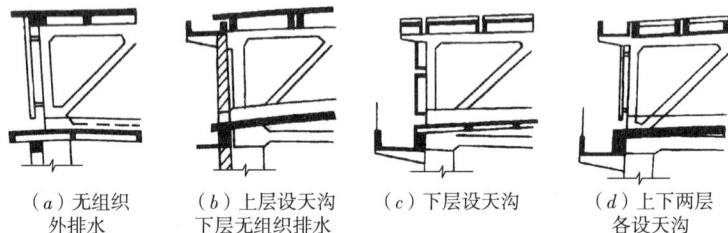

(a) 无组织外排水　(b) 上层设天沟下层无组织排水　(c) 下层设天沟　(d) 上下两层各设天沟

图15-19　下沉式天窗的排水方式

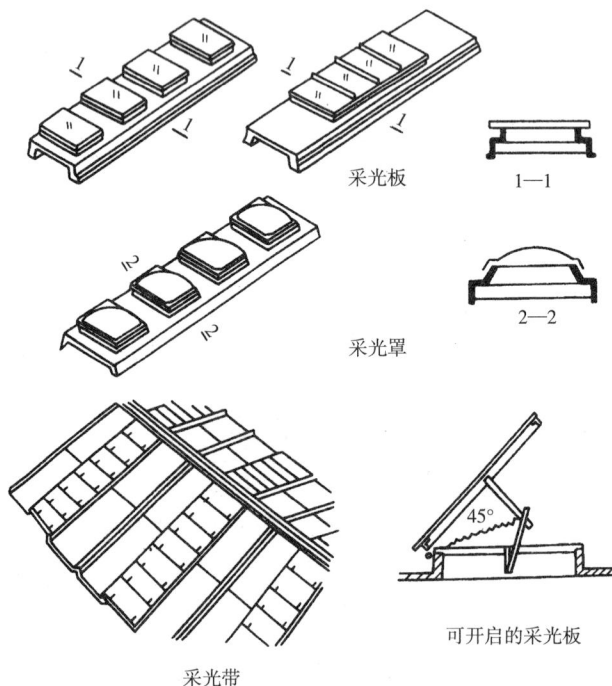

采光板　　1—1

采光罩　　2—2

采光带

可开启的采光板

图15-20　平天窗的几种类型

为防止漏雨，平天窗的边框井壁应高出屋面150~250mm。井壁一般与屋面板浇成整体，施工时应做好井壁处的泛水处理。玻璃与井壁之间通常采用钢卡钩连接，玻璃与井壁之间的缝隙采用油膏密封处理，见图15-21。

二、大门和侧窗

1. 大门

厂房大门的尺寸应根据运输工具的类型、规格，运输货物的外形和通行方便等因素来确定。一般门的宽度应比满载货物

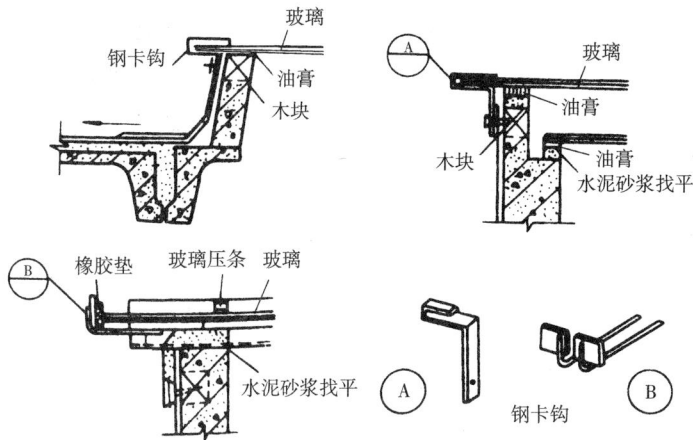

图15-21 平天窗的构造

时的车辆宽 600~1000mm，高度应高出 400~600mm。

（1）常用厂房大门洞口的尺寸（宽 × 高）如下：

进出 3t 矿车的洞口尺寸为 2100mm × 2100mm。

进出电瓶车的洞口尺寸为 2100mm × 2400mm。

进出轻型车的洞口尺寸为 3000mm × 2700mm。

进出中型卡车的洞口尺寸为 3300mm × 3000mm。

进出重型卡车的洞口尺寸为 3600mm × 3900mm。

进出汽车起重机的洞口尺寸为 3900mm × 4200mm。

进出火车的洞口尺寸为 4200mm × 5100mm、4500mm × 5400mm。

（2）大门的材料

制作厂房大门的材料有木、钢木、普通型钢和空腹薄壁钢等几种。门宽 1.8m 以内时采用木制门，门的面积大于 5m² 时，为了防止门扇变形和节约木材，常采用型钢做骨架的钢木大门或钢板门。

（3）大门类型

厂房大门的常见形式有平开门、推拉门、卷帘门和折叠门等，见图 15-22。

1）平开门：为了便于疏散和开启时不占室内的面积，厂房平开门常向外开启。当运输货物不多、大门不需经常开启时，可在大门扇上开设供人通行的小门。平开门的洞口尺寸一般不大于 3600mm × 3600mm。厂房门框一般采用钢筋混凝土制成，门洞上宜设置雨篷。

2）推拉门：推拉门在厂房建筑中使用广泛，它受力状态好，构造简单，不易变形，但密封性能差。推拉门由门扇、门轨、地槽、滑轮及门框组成。门扇有钢板门扇、空腹薄壁钢木门扇等。根据门洞的大小，平面可布置成单轨双扇、双轨双扇、多轨多扇等形式。

推拉门支承的方式分为上挂式和下滑式两种，当门的高度小于 4m 时，可用上挂式，门扇通过滑轮挂在门洞上方的导轨上。当门扇高度大于 4m 时，多用下滑式，

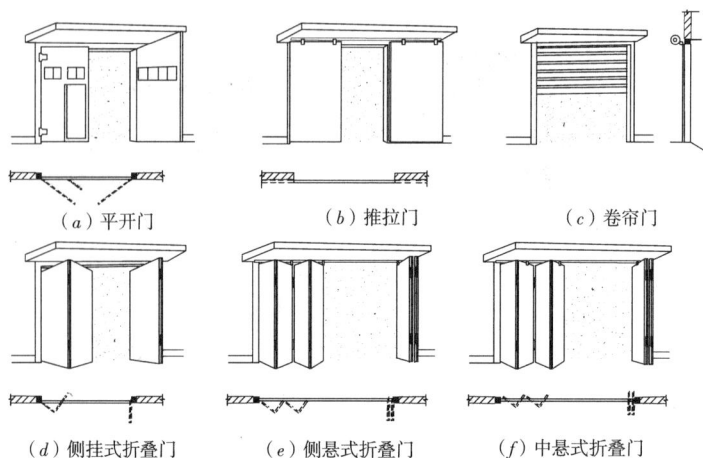

(a) 平开门　　　　　　(b) 推拉门　　　　　　(c) 卷帘门

(d) 侧挂式折叠门　　　(e) 侧悬式折叠门　　　(f) 中悬式折叠门

图15-22　厂房大门的常见形式

在门洞上下均设导轨，下面的导轨承受门扇的重量，上面的导轨起稳定作用，门扇沿导轨推拉。

3）折叠门：折叠门由几个门扇相互间以铰链连接而组成，开启时通过安置在门扇上部的滑轮沿着导轨左右移动，并使几个门扇折叠在一起。因此，折叠门占用的空间较少，适用于门洞较大的厂房。折叠门一般可分为侧挂式、侧悬式和中悬式折叠三种。侧挂折叠门可用普通铰链，靠框的门扇如同平开门，在它的侧面只能再挂一个扇门，因此适用于不太大的洞口。侧悬式和中悬式折叠门，需在洞口上方设有导轨，各门扇间除侧面用铰链连接外，在门扇顶部还装有带滑轮的铰链，下部装地槽滑轮，折叠门开闭时上下滑轮沿导轨移动，带动门扇折叠，它们适用于较大的洞口。

4）特殊要求的门

防火门：防火门用于加工易燃品的车间或仓库的大门。根据车间对防火门耐火等级的要求，门扇可以采用钢板、木板外贴石棉板再包镀锌薄钢板或木板外直接包镀锌薄钢板等构造措施。

保温门、隔声门：保温门要求门扇具有一定的热阻值且应对门缝作密封处理，故常在门扇的两层面层之间填以轻质疏松的保温材料，如玻璃棉、矿棉、岩棉、软木、聚苯板等。隔声门的隔声效果与门扇的材料和门缝的密封性能有关，根据隔声的质量定律，门扇越重，隔声越好，但门扇过重不仅会使门开关不便，而且易使门的五金件损坏。因此，为了减轻门的重量，常将隔声门做成多层复合结构，在门面板之间填吸声材料，如矿棉、玻璃棉、聚酯纤维板等材料。门缝的密闭处理对门的隔声、保温以及防尘有重要的影响，通常在门缝内粘贴橡胶管、海绵橡胶条、羊毛毡条、泡沫塑料条等有弹性的材料来密封门缝，见图15-23。

2. 侧窗

在工业建筑中，设在厂房外墙上的窗户称为侧窗，侧窗不仅要满足采光和通风的要求，还要根据生产工艺的特点，满足其他特殊要求。例如：有爆炸危险的车间，侧窗应便于泄压；要求恒温的车间，侧窗应有足够的保温隔热性能；洁净车间要求

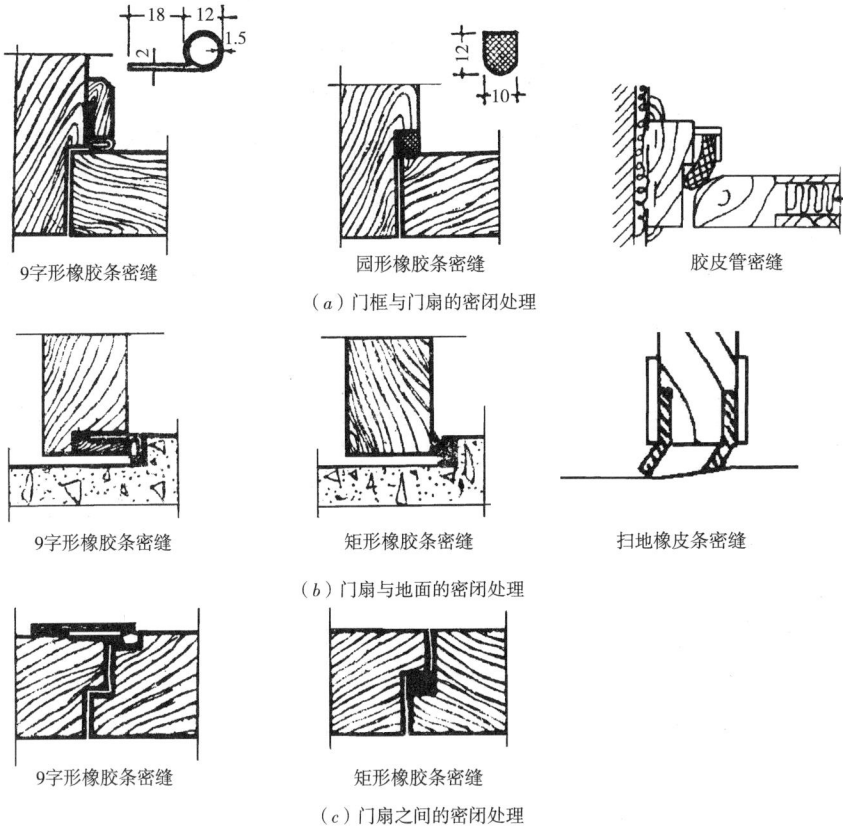

（a）门框与门扇的密闭处理

9字形橡胶条密缝　　　园形橡胶条密缝　　　胶皮管密缝

（b）门扇与地面的密闭处理

9字形橡胶条密缝　　　矩形橡胶条密缝　　　扫地橡皮条密缝

（c）门扇之间的密闭处理

9字形橡胶条密缝　　　矩形橡胶条密缝

图15-23　保温、隔声门的密闭处理

侧窗防尘和密封等。工业建筑侧窗面积较大，如果处理不当，容易产生变形损坏和开关不便的问题，不但给生产带来不良的影响，还会增加维修费用。因此，在进行侧窗构造设计时，应在坚固耐久、使用方便的前提下，尽量缩小窗口尺寸，节省材料，降低造价。

（1）侧窗的设置　通常以吊车梁为界，其上叫高侧窗，其下称低侧窗。按照侧窗玻璃的层数，可以分为单层窗和双层窗。严寒地区在4m以下范围内或对生产有特殊要求的车间，如恒温车间、恒湿车间、洁净车间等，应采用双层窗或双层玻璃窗。

（2）侧窗的开启方式：按开启方式侧窗分为悬窗（中悬窗、上悬窗）、平开窗、固定窗和垂直旋转窗等。

（3）侧窗的安装：在砖墙和混凝土板材墙体上安装侧窗的方法基本与民用建筑相同。在彩钢夹心墙板上安装门窗需要在窗洞或门洞口两边立钢柱，然后把窗框和门框用电焊或用螺栓连接到两边立柱上，见图15-24。

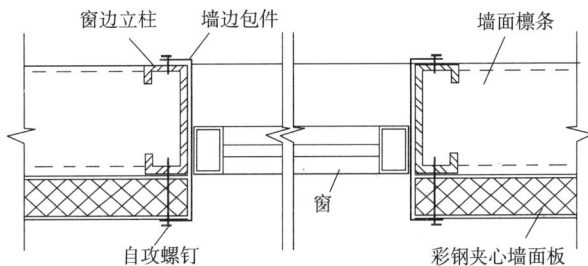

图15-24　彩钢夹心墙板的门窗安装

第三节　厂房屋面构造

屋面是厂房上部的主要围护结构，屋面由支承结构和面层两部分组成。屋面直接经受风雨、酷热、严寒等自然环境的影响，应满足防水、防风、保温、隔热等方面的要求。

根据屋面所用防水材料的不同，厂房屋面分为卷材防水屋面、钢筋混凝土构件自防水屋面、波形瓦防水屋面以及彩钢夹心板屋面等。

一、卷材防水屋面

卷材防水屋面具有防水性能好、接缝容易处理等特点，当厂房屋面坡度较小或防水要求较高时，可采用卷材防水屋面。卷材防水屋面在构造层次上基本与民用建筑平屋面相同，因此不作重复。

二、钢筋混凝土构件自防水

钢筋混凝土构件自防水是利用钢筋混凝土屋面板兼作防水层的构造方法。因此，要求钢筋混凝土屋面板具有良好的密实性，并对板缝认真地进行防漏处理。钢筋混凝土构件自防水屋面具有造价低、施工维修方便的特点。同时，由于屋面板面直接暴露在大气中，常年遭受雨水的冲刷及有害气体的腐蚀，使屋面板的耐久性能降低。暴露在室外环境中的屋面板容易出现开裂而引起渗漏，因此要做好板缝的处理。

根据对板缝的处理方法的不同，钢筋混凝土构件自防水屋面分为嵌缝式和搭盖式两种。

1. 嵌缝式自防水屋面

嵌缝式自防水屋面是直接在大型板的板缝中嵌入防水油膏，嵌缝油膏的防水性能对嵌缝式构件的防水屋面起着关键的作用。为了提高板缝的防渗性能，可在嵌缝油膏上面再粘贴一层防水卷材，见图15-25。

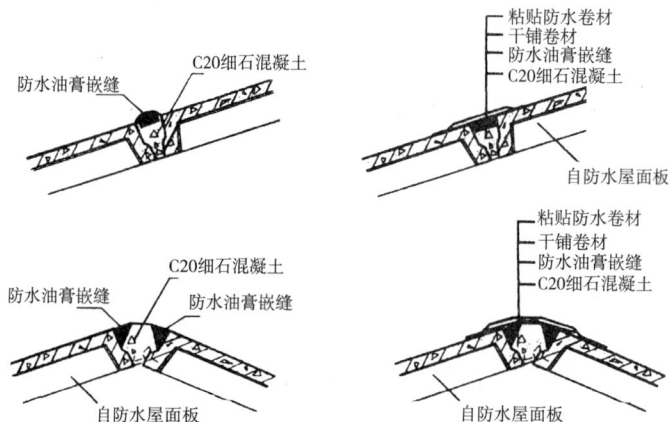

图15-25　嵌缝式自防水屋面

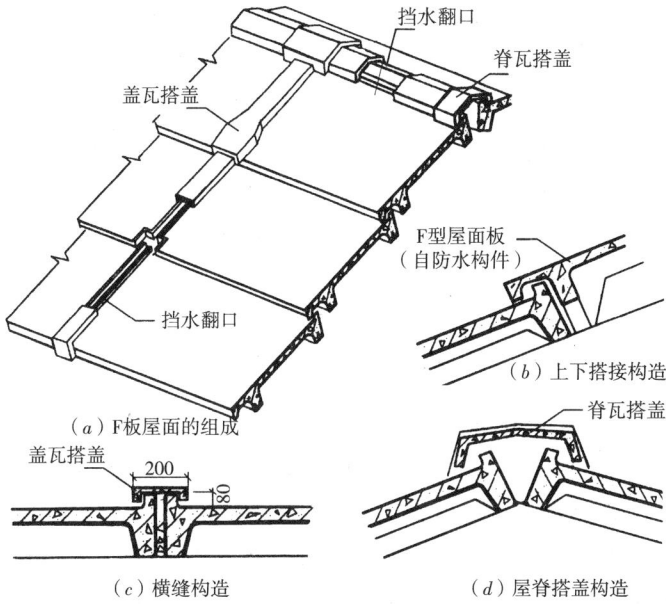

（a）F板屋面的组成

（b）上下搭接构造

（c）横缝构造

（d）屋脊搭盖构造

图15-26　搭盖式自防水屋面

2. 搭盖式自防水屋面

搭盖式自防水屋面的构造原理与瓦材相似，利用屋面板的搭接构造解决板缝间的防水问题。搭盖式自防水屋面常见的有"F"形屋面板，这种板的纵缝上下搭接，横缝和脊缝用盖瓦覆盖，如图15-26。

三、波形瓦防水屋面

波形瓦有多种形式，常用的有石棉水泥波形瓦、金属波形瓦、压型钢板瓦等。

1. 石棉水泥波形瓦屋面

石棉水泥波形瓦自重轻、施工方便、造价低，但较薄、易开裂，耐久性及保温隔热性差，主要用于对室内环境要求不高的厂房。

石棉水泥波形瓦直接铺设在檩条上。由于石棉水泥波形瓦易裂，对温度变化及振动的适应性差，所以，它与檩条之间的固定不能太紧，应允许有伸缩变形的余地。因此，在构造做法上常采用挂钩固定，用卡钩满足变形需要，如图15-27所示。石棉瓦的横向搭接为一个半波，

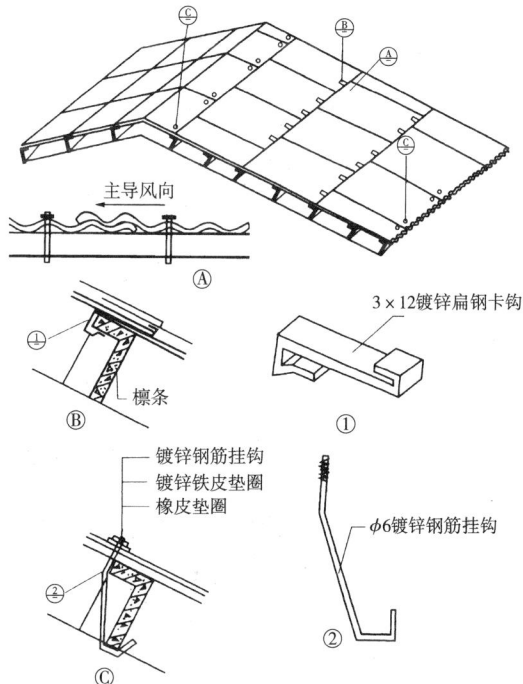

图15-27　波形瓦屋面构造

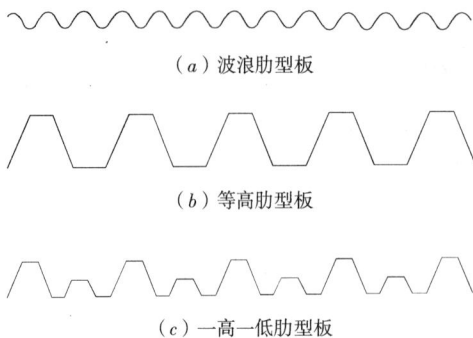

（a）波浪肋型板

（b）等高肋型板

（c）一高一低肋型板

图15-28 常见单层压型屋面板板型

搭接方向应顺主导风向，这对瓦屋面的防风和稳定性有利。

2.压型钢板瓦屋面

压型钢板屋面近年来得到了较为广泛的应用，它具有重量轻、施工速度快的特点，且表面带有彩色涂层，使其防锈、耐磨、美观，适用性增强。但单层的压型钢板屋面的保温、隔热、隔声性能差，特别是对雨水冲刷的噪声难于隔绝。因此，对室内环境要求较高的工业与民用建筑慎用单层的压型钢板屋面。单层压型屋面板按其断面形状可分为波浪肋型板、等高肋型板和一高一低肋型板等，如图15-28所示。

通常压型钢板屋面的坡度为5%~15%。根据板型的不同，压型板与檩条的连接方式有一定的差别。波浪肋型板可直接用螺钉连接，等高肋型板一般要借助钢支架与檩条连接，如图15-29所示为等高肋型板与檩条的连接构造。

单层压型钢板屋面其他主要节点构造如图15-30所示。

四、彩钢夹心板防水屋面

将单层压型板做成双层，中间夹有聚氨酯、聚苯乙烯、岩棉、玻璃棉等保温材料，并对钢板表面进行涂彩处理，就形成了彩钢夹心板。与单层压型板比较，彩钢夹心板的保温、隔热、隔声性能有了较大的提高，但与普通的钢筋混凝土屋面板比较，彩钢夹心板隔绝雨水冲刷噪声的性能仍显不足，在要求环境比较

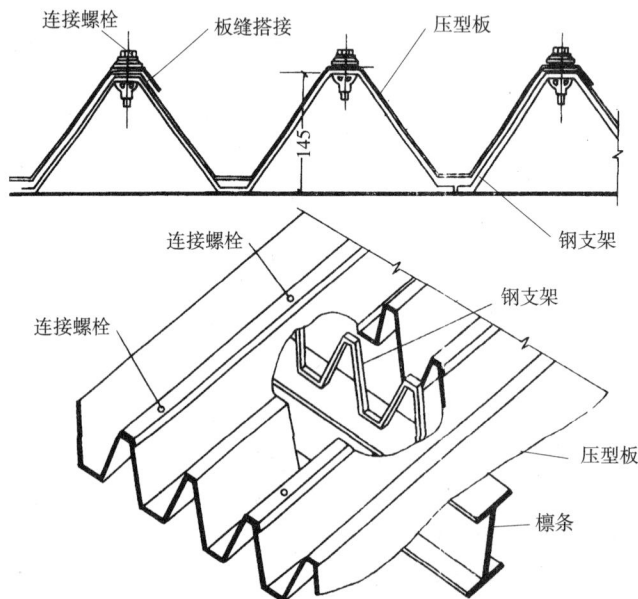

图15-29 等高肋型板与檩条的连接

安静的工业与民用建筑中使用这种夹心板时，应考虑增加其他构造措施来提高隔声性能。

彩钢夹心板屋面的接缝构造根据板的断面形式不同而有不同的拼接方法，主要有拼接式屋面板、插接式屋面板、扣盖式屋面板和咬口式屋面板等，见图15-31。

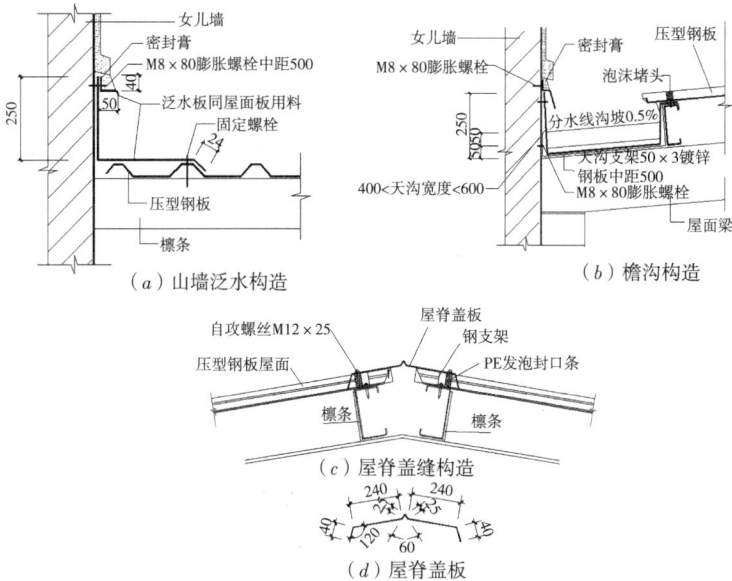

（a）山墙泛水构造　　　　　（b）檐沟构造

（c）屋脊盖缝构造

（d）屋脊盖板

图15-30　单层压型钢板屋面构造大样

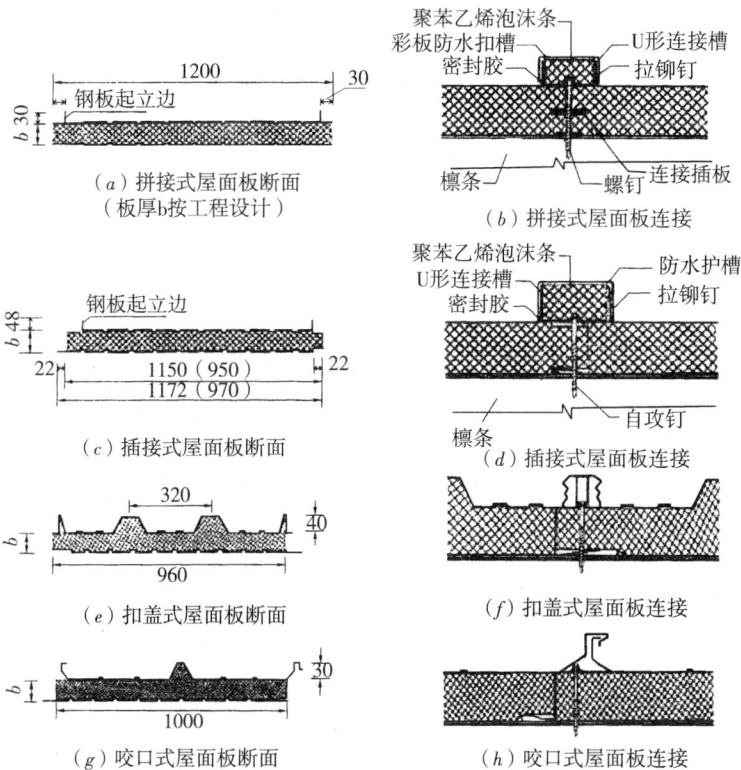

（a）拼接式屋面板断面
（板厚b按工程设计）

（b）拼接式屋面板连接

（c）插接式屋面板断面

（d）插接式屋面板连接

（e）扣盖式屋面板断面

（f）扣盖式屋面板连接

（g）咬口式屋面板断面

（h）咬口式屋面板连接

图15-31　彩钢夹心屋面板的断面与连接方式

　　彩钢夹心屋面板通常用自攻螺钉与檩条连接，为防止屋面渗水，板缝之间要采用搭盖和密封处理，图 15-32 是彩钢夹心屋面板的屋脊缝、纵向缝和横向缝的构造大样。

　　图 15-33 是彩钢夹心板屋面的泛水构造。

　　图 15-34 彩钢夹心板屋面的天沟及檐沟构造。

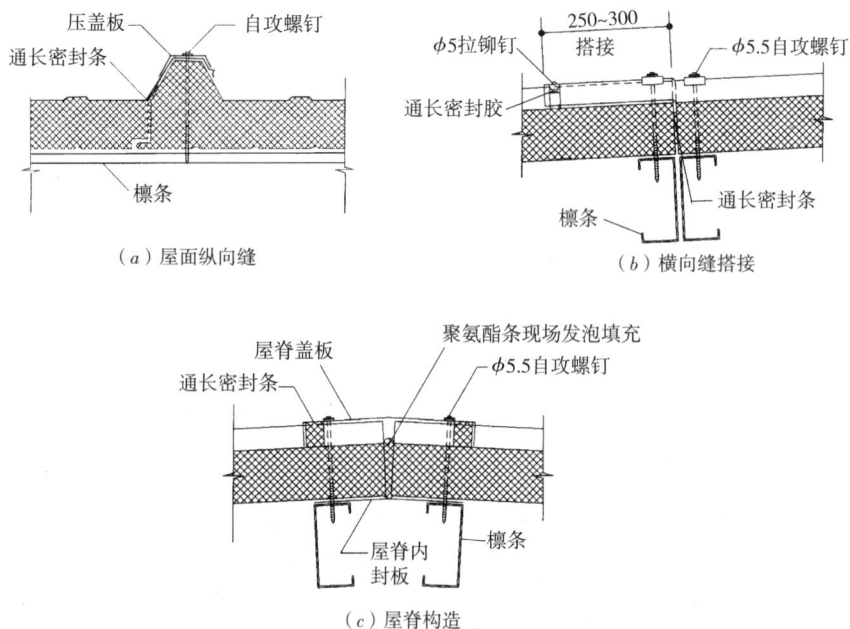

（a）屋面纵向缝

（b）横向缝搭接

（c）屋脊构造

图15-32　彩钢夹心板屋面屋脊缝、纵向缝和横向缝的构造大样

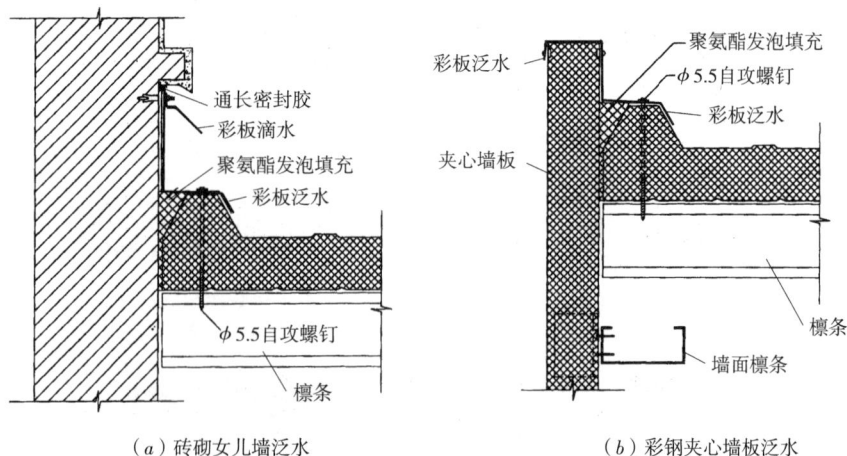

（a）砖砌女儿墙泛水

（b）彩钢夹心墙板泛水

图15-33　彩钢夹心板屋面泛水构造

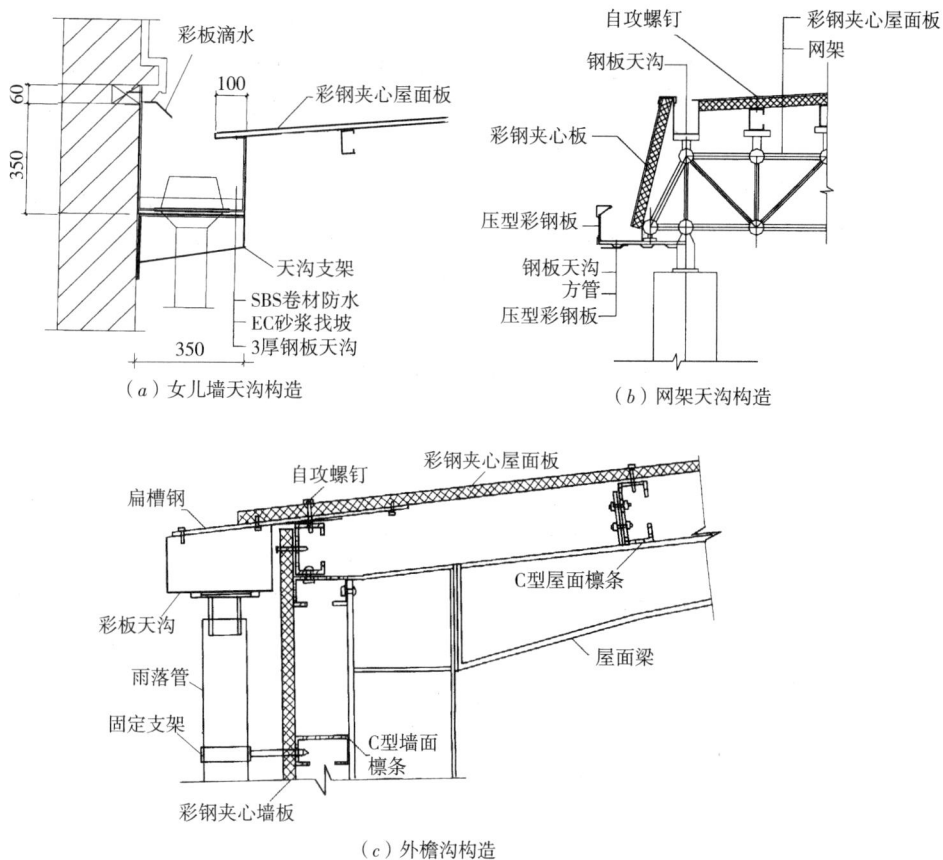

（a）女儿墙天沟构造

（b）网架天沟构造

（c）外檐沟构造

图15-34 彩钢夹心板屋面天沟及檐沟构造

第十六章 多层厂房

在现代工业的发展过程中，大量新型的IT产业、电子产业以及轻工业等企业不断涌现，同时，城市工业用地的日趋紧张和城市规划的整体需要使得多层厂房建筑有了较为广泛的市场需求。多层厂房建筑已成为厂房建筑中的一种重要形式。

第一节 多层厂房的特点及适用范围

一、多层厂房的主要特点

与单层厂房相比，多层厂房具有以下特点：

1. 需要有垂直交通设施

生产在不同标高的楼层中进行，各层之间除了水平的联系外，还有竖直方向的联系。因此，在厂房设计中，不仅要考虑同一楼层平面布置的合理性，还要解决好各楼层之间的垂直联系，处理好垂直交通问题。

2. 节约建筑用地

多层厂房占地面积少，能节约土地，缩短了厂区道路、管线、围墙的长度，节约了投资和管理维护成本。

3. 主要利用侧窗采光

多层厂房屋顶面积小，屋顶上一般不需设置天窗，屋面构造简单，雨雪排除方便，有利于保温和隔热处理。

4. 厂房的通用性有一定的限制

多层厂房一般为梁、板、柱承重，柱网尺寸较小，生产工艺的灵活性受到一定限制，厂房的通用性小。梁板结构对大荷载、大设备、大振动的生产工艺适应性差。

近年来，在经济发展过程中出现的工业大厦也是一种多层厂房的形式，它是一种多层通用厂房，厂房内可划分为多个单元分别出租或出售。每个单元的面积一般为150~1500m^2，每个单元有水、电、气接口分户计量，每个单元设有独立的浴厕等卫生设施。

二、适用范围

多层厂房主要适用于IT产业、电子工业和轻工业等对垂直工艺流程有要求的企业。具体的适用范围有：

1. 生产工艺适合垂直运输的厂房，如面粉厂、啤酒厂、乳品厂、化工厂等。

2. 生产上要求在不同层高操作的企业，如化工厂的大型蒸馏塔等设备，高度比较高，生产又需要在不同的层高上进行。

3. 对生产环境有特殊要求的厂房，如仪表、电子、医药、食品类厂房，采用多层厂房容易解决生产所要求的恒温恒湿、洁净、无尘无菌等问题。

4. 生产设备、原料及产品重量较轻的企业（楼面荷载小于 2t / m²，单件垂直运输重量小于 3t）。

5. 当地建筑用地紧张，城市规划建设的需要。

三、多层厂房的结构形式

1. 混合结构

混合结构的多层厂房适合于楼面荷载不大、无振动设备、五层以下的中小型厂房，不宜在地震区建设使用。

2. 钢筋混凝土结构

钢筋混凝土结构是我国目前采用较广泛的一种结构形式。它具有构件截面较小、强度大的特点，因此能满足层数较多、荷载较大、跨度较大的厂房建设的需要。钢筋混凝土结构的厂房通常分为梁板式结构和无梁楼板结构两种，其中梁板式结构又可分为横向承重框架、纵向承重框架和纵横向承重框架三种。横向承重框架刚度较好，适用于室内分间比较固定的厂房，是目前经常采用的一种形式。纵向承重框架的横向刚度较差，须在横向设置抗风墙、剪力墙，但由于横向联系梁的高度较小，楼层静空较高，有利于管道的布置，一般适用于需要灵活分隔的厂房。纵横向承重框架的厂房整体刚度好，适用于地震区及各种类型的厂房。无梁楼板结构由板、柱帽、柱和基础组成，这种结构楼板底面平整，室内空间可以得到有效利用。它适用于布置大统间及需要灵活分隔布置的厂房，一般应用于荷载较大（10KN / m² 以上）的多层厂房及冷库、仓库等类型厂房。无梁楼板结构的柱网尺寸以近似方形为宜。

3. 钢结构

钢结构具有重量轻、强度高、施工方便等优点，是近年来国内外采用较多的一种结构形式。它施工速度快，建设期短，能使工厂快速建成使用。目前，有采用轻钢结构和高强度钢材的钢结构厂房。

第二节　多层厂房的平面设计

多层厂房的平面设计应满足生产工艺的要求，应综合考虑工艺流程、工段组合、交通运输以及建筑、结构、采暖、通风、水电、设备等各方面的技术要求，合理地确定厂房的平面形式、柱网尺寸以及楼梯间、电梯间、生活间、门厅和辅助用房的位置和面积。

一、生产工艺流程和平面布置

生产工艺的流程是厂房平面设计的主要依据。按生产工艺流向的不同，多层厂房的生产工艺流程可以归纳为以下三种类型。

1. 自上而下：这种布置的特点是，把原料送到最高楼层后，按照生产工艺的流程自上而下地逐步进行加工，最后的成品由底层运出。该工艺流程可利用原料的自重，减少垂直运输设备的设置。一些进行颗粒或粉状加工的工厂常采用这种布置方式，如面粉加工厂等。

2. 自下而上：原料自底层按生产流程逐层向上加工，到达顶层后加工成成品。这种方式有两种情况：一是产品加工流程要求自下而上，如平板玻璃生产，底层布置熔化工段，靠垂直辊道由下而上运行，在运行中自然冷却形成平板玻璃；二是有些企业原材料及一些设备较重，或需要有吊车运输等。同时，生产流程又允许或需要将这些工段布置在底层，其他工段依次布置在以上各层，这就形成了较为合理的自下而上的工艺流程。

3. 上下往复：这是有上也有下的一种混合布置方式。它能适应不同情况的要求，应用范围较广。由于生产流程是往复的，不可避免地会引起运输上的复杂化，但它的适应性较强，是一种经常采用的布置方式。

厂房平面设计应尽量使平面规整，减少厂房的占地面积和围护结构的表面积，以利于建筑节能，便于结构的布置和施工。按生产需要，可将一些技术要求相同或相似的工段布置在一起。

二、平面布置的形式

由于企业的生产性质、生产特点和使用要求不同，使得平面布置形式各不相同，主要有下列几种平面布置形式：

1. 内廊式

内廊式布置是在厂房每层的中间设置走廊，走廊两侧布置各种大小不同的生产车间、办公及服务用房的平面形式。这种布置方式适用于各生产工段所需面积不大、相互间既有联系又有分隔、需要避免干扰的生产车间。对于有恒温恒湿、防尘、防振等特殊要求的工段，可分别集中布置，以减少设备投资和降低工程造价。内廊式多层厂房的平面见图16-1。

2. 统间式

统间式布置是厂房内部为一个大空间，只有承重柱，不设隔墙。它适用于各种生产所需面积较大、相互间联系紧密的生产车间。生产中的少数特殊工段，可布置在车间的端部、一侧或两侧等位置。统间式多层厂房的平面见图16-2。

3. 大宽度式

大宽度式适用于生产工段面积大、精度要求高的工业建筑。通常将交通及辅助

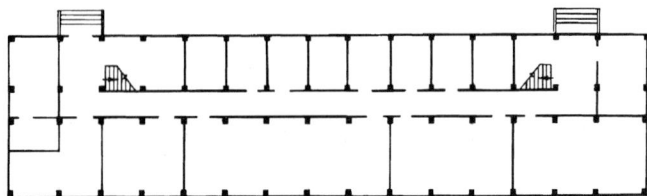

图16-1　内廊式平面布置

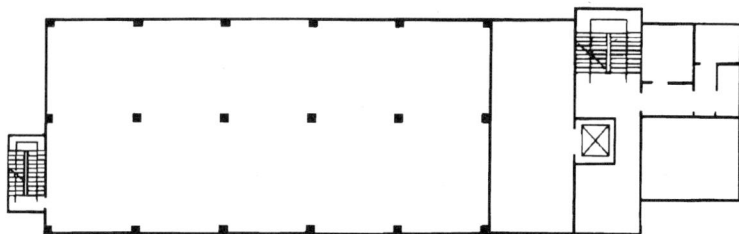

图16-2 统间式平面布置

用房布置在采光、通风条件较差的车间中部，保证临窗的生产工段采光、通风良好。另外，为了减少室外不利气候和环境的影响，可将一些对恒温恒湿、洁净技术要求高的工段布置在车间的中部，周围布置环廊，各工段通过环廊联系。也可以在环廊的外侧布置普通的生产工段或行政生活用房，成为内环廊的平面形式，见图16-3。

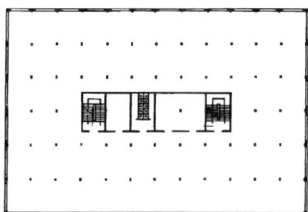

（a）中间布置交通服务性用房　　　（b）外围布置环状通道

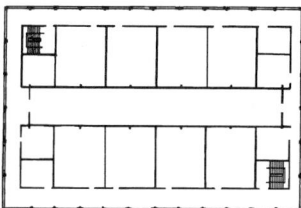

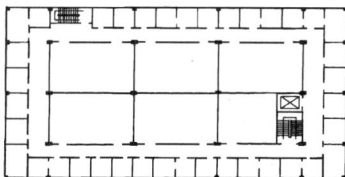

（c）中间布置环状通道

图16-3 大宽度式平面布置

4.混合式

混合式一般由内廊式和统间式混合布置而成，以不同的平面空间满足不同的生产工艺要求。这种布置的灵活性大，但平面形状复杂，结构类型难以统一，施工麻烦，抗震不利。

三、柱网布置

柱网的布置首先应满足生产工艺的要求，同时还应考虑厂房的平面形状、结构形式、建筑材料及其经济的合理性和施工的可行性。柱网的选择应符合《厂房建筑模数协调标准》（GBJ 6—86）的规定。其跨度采用扩大模数15M，常用的有6.0m、7.5m、9.0m、10.5m、12m，柱距采用扩大模数6M，常用的有6.0m、6.6m和7.2m。内廊式厂房的跨度可采用扩大模数6M，常用6.0m、6.6m和7.2m等，走廊的跨度应采用扩大模数3M，常用2.4m、2.7m和3.0m。

常用的多层厂房柱网布置主要有内廊柱网、等跨柱网、对称不等跨柱网和大跨度柱网等类型，见图16-4。

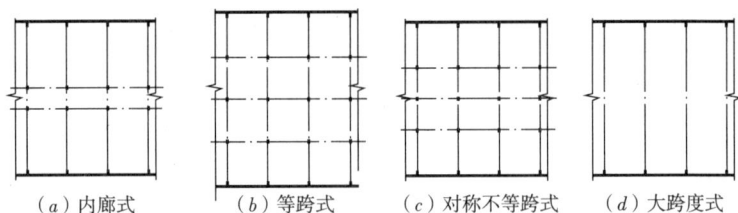

（a）内廊式　　　（b）等跨式　　　（c）对称不等跨式　　　（d）大跨度式
图16-4　柱网布置的类型

内廊柱网适用于内廊式的平面布置形式，一般采用对称布置，在仪表、电子、电器等企业中应用较多，常用的柱网尺寸有：（6+2.4+6）×6，（7.5+3+7.5）×6 等。

等跨式柱网易于形成大空间，主要用于需大面积布置生产工艺的厂房，如机械、轻工、电子、仪表等工业厂房，也可用轻质隔墙分隔成内廊式平面。常用的柱网尺寸有：（6+6+6）×6，（7.5+7.5）×6，（9+9）×6 等。

对称不等跨柱网的特点和适用范围与等跨柱网基本相同。内廊式平面布置为典型的对称不等跨柱网。这种柱网能适应某些特定工艺的具体要求，面积利用率高。常用的柱网尺寸有：（6+7.5+7.5+6）×6，（1.5+6+6+1.5）×6，（9+12+9）×6 等。

大跨度式柱网，其跨度一般不小于 12m，中间无柱，为生产工艺的变更提供了更大的灵活性。因跨度较大，楼层常用桁架结构，桁架空间可作为技术层，布置各种管道和生活辅助用房。

四、楼梯间、电梯间及生活辅助用房的布置

楼梯和电梯是多层厂房的垂直交通运输工具。一般情况下，楼梯解决人流的交通和疏散，电梯解决货物运输，通常将出入口、电梯和主要楼梯布置在一起，组成交通枢纽。为方便使用和节约建筑空间，交通枢纽常与生活辅助用房组合在一起。多层厂房的出入口、楼梯和电梯的位置对使用有重要的影响，设计时应处理好下列问题：

1. 布置的原则

（1）楼梯、电梯间及生活辅助用房的布置应结合厂区总平面的道路、出入口一起考虑，应方便交通运输和工作人员的上下班活动，使交通通顺、短捷，避免人流和货流的交叉干扰。

（2）应注意厂房空间的完整性，满足厂房扩建及灵活使用的要求，不影响厂房的通风、采光等生产环境要求。

（3）出入口位置明显，其数量和布置要满足安全疏散及防火、卫生等要求。

（4）楼梯、电梯间前须留一定面积的过道或过厅，以利货运回转及货物的临时堆放。

（5）楼梯、电梯间及生活辅助房间的布置应为厂房的空间组合及立面造型创造条件，并注意结构和施工等方面的技术要求。

2. 平面位置

楼梯、电梯间及生活辅助用房在多层厂房平面中的布置方式，大致有以下几种：

（1）布置在厂房的端部：这种布置形式不影响厂房的采光通风，生产工艺布置灵活，建筑结构构件统一，建筑造型易于处理。适用于平面不太长的厂房，见图16-5。

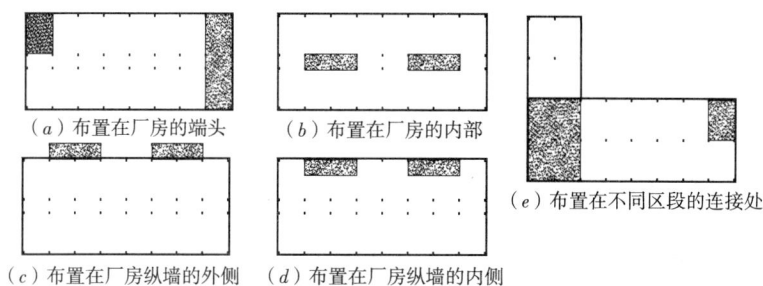

（a）布置在厂房的端头　　（b）布置在厂房的内部　　（e）布置在不同区段的连接处

（c）布置在厂房纵墙的外侧　（d）布置在厂房纵墙的内侧

图16-5　楼梯、电梯间及生活辅助用房在多层厂房中的位置

（2）布置在厂房内部：这种布置形式使交通联系部分不靠外墙，在连续多跨、宽度较大的厂房中，能保证生产工段的通风采光。但工艺布置欠灵活，无直接出入口，对交通疏散不利。

（3）布置在厂房外纵墙外侧：这种布置形式使交通联系部分与厂房的生产部分分开，工艺布置灵活，结构简单。但厂房的体形组合较复杂，对厂房内部的通风、采光有一定的影响。

（4）布置在厂房外纵墙内侧：这种布置形式对生产工艺的布置有一定的影响，但对厂房结构的整体刚度有利。

（5）布置在不同区段的交接处：这种布置形式可以用交通联系部分连接厂房相对独立的生产工段，提高了交通联系部分的使用效率，便于组织较大规模的生产，厂房的平面布局和整体造型灵活生动。

3. 多层厂房的平面组合

（1）楼梯间的位置与设计要求

在多层厂房中，根据楼梯和电梯的相对位置的不同，通常有下列组合方式：楼梯和电梯在同侧并排布置，楼梯围绕电梯布置，楼梯和电梯分两侧相对布置。设计中应结合厂房的实际情况，处理好与出入口的关系，组织好人流与货运的交通。

常见的楼梯、电梯间与出入口的关系处理方式有两种。一是人流、货流同门出入，不论楼梯和电梯的相对位置如何，人流和货流均由同一出入口进出。另一种是人流和货流分门出入，设置不同的出入口进出，交通路线明确，不交叉干扰，适用于有洁净要求的车间。

（2）楼梯与生活辅助用房的组合

楼梯和生活辅助用房的组合应便于人流的通行和安全疏散。对生产环境有特殊要求的厂房，生活辅助用房的组合不仅要满足一般的使用要求，还应保证生产人员在进入生产工段前，按顺序完成各项必要的准备工作，才能进入生产车间，见图 16-6。

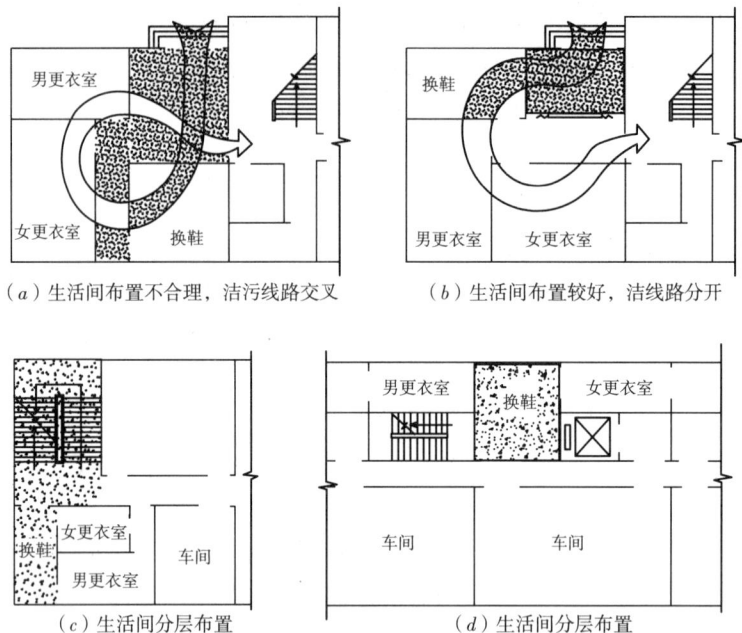

（a）生活间布置不合理，洁污线路交叉　　　（b）生活间布置较好，洁线路分开

（c）生活间分层布置　　　　　　（d）生活间分层布置

图16-6　洁净厂房的生活间布置

生活辅助用房的层高较低（2.8~3.2m），一般生产车间的层高比生活辅助用房高很多，当生活辅助用房布置在车间内部时，为了合理利用建筑空间，在竖向上常采用夹层或错层的组合方式。

第三节　多层厂房的剖面设计

多层厂房的剖面设计主要是研究和确定厂房的层数、层高、剖面形式及工程管线的布置等有关问题。

一、厂房层数的确定

多层厂房层数的确定应综合考虑生产工艺、城市规划、基建投资以及楼面使用荷载、建筑结构形式和场地的地质条件等因素。

1. 生产工艺的影响

多层厂房层数的确定，首先要考虑生产工艺流程的要求。对生产工艺要求明确、严格的厂房，在依据竖向生产工艺流程确定各生产工段相对位置和面积的同时，也就确定了厂房的层数。如面粉加工厂，把小麦送到厂房的顶层，竖直布置生产流程，自上而下分别为除尘→水洗→过筛→烘干→清粉→磨粉→包装等七个工段，相应地也就确定了厂房的层数以六层较为合适。而对于工艺限制小，设备与产品较轻，用电梯就能解决所有垂直运输需要的厂房，可适当增加厂房的层数，使之既可节省占地面积，又给使用带来较大的灵活性，如电子、医药、服装等多层厂房。

2. 建设场地及相关技术条件的影响

建于市区的多层厂房，其层数的确定应考虑城市规划、街区面貌、周围环境以及与厂区其他建筑的协调等要求。另外，还应考虑厂区的地质条件、建筑结构形式、建筑施工方法、建筑材料的供应等因素，如地质条件差或处在地震区，则层数不宜过多。在结构、材料、施工等条件允许的情况下，为节约用地，可适当增加厂房的层数。

3. 经济因素的影响

厂房的层数与厂房的造价有直接关系。从经济上分析，多层厂房单位造价以3~4层最为经济，故多数城市中建3~4层厂房的较多。但在一些用地紧张的城市中，地价的不断增高，使多层厂房建筑以5~8层厂房为主。

二、厂房层高的确定

影响多层厂房层高的因素很多，设计中应综合考虑生产工艺、生产运输设备、采光通风及管道布置的影响，经济合理地确定厂房的层高。

1. 生产、运输设备对层高的影响

多层厂房的层高首先取决于生产工艺的布置和运输设备的大小。厂房的层高应在满足生产工艺要求的同时，满足生产运输设备对厂房高度的要求。原则上，要在生产工艺允许的情况下，把一些重量大、体积大和运输量大的设备布置在底层，对个别较大的设备，可用局部加大层高或局部降低地面的方法来满足设备的层高要求。

2. 层高对厂房通风采光的影响

层高的确定还应考虑厂房的采光通风要求。为了保证多层厂房室内获得必要的天然采光，可采用双侧窗采光的方法。当厂房的内部空间较大时，应增加厂房的层高，使侧窗窗口的高度得到提高，以改善厂房中部的天然采光状况。

对采用自然通风的车间，厂房的净高设置应考虑到工作人员的生理卫生需要，让每位工作人员有足够的室内空间，呼吸到清洁的空气。对散发大量热量或有害气体的工段，应根据通风计算，确定厂房所需的层高，并处理好室内的通风换气问题。

对有恒温恒湿、洁净、无菌等特殊要求的厂房，车间内部通常采用空气调节和人工照明，从节能方面考虑，应在满足卫生标准的情况下，适当降低厂房的层高。

3. 层高与管道布置

多层厂房层高的确定还受到厂房管道布置方式的影响。在要求恒温、恒湿的厂房中，空调管道的高度是影响层高的重要因素。常见的几种空调管道布置方式如图16-7所示。当干管布置在底层或顶层时，需要增加底层或顶层的层高。对厂房层高

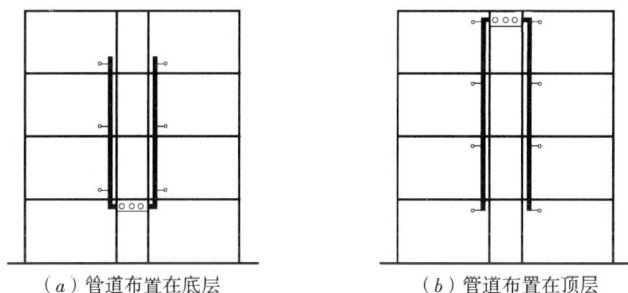

（a）管道布置在底层　　　　　　（b）管道布置在顶层

图16-7　多层厂房的管道布置

影响较大的是一些水平管道，如空调车间，由于空调管道的断面高度较大，一般可达 1.5~2.5m，这时管道的高度成为了影响建筑层高的主要因素。

4. 层高与经济因素

确定厂房的层高，还应从经济角度考虑。层高与厂房的单位面积造价成正比，从图 16-8 中可以看出，层高每增加 0.6m，单位面积造价就提高 8.3% 左右。因此，确定厂房的层高时，不容忽视经济方面的问题。

目前，多层厂房的层高常用 3.6m、3.9m、4.2m、4.5m、4.8m、5.4m、6.0m、6.6m、7.2m 等数值，其中 3.6~6.0m 较为经济。

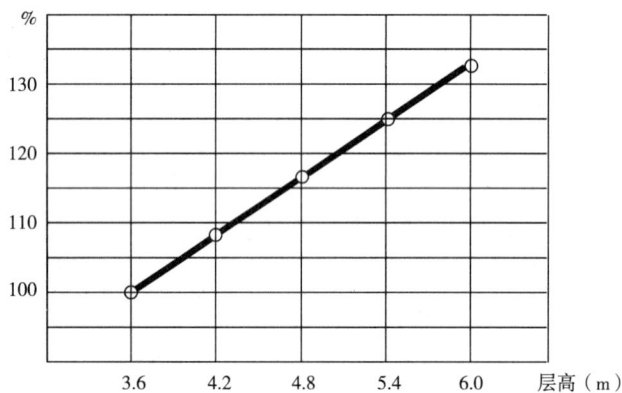

图16-8　层高与单位造价的关系

参考文献

[1] 同济大学，西安建筑科技大学，东南大学，重庆建筑大学.房屋建筑学（第三版）.北京：中国建筑工业出版社，1997.

[2] 张一弘，金红，柴广益.房屋建筑学.沈阳：东北大学出版社，1997.

[3] 武六元，杜高潮.房屋建筑学.北京：中国建筑工业出版社，2001.

[4] 李必瑜.建筑构造.北京：中国建筑工业出版社，2001.

[5] 朱海宁，王东，赵瑜.轻型钢结构建筑构造设计.南京：东南大学出版社，2003.

[6] 王立雄.建筑节能.北京：中国建筑工业出版社，2004.

[7] 李德英.建筑节能技术.北京：中国机械工业出版社，2006.

[8] 中国建筑标准设计研究院.国家建筑标准设计.

[9] 我国各地区建筑构造通用图籍.

尊敬的读者：

感谢您选购我社图书！建工版图书按图书销售分类在卖场上架，共设22个一级分类及43个二级分类，根据图书销售分类选购建筑类图书会节省您的大量时间。现将建工版图书销售分类及与我社联系方式介绍给您，欢迎随时与我们联系。

★建工版图书销售分类表（详见下表）。

★欢迎登陆中国建筑工业出版社网站www.cabp.com.cn，本网站为您提供建工版图书信息查询，网上留言、购书服务，并邀请您加入网上读者俱乐部。

★中国建筑工业出版社总编室　电　话：010—58337016
　　　　　　　　　　　　　　　传　真：010—68321361

★中国建筑工业出版社发行部　电　话：010—58337346
　　　　　　　　　　　　　　　传　真：010—68325420
　　　　　　　　　　　　　　　E-mail：hbw@cabp.com.cn

建工版图书销售分类表

一级分类名称（代码）	二级分类名称（代码）	一级分类名称（代码）	二级分类名称（代码）
建筑学 （A）	建筑历史与理论（A10）	园林景观 （G）	园林史与园林景观理论（G10）
	建筑设计（A20）		园林景观规划与设计（G20）
	建筑技术（A30）		环境艺术设计（G30）
	建筑表现·建筑制图（A40）		园林景观施工（G40）
	建筑艺术（A50）		园林植物与应用（G50）
建筑设备·建筑材料 （F）	暖通空调（F10）	城乡建设·市政工程· 环境工程 （B）	城镇与乡（村）建设（B10）
	建筑给水排水（F20）		道路桥梁工程（B20）
	建筑电气与建筑智能化技术（F30）		市政给水排水工程（B30）
	建筑节能·建筑防火（F40）		市政供热、供燃气工程（B40）
	建筑材料（F50）		环境工程（B50）
城市规划·城市设计 （P）	城市史与城市规划理论（P10）	建筑结构与岩土工程 （S）	建筑结构（S10）
	城市规划与城市设计（P20）		岩土工程（S20）
室内设计·装饰装修 （D）	室内设计与表现（D10）	建筑施工·设备安装技术（C）	施工技术（C10）
	家具与装饰（D20）		设备安装技术（C20）
	装修材料与施工（D30）		工程质量与安全（C30）
建筑工程经济与管理 （M）	施工管理（M10）	房地产开发管理（E）	房地产开发与经营（E10）
	工程管理（M20）		物业管理（E20）
	工程监理（M30）	辞典·连续出版物 （Z）	辞典（Z10）
	工程经济与造价（M40）		连续出版物（Z20）
艺术·设计 （K）	艺术（K10）	旅游·其他 （Q）	旅游（Q10）
	工业设计（K20）		其他（Q20）
	平面设计（K30）	土木建筑计算机应用系列（J）	
执业资格考试用书（R）		法律法规与标准规范单行本（T）	
高校教材（V）		法律法规与标准规范汇编/大全（U）	
高职高专教材（X）		培训教材（Y）	
中职中专教材（W）		电子出版物（H）	

注：建工版图书销售分类已标注于图书封底。